新訂
医療法人の会計と税務

公認会計士　石井 孝宜　　公認会計士　五十嵐 邦彦
編著

同文舘出版

はじめに

　本書『新訂・医療法人の会計と税務』の起源は，今から約半世紀前の昭和45年10月15日に故森久雄先生が刊行された『医療法人会計』（同文舘出版）である。

　急逝された先生の事務所を引き継いだ公認会計士が三回忌を記念し，昭和63年1月20日にその改訂版として本書を刊行した。

　爾来，30年の年月が経過したが幸いにも好評を得ることができ改訂を続けさせていただいてきた。

　故森久雄先生の下で実務の教えを受けた公認会計士 杉山幹夫と公認会計士 石井孝宜の二人で永らく執筆を行ってきたが，平成21年より病院会計準則の改正において苦楽を共にした公認会計士 五十嵐邦彦にも執筆に参加してもらい，今般の新訂版発行に際しては公認会計士 杉山幹夫に代わり，新たに4名の公認会計士，税理士に執筆参加してもらった。執筆に加わってもらった者は，公認会計士 和田一夫，公認会計士 西田大介，税理士 日高昌洋，税理士 竹輪龍哉である。

　我が国は現在，少子・人口急減・超高齢という社会構造の大変動期に突入しており，社会保障制度としての医療・介護領域は様々な視点から再評価が行われている。

　医療並びに介護提供体制の中核的な担い手と位置付けられる医療法人制度についても平成26年，平成27年と2年連続で大きな改正，即ち医療法の改正が実施され，既に一部は適用されている。

　本書は，医療法人制度の全体像と医療法人の会計・税制・税務に関する事項を体系的に整理・解説し，実務的に解明するとともに，基本的な問題点や今後の方向性を指摘しようという意図により執筆しており，医療法人の会計責任者はもとより，病院経営者・経営管理者および会計・税務の専門家の方々にとっ

て多少なりともお役に立てば幸甚である。

　最後に半世紀の長きにわたり本書を出版し続けていただいている同文舘出版株式会社，ならびに今回の新訂版発行にあたりお世話になった編集局長 市川良之氏，そして本書を利用し続けていただいている読者の皆様に心より感謝する次第である。

　平成29年3月吉日

　　　　　　　　　　　　　　　　　　　　　　　　公認会計士　石井　孝宜

新訂版発行にあたって

　平成27年9月医療法改正で，医療法人のガバナンスの強化と経営の透明性の確保を目的とした制度改正がなされた。ガバナンス強化に関する事項はすでに施行され，経営の透明性の確保に関する事項は，平成29年4月2日以降開始する事業年度から施行されるため，各法人が決算期の違いによって順次適用時期を間近に控えている。

　本書は，医療法人制度及び税制改正により改訂を続けてきたが，体系そのものの改訂はせずに内容を付加していった結果，ページ数も多くなり，内容の重複や関連内容の分散も気になるところとなっていた。今回の制度改正は，会計制度という視点からはかつてない大改革であり，これを機会に体系についても利用局面を重視した抜本的な改訂をすることとした。よって，旧版の内容は生かしつつ整理・改稿・新たな項目の追加をし，第1章「医療法人制度の概要」，第2章「医療法人の設立における会計と税務」，第3章「医療法人の運営における会計と税務」，第4章「医療法人の移行等における会計と税務」という構成になっている。

　また，昨今細かい運用上の制度改正のスピードが速く，通知等も大量に発せられており，根拠の確認のために参照すべき資料を掲載すると大量となってしまうため，解説に必要なものは本文に包含し，先行書等の紹介をすることで資料編を思い切って割愛することとした。合わせて利用していただければ幸いである。

平成29年3月1日

公認会計士　五十嵐邦彦

BRIEF CONTENTS　　　　　　　　　　　　目次

第1章　医療法人制度の概要————————————————————3
　第1節　医療の非営利性と医療法人改革……………………… 3
　第2節　医療法人の業務………………………………………… 22
　第3節　医療法人の種類………………………………………… 27
　第4節　医療法人のガバナンス………………………………… 35
　第5節　医療法人の性格と会計組織・会計基準……………… 78

第2章　医療法人の設立における会計と税務————————————87
　第1節　社団医療法人…………………………………………… 87
　第2節　財団医療法人…………………………………………… 95

第3章　医療法人の運営における会計と税務————————————99
　第1節　事業報告書等の種類と作成・開示…………………… 99
　第2節　法人全体の会計と事業別施設別の会計……………… 132
　第3節　病院における管理会計と原価計算…………………… 137
　第4節　法人税・住民税・事業税の概要と特徴……………… 148
　第5節　消費税の概要と特徴…………………………………… 164
　第6節　源泉所得税の概要と特徴……………………………… 179
　第7節　その他の税金の特徴…………………………………… 193
　第8節　収益項目の会計と税務………………………………… 195
　第9節　費用項目の会計と税務………………………………… 219
　第10節　資産項目の会計と税務………………………………… 251
　第11節　負債項目の会計と税務………………………………… 290
　第12節　純資産項目の会計と税務……………………………… 301
　第13節　出資持分に係る税務…………………………………… 313

第4章　医療法人の移行等における会計と税務──────339
　第1節　社会医療法人の認定……………………………………339
　第2節　社会医療法人の認定取消し……………………………344
　第3節　特定医療法人の承認……………………………………347
　第4節　特定医療法人の取りやめ………………………………359
　第5節　持分ありから持分なしへの移行………………………361
　第6節　医療法人の合併…………………………………………376
　第7節　医療法人の分割…………………………………………389
　第8節　医療法人の解散…………………………………………402

〈本書と共に参照を推奨する書籍又は資料について〉──────417

FULL CONTENTS　　　　　　　　　　　　　目次

第1章　医療法人制度の概要 ───────────── 3

第1節　医療の非営利性と医療法人改革 …………………… 3
1. 医療法人の非営利性とその責務 …………………………… 3
2. 医療法人の現況 …………………………………………… 5
3. 医療法人改革の変遷 ……………………………………… 7
4. 平成27年9月医療法人制度見直しの全容 ……………… 10
5. 医療法人の制度的特性 …………………………………… 17
6. 医療法人設立等に対する厚生労働省・都道府県の認可 ……… 19
7. 剰余金配当の禁止 ………………………………………… 20
8. 都道府県知事の指導監督権 ……………………………… 21

第2節　医療法人の業務 …………………………………… 22
1. 医療法人の業務の分類 …………………………………… 22
2. 本来業務 …………………………………………………… 23
3. 附帯業務 …………………………………………………… 24
4. 収益業務 …………………………………………………… 25
5. 付随業務 …………………………………………………… 26

第3節　医療法人の種類 …………………………………… 27
1. 医療法人の類型 …………………………………………… 27
2. 新医療法人 ………………………………………………… 28
3. 経過措置医療法人 ………………………………………… 31
4. 社会医療法人 ……………………………………………… 32
5. 特定医療法人 ……………………………………………… 33
6. 出資額限度法人 …………………………………………… 33
7. 基金拠出型医療法人 ……………………………………… 34

  8.　認定医療法人 …………………………………………………………… 34
第4節　医療法人のガバナンス ……………………………………………… 35
  1.　法規定と定款又は寄附行為 …………………………………………… 35
  2.　医療法人の種類別の機関の概要 ……………………………………… 43
   (1)　社団たる医療法人　43
   (2)　財団たる医療法人　43
   (3)　社会医療法人　44
   (4)　特定医療法人　44
  3.　社　　　員 ……………………………………………………………… 45
   (1)　法的地位及び責任と適格要件　45
   (2)　業務権限と権利　46
   (3)　選任，辞任，解任　46
  4.　社員総会 ………………………………………………………………… 47
   (1)　構成員と出席者　47
   (2)　開催時期と招集手続　47
   (3)　議　　長　48
   (4)　議決事項　48
   (5)　定足数と議決の方法　49
   (6)　議　事　録　50
  5.　理　　　事 ……………………………………………………………… 51
   (1)　法的地位及び責任と適格要件　51
   (2)　業務権限と権利　56
   (3)　員　　数　56
   (4)　選任，辞任，解任　57
  6.　理　事　会 ……………………………………………………………… 58
   (1)　構成員と出席者　58
   (2)　開催時期と招集手続　58
   (3)　議　　長　59
   (4)　議決事項　59
   (5)　定足数と議決の方法　60
   (6)　議　事　録　61
  7.　理　事　長 ……………………………………………………………… 62

⑴　資格要件と選出方法　62
　　⑵　業務権限と責任　63
　8．監　　　事……………………………………………………………64
　　⑴　法的地位及び責任と適格要件　64
　　⑵　業務権限と権利　66
　　⑶　員　　　数　68
　　⑷　選任，辞任，解任　68
　9．評　議　員……………………………………………………………69
　　⑴　法的地位及び責任と適格要件　69
　　⑵　職務と権利　70
　　⑶　員　　　数　71
　　⑷　選任，辞任，解任　71
　10．評　議　員　会………………………………………………………72
　　⑴　構成員と出席者　72
　　⑵　開催時期と招集手続　72
　　⑶　議　　　長　73
　　⑷　議決又は意見聴取事項　73
　　⑸　定足数と議決の方法　76
　　⑹　議　事　録　77
　11．公認会計士等監査……………………………………………………78
第5節　医療法人の性格と会計組織・会計基準………………………78
　1．医療法人の性格と会計組織の設計……………………………………78
　2．医療法人会計基準の位置づけ…………………………………………80
　3．病院会計準則の取扱い…………………………………………………82
　4．その他の会計の基準……………………………………………………83
　5．収益業務の区分経理……………………………………………………84

第2章　医療法人の設立における会計と税務―――87

第1節　社団医療法人……………………………………………………87
　1．設立要件と手続の概要…………………………………………………87

(1) 資産要件　87
　　(2) 定　　款　88
　　(3) 設立認可申請書　89
　2. 設立に係る会計処理 …………………………………………………… 90
　　(1) 基金制度　90
　　(2) 個人診療所等からの医療法人への移行　92
　　(3) 設立当初において医療法人に拠出又は寄附する正味財産の調整　92
　　(4) 設立当初において医療法人に所属すべき財産の財産目録　92
　3. 設立に係る課税関係 …………………………………………………… 93

 第2節　財団医療法人 ………………………………………………………… 95
　1. 設立要件と手続の概要 ………………………………………………… 95
　　(1) 資産要件　96
　　(2) 寄附行為　96
　　(3) 設立認可申請書　97
　2. 設立に係る会計処理 …………………………………………………… 97
　3. 設立に係る課税関係 …………………………………………………… 98

第3章　医療法人の運営における会計と税務　　　　　　99

 第1節　事業報告書等の種類と作成・開示 ………………………………… 99
　1. 事業等報告制度の概要 ………………………………………………… 99
　　(1) 社会医療法人債発行法人　99
　　(2) 一定規模以上の社会医療法人　100
　　(3) 一定規模未満の社会医療法人　101
　　(4) 一定規模以上のその他の医療法人　101
　　(5) 一定規模未満のその他の医療法人　101
　2. 作成と開示に係る手順と日程 ………………………………………… 102
　3. 事業報告書 ……………………………………………………………… 103
　4. 財産目録 ………………………………………………………………… 107
　5. 貸借対照表 ……………………………………………………………… 108
　6. 損益計算書 ……………………………………………………………… 110

7.　財務諸表に関する注記……………………………………………113
　8.　関係事業者との取引の状況に関する報告書……………………114
　9.　純資産変動計算書…………………………………………………117
　10.　キャッシュ・フロー計算書………………………………………119
　11.　附属明細表…………………………………………………………122
　　⑴　有形固定資産等明細表　122
　　⑵　引当金明細表　124
　　⑶　借入金等明細表　125
　　⑷　社会医療法人債明細表　126
　　⑸　有価証券明細表　127
　　⑹　事業費用明細表　128
　12.社会医療法人要件該当説明書類……………………………………131
第2節　法人全体の会計と事業別施設別の会計………………………132
　1.　会計区分と部門区分………………………………………………132
　2.　本部費の取扱い……………………………………………………133
　3.　会計区分間取引……………………………………………………133
　　⑴　会計区分間の貸借取引　134
　　⑵　会計区分間の損益取引　134
　　⑶　本部費の配賦　134
　　⑷　製造に係る売上原価の処理　135
　4.　部門共通費の取扱い………………………………………………135
　5.　法人全体損益計算書への組替え…………………………………135
第3節　病院における管理会計と原価計算……………………………137
　1.　病院における管理会計……………………………………………137
　　⑴　病院会計における財務会計・管理会計　137
　　⑵　管理会計の必要性と一般的手法　139
　　⑶　病院経営指標分析の重要性と公表資料　141
　2.　病院原価計算の現状………………………………………………141
　　⑴　原価計算の目的　141
　　⑵　未発達であった病院原価計算　143
　　⑶　病院原価計算に関して行われた新たな試みと現状　144

第4節　法人税・住民税・事業税の概要と特徴……………………148

1. 医療法人の法人税……………………………………………148
2. 社会医療法人の法人税………………………………………149
   - (1) 法人税等の収益事業課税　149
   - (2) 収益事業の区分経理とみなし寄附金　152
3. 医療法人の住民税……………………………………………154
   - (1) 法人税割　155
   - (2) 均　等　割　156
4. 医療法人の事業税……………………………………………157
   - (1) 事業税の特例　157
   - (2) 所得配分方式　159
   - (3) 経費配分方式　161

第5節　消費税の概要と特徴………………………………………164

1. 医療と消費税…………………………………………………164
2. 医療法人の消費税申告実務…………………………………165
   - (1) 本則課税の場合の計算手順　166
   - (2) 仕入税額控除　170
   - (3) 簡易課税を採用した場合の計算手順　171
3. 社会医療法人の特例…………………………………………174
4. 消費税等の会計処理…………………………………………176
5. 医療法人の控除対象外消費税問題…………………………177

第6節　源泉所得税の概要と特徴…………………………………179

1. 源泉所得税の概要……………………………………………179
2. 派遣医師の給与所得…………………………………………180
3. 通勤手当の非課税限度額……………………………………184
4. 食事代の現物給与……………………………………………186
5. 学資金・資格取得費用………………………………………187
6. 役員社宅，使用人社宅の現物給与…………………………189
   - (1) 使用人社宅の家賃相当額　189
   - (2) 役員社宅の家賃相当額　189
   - (3) 社宅家賃の現物給与　190

第7節　その他の税金の特徴…………………………………………193
  1. 利子配当等の源泉所得税……………………………………193
  2. 取得又は保有不動産関係税…………………………………194
第8節　収益項目の会計と税務…………………………………………195
  1. 医療法人の収益会計の現状…………………………………195
  2. 収益の勘定科目………………………………………………197
  3. 消費税の課税・非課税区分…………………………………200
   (1) 課税・非課税分類　200
   (2) 課税対象取引とされる医療等　201
   (3) 介護報酬の課税・非課税区分　210
  4. 税務調査の着眼点……………………………………………213
第9節　費用項目の会計と税務…………………………………………219
  1. 費用の勘定科目………………………………………………219
  2. 役員給与………………………………………………………223
  3. 使用人給与……………………………………………………229
  4. 役員の退職給与………………………………………………234
  5. 交　際　費……………………………………………………239
  6. 寄　附　金……………………………………………………245
  7. 税務調査の着眼点……………………………………………247
   (1) 人件費　247
   (2) 薬剤, 診療材料　249
   (3) 修繕費　249
   (4) 交際費　250
   (5) 旅　費　250
第10節　資産項目の会計と税務…………………………………………251
  1. 資産の勘定科目………………………………………………251
  2. 医業未収金……………………………………………………254
  3. 薬品診療材料…………………………………………………257
  4. 建物・構築物…………………………………………………258
   (1) 固定資産と減価償却　258

        (2) 建　物　259
        (3) 構築物　262
    5. 医療機器……………………………………………………………272
    6. 車両及び船舶………………………………………………………287
    7. 税務調査の着眼点…………………………………………………287
        (1) 現　金　287
        (2) 預　金　288
        (3) 医業未収金　288
        (4) たな卸資産　289
        (5) 固定資産　289
        (6) 仮払金，貸付金等　289
第11節　負債項目の会計と税務……………………………………………290
    1. 負債の勘定科目……………………………………………………290
        (1) 勘定科目の内容　290
        (2) 病院会計準則との相違点　292
    2. 退職給付引当金……………………………………………………294
        (1) 退職給付引当金と退職給付制度の概要　294
        (2) 適用時差異の取扱い　295
        (3) 退職給付引当金の計算方法　296
    3. 税務調査の着眼点…………………………………………………300
        (1) 借入金　300
        (2) 買掛金，未払金　300
        (3) その他の負債，仮受金等　300
第12節　純資産項目の会計と税務…………………………………………301
    1. 純資産の勘定科目…………………………………………………301
    2. 出　資　金…………………………………………………………302
        (1) 追加出資　302
        (2) 出資の払戻し　302
    3. 基　　　金…………………………………………………………303
    4. 積　立　金…………………………………………………………304
        (1) 設立等積立金　305
        (2) 代替基金　307

(3) 法人税関連積立金　307
　　　(4) 特定目的積立金　308
　　　(5) 繰越利益積立金　310
　　　(6) 持分払戻差額積立金　310
　　5. 評価・換算差額等……………………………………………………312
　第13節　出資持分に係る税務…………………………………………313
　　1. 医療法人制度と出資持分………………………………………313
　　2. 出資持分の相続税評価額の計算………………………………316
　　　(1) 医療法人の規模の判定　317
　　　(2) 医療法人の出資持分の評価方法　318
　　3. 純資産価額方式の計算…………………………………………318
　　　(1) 相続税評価額による総資産価額　319
　　　(2) 帳簿価額による総資産価額　319
　　　(3) 負債合計額　319
　　4. 類似業種比準価額方式の計算…………………………………323
　　　(1) 比準要素の算定方式　323
　　　(2) 医療法人の特異点とその影響　324
　　5. 特定状況下の評価の特例………………………………………325
　　6. 出資持分払戻しに係る課税……………………………………329
　　7. 出資持分譲渡に係る課税………………………………………331
　　　(1) 出資持分の譲渡　331
　　　(2) 国外転出時課税制度の適用によるみなし譲渡　332
　　8. 出資持分払戻し又は譲渡の際の評価…………………………333
　　9. 出資額限度法人とその課税関係………………………………335
　　　(1) 出資額限度法人の内容　335
　　　(2) 出資額限度法人の課税関係　337

第4章　医療法人の移行等における会計と税務────339

　第1節　社会医療法人の認定……………………………………………339
　　1. 社会医療法人の性格と認定基準………………………………339

2. 社会医療法人認定手続の概要 …………………………………………341
　　3. 認定に係る会計上の取扱い ……………………………………………342
　　4. 認定に係る税務上の取扱い ……………………………………………343
　　　(1) みなし事業年度　343
　　　(2) 認定前最終事業年度の特例　343
　第2節　社会医療法人の認定取消し ……………………………………………344
　　1. 認定取消し制度の概要 …………………………………………………344
　　2. 認定取消しに係る実施計画の認定制度 ………………………………345
　　3. 認定取消しに係る会計上の取扱い ……………………………………345
　　4. 認定取消しに係る税務上の取扱い ……………………………………346
　　　(1) みなし事業年度　346
　　　(2) 認定取消しに係る課税　346
　　　(3) 実施計画認定を受けた場合の特例　346
　第3節　特定医療法人の承認 ……………………………………………………347
　　1. 特定医療法人の性格 ……………………………………………………347
　　2. 特定医療法人の承認基準 ………………………………………………348
　　3. 承認基準適合判定上の留意点 …………………………………………350
　　　(1) 運営の健全性　350
　　　(2) 役員等の構成　350
　　　(3) 役員等に対する特別の利益供与　351
　　　(4) 法令違反　351
　　4. 承認手続の概要 …………………………………………………………352
　　　(1) 事前審査　352
　　　(2) 定款（寄附行為）の変更　352
　　　(3) 都道府県知事等の証明書　355
　　　(4) 厚生労働大臣の証明書　355
　　　(5) 特定医療法人の承認申請書　357
　　5. 定期提出書類の提出 ……………………………………………………358
　第4節　特定医療法人の取りやめ ………………………………………………359
　　1. 承認取りやめ制度と再承認制度 ………………………………………359
　　2. 社会医療法人制度との関係 ……………………………………………360

第5節 持分ありから持分なしへの移行 …………………………361
1. 持分なしへ移行する手続 ……………………………………361
2. 持分なし移行に係る会計上の取扱い ………………………362
3. 持分なし移行に係る税務上の取扱い ………………………363
   (1) 法人税等の取扱い　363
   (2) 不当減少贈与税課税　364
   (3) 持分放棄者に係る課税問題　372
4. 認定医療法人の税制上の措置 ………………………………373
   (1) 持分に係る経済的利益の贈与税の税額控除　373
   (2) 持分に係る経済的利益の贈与税の納税猶予及び免除　373
   (3) 持分についての相続税の税額控除　374
   (4) 持分についての相続税の納税猶予及び免除　375
   (5) 不当減少贈与税課税との関係　375

第6節 医療法人の合併 …………………………………………376
1. 合併の概要 ……………………………………………………376
2. 合併の手続 ……………………………………………………379
   (1) 手続の概要　379
   (2) 合併契約書の締結　379
   (3) 都道府県知事の認可　381
   (4) 債権者保護手続等　382
   (5) 合併登記　382
3. 合併の税務 ……………………………………………………383
   (1) 法人における税務の概要　383
   (2) 適格合併と非適格合併　384
   (3) 出資者における税務の概要　386
4. 合併の会計 ……………………………………………………387

第7節 医療法人の分割 …………………………………………389
1. 分割の概要 ……………………………………………………389
2. 分割の手続 ……………………………………………………391
   (1) 手続の概要　391
   (2) 吸収分割契約の締結又は新設分割計画の作成　392
   (3) 都道府県知事の認可　394

(4) 債権者保護手続等　394
　　(5) 分割登記　395
　　(6) 分割に伴う労働契約の承継　396
　3. 分割の税務 …………………………………………………398
　　(1) 法人における税務の概要　398
　　(2) 適格分割と非適格分割　399
　4. 分割の会計 …………………………………………………400

第8節　医療法人の解散 …………………………………………402
　1. 解散の事由 …………………………………………………402
　2. 解散及び精算の手続 ………………………………………405
　　(1) 解散手続の概要　405
　　(2) 精算手続の概要　407
　3. 残余財産の帰属 ……………………………………………410
　　(1) 平成19年4月1日以降に設立申請された医療法人　410
　　(2) 平成19年3月31日以前に設立申請された医療法人　410
　4. 解散の税務 …………………………………………………411
　　(1) 医療法人の課税　411
　　(2) 出資者に対する課税　411
　5. 解散の会計 …………………………………………………415

〈本書と共に参照を推奨する書籍又は資料について〉――――――417

凡　例

1. 本書は，平成29年3月1日現在の法令による。
2. 略語例

医療法	→医法
医療法施行令	→医令
医療法施行規則	→医規
民法	→民法
法人税法	→法法
法人税法施行令	→法令
法人税法施工規則	→法規
法人税法基本通達	→法基通
所得税基本通達	→所基通
相続税	→相法
相続税法施行令	→相令
租税特別措置法	→措法
租税特別措置法施行令	→措令
組合等登記令	→組合令
消費税法	→消法
消費税法施行令	→消令
所得税法	→所法
所得税法施行令	→所令
会社法	→社法
会社法施行規則	→社規
耐用年数の適用に関する取扱通達	→耐年通
医療法人会計基準運用指針	→運用指針
財産評価基本通達	→評価通達
社会医療法人債を発行する社会医療法人の財務諸表の用語，様式及び作成方法に関する規則	→社規則
一般社団法人及び一般財団法人に関する法律	→一般法

3. 引用例（条文の符号は，以下の通りとする。）

    1, 2：条を示す
    ①, ②：項を示す
    一, 二：号を示す。

新訂
医療法人の会計と税務

第1章 医療法人制度の概要

第1節 医療の非営利性と医療法人改革

1. 医療法人の非営利性とその責務

　医療法人とは，医療法第39条の規定によって設立された特別法人であり，財団形態あるいは社団形態のいずれかにより設立されたものである。

医療法第39条〔医療法人〕
　病院，医師若しくは歯科医師が常時勤務する診療所又は介護老人保健施設を開設しようとする社団又は財団は，この法律の規定により，これを法人とすることができる。
2　前項の規定による法人は，医療法人と称する。

　設立にあたっては，都道府県知事の認可を受け（医法44），設立の登記をすることにより成立（医法46）する。
　医療法は第7条第6項に，「営利を目的として，病院，診療所又は助産所を開設しようとする者に対しては，第4項の規定にかかわらず，第1項の許可を与えないことができる」と規定し，医療の公益性を担保するためにすべての医療サービスの提供主体に対し非営利性の遵守を求めている。
　医療法人は，昭和25年の医療法改正によって創設されたが，同年8月2日の医療法人制度施行に関する各都道府県知事宛の厚生次官通達から，医療法人制度の性格および立法趣旨を考えてみると，次のようになる。

「一般事項(1)本法制定の趣旨は私人による病院経営の経済的困難を，医療事業の経営主体に対し，法人格取得の途をひらき，資金集積の方法を容易に講ぜしめること等により，緩和しようとするものであること。なお，医療法人に対する課税上の特例を設けることは，本法の直接目的とするところではなく，これについては，むしろ医業一般の問題として別途考慮すべきものとしたこと。
(2)医療法人は病院又は一定規模以上の診療所の経営を主たる目的としなければならないが，それ以外に，積極的な公益性は要求されず，この点で民法上の公益法人と区別され，また，その営利性については剰余金の配当を禁止することにより，営利法人たることを否定されており，この点で，商法上の会社と区別されること。」

すなわち，医療法人制度は，病院，診療所が容易に法人格を取得することにより，医業の永続性を確保するとともに，資金の集積を容易にし，医療の普及向上を期待されて創設されたのである。また，"医療"という人命にかかわる公共サービスを担う私的事業体として，積極的な強い公益性は要求しないが，さりとて積極的な営利性を追求することのできない中間的法人として位置付けられたと考えられる。

そして，平成18年の第5次医療法において医療法人の社会的責務が規定されたことによりその性格はさらに明確化された。その規定が医療法第40条の2であり「医療法人の果たすべき役割」を規定している。

医療法第40条の2〔医療法人の責務〕
　医療法人は，自主的にその運営基盤の強化を図るとともに，その提供する医療の質の向上及びその運営の透明性の確保を図り，その地域における医療の重要な担い手としての役割を積極的に果たすよう努めなければならない。

以上の当然の帰結として，医療法人は名称の独占があり，医療法人でない者は，医療法人という文字を用いてはならないことになっている（医療法40）。違反した場合には，医療法第77条の規定により10万円以下の過料とされる。

2. 医療法人の現況

図表 1.1.1 に記載の通り，平成元年当時約 1 万法人であった医療法人は，平成 28 年 3 月末現在 51,958 法人に達している。医療法人数増加の原因は，昭和 60 年 12 月の第 1 次医療法改正による一人医師医療法人制度の創設，その後の社会保障制度改革や医療需要の変化，介護保険制度の施行に伴う介護市場の拡大等であり，このような経営環境の変化に呼応して医療法人はその業務内容を拡張・多様化したと考えられる。

図表 1.1.1　種類別医療法人数の年次推移

年　別	医　療　法　人					特定医療法人	特別医療法人	社会医療法人
	総数	財団	社　団			一人医師医療法人（再掲）	総数	総数	総数
			総数	持分有	持分無				
昭和 36 年	1,745	295	1,450						
昭和 45 年	2,423	336	2,087	2,007	80		89		
61 年	4,168	342	3,826	3,697	129	179	163		
平成元年	11,244	364	10,880	10,736	144	6,620	183		
5 年	21,078	381	20,697	20,530	167	15,665	206		
10 年	29,192	391	28,801	28,595	206	23,112	238		
15 年	37,306	403	36,903	36,581	322	30,331	356	29	
20 年	45,078	406	44,672	43,638	1,034	37,533	412	80	
21 年	45,396	369	45,000	43,234	1,766	37,878	402	67	36
22 年	45,989	393	45,596	42,902	2,694	38,231	382	54	85
23 年	46,946	390	46,556	42,586	3,970	39,102	383	45	120
24 年	47,825	391	47,434	42,245	5,189	39,947	375	9	162
25 年	48,820	392	48,428	41,903	6,525	40,787	375	0	191
26 年	49,889	391	49,498	41,476	8,022	41,659	375	0	215
27 年	50,866	386	50,480	41,027	9,453	42,328	376	0	239
28 年	51,958	381	51,577	40,601	10,976	43,237	369	0	262
昭和 61 年対平成 28 年増減	47,790	39	47,751	36,904	10,847	43,058	206	0	262

（注）　平成 8 年までは年末現在数，9 年以降は 3 月 31 日現在数である。
（資料）　厚生労働省調べ。

医療法人が医療介護領域において提供しているサービスの概要を示すと図表1.1.2の通りであり，極めて大きな役割を担っていることが理解できる。

図表1.1.2　医療法人が開設・提供している主な医療・介護サービス

① 病　　　院	8,453 施設	（平成28年3月末現在）	のうち68%
② 診　療　所	101,162 施設	（平成28年3月末現在）	のうち40%
③ 介護老人保健施設	4,189 施設	（平成27年10月現在）	のうち74%
④ 介護療養型医療施設	1,423 施設	（平成27年10月現在）	のうち83%
⑤ 訪問看護ステーション	8,745 施設	（平成27年10月現在）	のうち30%
⑥ 通所リハビリテーション	7,513 施設	（平成27年10月現在）	のうち77%

　そして，公益社団法人全国有料老人ホーム協会の平成25年度有料老人ホーム・サービス付き高齢者向け住宅に関する実態調査研究事業報告書によれば有料老人ホームの6.7%，サービス付き高齢者向け住宅の14.4%が医療法人開設であるとの結果となっており，高齢者の住まいの提供者としても重要な位置を占めていることが明らかにされている。

　平成60年の第1次医療法改正によって創設された一人医師医療法人がまだほとんど設立されていない昭和61年と平成28年の医療法人数や類型の変化，すなわち30年間の変化について図表1.1.1に基づき整理してみると以下の通りとなる。

① 総数は，4,168法人から51,958法人に12.5倍に増加。
② 一人医師医療法人数は，179法人から43,237法人に241.5倍に増加。
③ 全医療法人のうち83.2%が一人医師医療法人。
④ 昭和61年当時全体の8.2%（342法人）を占めていた財団形態の医療法人は平成28年では0.7%（381法人）であり，30年間でほとんど変化せず，平成28年には99.3%が社団形態の医療法人。
⑤ 社団形態の医療法人のうち，昭和61年当時，全体の88.7%（3,697法人）を占めていた「持分あり」社団は平成20年の43,638法人をピークに毎年減少し，平成28年40,601法人となり全体の78.1%に低下。
⑥ 「持分なし」社団医療法人は，，昭和61年当時，全体の3.1%（129法

人）であったが，平成 18 年の第 5 次医療法改正により「持分あり」社団の新規設立が認められなくなって以降一貫して増え続け，平成 28 年 10,976 法人となり全体の 21.1％を占めるに至った。
⑦ 租税特別措置法において規定される特定医療法人は，平成 20 年 412 法人をピークに減少に転じている。
⑧ 平成 18 年の第 5 次医療法改正により創設された社会医療法人は一貫して増え続け，平成 28 年 262 法人となっている。
⑨ 平成 9 年の第 3 次医療法改正において創設された特別医療法人制度は，社会医療法人制度創設とともに廃止となり，平成 25 年以降ゼロとなっている。

以上の整理から，医療法人数は平成 28 年 3 月末時点において約 5 万 2 千に達するが，そのうちの 83.2％が一人医師医療法人で，そのすべてが昭和 60 年の第 1 次医療法改正以降設立された小規模法人であり，これとは別に病院等の開設を行う約 9 千の主に中規模，大規模法人が存在していることになる。

3. 医療法人改革の変遷

昭和 23 年に制定された医療法は，現在までに 7 回の改正が実施され今日に至っている。医療法改正等による医療法人の制度的改革内容を時系列的に確認することは，この法人制度が創設されてから 65 年の変化を俯瞰でき，意味のあることである。

平成 27 年 9 月の 7 回目の改正までに実施又は制定された医療法人改革の内容は，概ね下記の通りである。

（昭和 60 年 12 月　第 1 次改正の内容）
 1. 一人医師医療法人制度の創設
 2. 医療法人の資産要件の統一（自己資本率 20％基準）
 3. 理事長医師要件の制定

4. 医療法人に対する指導監督規定の整備
5. 会計年度に関する規定の変更（任意の会計年度の設定容認）
6. 複数都道府県にわたって病院等を開設する医療法人の設立認可等の権限の厚生大臣への変更

（平成4年7月　第2次改正の内容）
1. 医療法人の附帯業務の拡大
2. 医療法人の作成する決算書類のうち収支計算書を損益計算書へ変更

（平成9年12月　第3次改正の内容）
1. 医療法人の附帯業務の拡大
2. 特別医療法人制度の創設

（平成12年11月　第4次改正について）
第4次となる平成12年改正では，医療法人を巡る改正は行われなかった。

（第5次改正までの告示・通知レベルの改正内容）
  ▶特定医療法人制度の改正
  ・平成15年3月31日付厚生労働省告示第147号
　　「租税特別措置法施行令第39条の25第1項第1号に規定する厚生労働大臣が財務大臣と協議して定める基準」を告示
　　〜内　容〜
　　① 差額ベッド割合の上限を30%に引き上げ
　　② 差額ベッドの平均料金の上限規制を撤廃
　　③ 医師等にかかる年間給与上限規制を3,600万円に1本化（同族関係者に係る階層的規制を撤廃）
  ▶医療法人の附帯業務の拡大について（告示及び通知）
  ・平成16年3月31日厚生労働省告示第153号
　　「厚生労働大臣が定める医療法人が行うことができる社会福祉事業省

～内容～保育所事業等の追加
▶出資額限度法人について（通知）
・厚生労働省医政局長通知　平成16年8月13日医政発第0813001号
　～内容～通知による位置付けの明確化と課税上の取扱いの確認
▶病院会計準則の改正について（通知）
・厚生労働省医政局長通知　平成16年8月19日医政発第0819001号
　～内容～21年ぶりの改正と特に公的病院への積極的適用要請
▶「医療機関債」の発行ガイドラインについて（通知）
・厚生労働省医政局長通知　平成16年10月25日医政発第1025003号
　～内容～私募債であるが直接金融による資金調達の正式な容認

（平成18年6月　第5次改正について）
1. 解散時の残余財産の帰属先の制限[*1)]
2. 社会医療法人制度の創設[*2)]
3. 役員・社員総会等の法人内部の管理体制の強化
4. 事業報告書等の作成・閲覧に関する規定の整備
5. 自己資本比率による資産要件の廃止
6. 附帯業務の拡大（有料老人ホームの設置他）

　＊1)　平成19年4月1日以降に新たに医療法人の設立の認可の申請を行う場合，設立後の医療法人は，財団である医療法人又は社団である医療法人で持分の定めのないものに限られ，持分のある医療法人の新規設立は認められなくなった。
　＊2)　社会医療法人の創設に伴い特別医療法人制度は5年間の経過措置期間後廃止とされた。

（平成26年6月　第6次改正について）
1. 持分なし医療法人への移行促進策を措置
2. 医療法人社団と医療法人財団の合併承認

（平成27年9月　改正について）
1. 地域医療連携推進法人制度の創設[*1)]

2. 医療法人制度の見直し
    (1) 医療法人の経営の透明性の確保及びガバナンスの強化に関する事項
    (2) 医療法人の分割等に関する事項
    (3) 社会医療法人の認定等に関する事項
    ＊1) 医療機関相互間の機能の分担及び業務の連携を推進するため，都道府県知事が一般社団法人を地域医療連携推進法人と認定する制度を創設した。地域医療連携推進法人制度は医療法人制度とは全く異なる制度である。

4. 平成27年9月医療法人制度見直しの全容

平成27年9月に成立した医療法の一部を改正する法律により，医療法人について，貸借対照表等に係る公認会計士等による監査，公告等に係る規定及び分割に係る規定を整備する等の措置が講じられた。

その骨子は，以下の通りである。

1) 医療法人の経営の透明性の確保及びガバナンスの強化に関する事項
    ▶事業活動の規模その他の事情を勘案して厚生労働省令で定める基準に該当する医療法人は，厚生労働省令で定める会計基準（公益法人会計基準に準拠したものを予定）に従い，貸借対照表及び損益計算書を作成し，公認会計士等による監査，公告を実施。
    ▶医療法人は，その役員と特殊の関係がある事業者との取引の状況に関する報告書を作成し，都道府県知事に届出。
    ▶医療法人に対する，理事の忠実義務，任務懈怠時の損害賠償責任等を規定。理事会の設置，社員総会の決議による役員の選任等に関する所要の規定を整備。
2) 医療法人の分割等に関する事項
    医療法人（社会医療法人その他厚生労働省令で定めるものを除く）が，都道府県知事の認可を受けて実施する分割に関する規定を整備。
3) 社会医療法人の認定等に関する事項
    ▶二以上の都道府県において病院及び診療所を開設している場合であっ

て，医療の提供が一体的に行われているものとして厚生労働省令で定める基準に適合するものについては，全ての都道府県知事ではなく，当該病院の所在地の都道府県知事だけで認定可能。
▶社会医療法人の認定を取り消された医療法人であって一定の要件に該当するものは，救急医療等確保事業に係る業務の継続的な実施に関する計画を作成し，都道府県知事の認定を受けたときは収益業務を継続して実施可能。

　医療法人制度見直しは大きく3項目に分類されているが，特に最初に挙げられた医療法人の経営の透明性の確保及びガバナンスの強化に関する事項は医療法人の運営に大きな影響を及ぼすものである。
　法律の施行日は，平成28年9月1日と平成29年4月2日に分類され，平成28年9月1日施行される3項目，すなわちガバナンスの強化に関する事項と医療法人の分割等に関する事項と社会医療法人の認定等に関する事項のうち，ガバナンスの強化に関する事項は原則的にすべての医療法人に適用される。
　また，平成29年4月2日に施行される経営の透明性の確保に関する事項は，関係事業者取引状況報告を除き該当する医療法人のみがこれを適用されることとなる。

〔公布の日（平成27年9月28日）から起算して1年を超えない範囲内において政令で定める日に施行される項目：平成28年9月1日施行分〕
①　ガバナンスの強化に関する事項：医療法人の理事の忠実義務・任務懈怠時の損害賠償責任等に関する事項，理事会の設置，社員総会の決議による役員の選任等に関する所要の規定を整備
②　医療法人の分割等に関する事項
③　社会医療法人の認定等に関する事項
〔公布の日（平成27年9月28日）から起算して2年を超えない範囲内において政令で定める日に施行される項目：平成29年4月2日施行分〕
④　経営の透明性の確保に関する事項：外部監査の義務化・会計基準の義務

化・公告，役員と特殊の関係のある事業者との取引の状況に関する報告等に関する事項

そして，平成27年9月改正に関連して公布，発出された関連政省令・通知は多く，現時点における全容とそれぞれの概要等は次に示す通りである。
〔3月25日に公布，発出された政省令・通知〕
▶医療法の一部を改正する法律の一部の施行に伴う関係政令の整備及び経過措置に関する政令（平成28年3月25日政令第82号）
〔概　要〕
- ✓基準病床数の算定の特例関係
- ✓社会医療法人認定取り消し時の実施計画の申請関係
- ✓社団たる医療法人及び財団たる医療法人の理事に関する技術的読替え等の制定関係
- ✓社会医療法人債等に関する技術的読替え関係
- ✓医療法人の分割に関する技術的読替え
- ✓登記の届け出，組合等登記令関係
    - ＊具体的には，一般社団法人及び一般財団法人に関する法律の準用に関して，例えば，代表理事を理事長，非業務執行理事等を非理事長理事等，使用人を職員と読み替える等。

▶医療法施行規則の一部を改正する省令（平成28年3月25日厚生労働省令第40号）
〔概　要〕
- ✓医療法人規定改正に伴う省令改正
- ✓具体的には，社会医療法人要件緩和に関連する細部の要件の規定，ガバナンスに関する議事録作成方法，役員等の任務懈怠時の損害賠償額の算定方法等の規定，合併・分割契約の記載内容等の規定等

▶厚生労働省医政局長通知「医療法人の機関について」（平成28年3月25日医政発0325第3号）
〔概　要〕
- ✓医療法人の機関に関する規定等の内容について
- ✓医療法人の定款例及び寄附行為例の改正について
- ✓関連する既往通知の改正について

＊既に改正に伴い変更すべき定款及び寄附行為の改正例は発出されており，「病院又は老人保健施設等を開設する医療法人の運営管理指導要綱の制定について」等も改正内容が明らかにされている。

▶厚生労働省医政局長通知「医療法人の合併及び分割について」（平成28年3月25日医政発0325第5号）
［概　要］
- ✓合併の意義，種類，手続き
- ✓分割の意義，種類，手続き
- ✓都道府県医療審議会の運営

▶厚生労働省医政局長通知「社会医療法人の認定要件の見直し及び認定が取り消された医療法人の救急医療等確保事業に係る業務の継続的な実施に関する計画について」（平成28年3月25日医政発0325第7号）
［概　要］
- ✓社会医療法人の認定要件の見直しに伴う通知の改正
- ✓認定が取り消された社会医療法人の救急医療等確保事業に係る事業の継続的な実施に関する計画様式について

▶厚生労働省医政局医療経営支援課長通知「「医療法人における事業報告書等の様式について」の一部改正について」（平成28年3月25日医政発0325第1号）
［概　要］
- ✓社会医療法人が認定取り消しを受けた場合における救急医療等確保事業の継続制度創設に伴い，語句の修正

［4月20日までに公布，発出された省令・通知］
▶医療法第51条第2項の規定に基づき医療法人会計基準を定める省令（平成28年4月20日厚生労働省令第95号）
［概　要］
- ✓外部監査義務化の基準を超える医療法人は厚生労働省令の規定に従い貸借対照表，損益計算書等を作成するよう義務付けられたのを受けて，四病協・医療法人会計基準を基に省令を新設

▶医療法の一部を改正する法律の一部の施行に伴い，並びに医療法及び民間事業者等が行う書面の保存等における情報通信の技術の利用に関する法律

の規定に基づき，医療法施行規則及び厚生労働省の所管する法令の規定に基づく民間事業者等が行う書面の保存等における情報通信の技術の利用に関する省令の一部を改正する省令（平成28年4月20日厚生労働省令第96号）

［概　要］
- ✓ 全医療法人に対して義務付けられる関係事業者（関連当事者）の基準，取引内容
- ✓ 外部監査が義務付けられる医療法人の基準
- ✓ 監事監査，外部監査等に関する事項

▶厚生労働省医政局長通知「医療法人会計基準適用上の留意事項並びに財産目録，純資産変動計算書及び附属明細表の作成方法に関する運用指針」（平成28年4月20日医政発0420第5号）

［概　要］
- ✓ 医療法人会計基準の適用が義務付けられる医療法人について，事業報告書等のうち会計情報である財産目録，貸借対照表，損益計算書，純資産変動計算書及び附属明細表を作成する際の基準，様式等について規定

▶厚生労働省医政局長通知「医療法人の計算に関する事項について」（平成28年4月20日医政発0420第7号）

［概　要］
- ✓ 会計基準，外部監査が義務付けられる医療法人の基準や，作成・公告が必要な書類の範囲，監査報告書の内容等を整理
- ✓ 新たに報告が必要となった関係事業者（医療法人と一定規模以上の取引を行っている役員・近親者，役員・近親者が代表者である法人，役員・近親者が支配権を有する法人）との取引の報告内容

▶厚生労働省医政局医療経営支援課長通知「関係事業者との取引の状況に関する報告書の様式等について」（平成28年4月20日医政支発0420第2号）

［概　要］
- ✓ 関係事業者との取引状況報告書の作成・届け出が義務化されたことを受けて事業報告書等の様式を改正

　上記政省令・通知の中ですべての医療法人の日常的運営に強く関係するものと考えられるものは，厚生労働省医政局長通知「医療法人の機関について」

（平成 28 年 3 月 25 日医政発 0325 第 3 号）であり，その目次を整理すると以下の通りとなる。

〔"医療法人の機関について"（局長通知）目次〕

第 1　医療法人の機関に関する規定等の内容について
　1　機関の設置について（医法 46 の 2 関係）
　2　社員総会に関する事項について（医法 46 の 3 から 46 の 3 の 6 関係）
　　(1)　社員総会の招集・開催について
　　(2)　社員総会の議長について
　　(3)　社員総会の決議について
　　(4)　社員総会の議事録について
　　(5)　その他
　3　評議員及び評議員会に関する事項について（医法 46 の 4 から 46 の 4 の 7 関係）
　　(1)　評議員について
　　(2)　評議員会の招集・開催について
　　(3)　評議員会の議長について
　　(4)　評議員会の決議について
　　(5)　評議員会の意見聴取等について
　　(6)　評議員会の議事録について
　4　役員の選任及び解任に関する事項について（医法 46 の 5 から 46 の 5 の 4 関係）
　　(1)　役員の選任について
　　(2)　役員の任期等について
　　(3)　監事の選任に関する監事の同意等について
　　(4)　役員の解任について
　5　理事に関する事項について（医法 46 の 6 から 46 の 6 の 4 関係）
　　(1)　理事長の代表権等について
　　(2)　理事の責務等について
　　(3)　社員又は評議員による理事の行為の差止めについて
　　(4)　職務代行者の権限及び表見理事長について
　　(5)　理事の報酬等

6　理事会に関する事項について（医法46の7及び46の7の2関係）
　　(1)　理事会の職務について
　　(2)　理事等による理事会への報告について
　　(3)　理事会の招集・開催について
　　(4)　理事会の決議について
　　(5)　理事会の議事録等について
 7　監事に関する事項について（医法46の8から46の8の3関係）
　　(1)　監事の職務について
　　(2)　監事による理事会の招集等について
　　(3)　監事による理事の行為の差止め及び医療法人と理事との間での訴えにおける法人の代表について
　　(4)　監事の報酬等について
 8　役員等の損害賠償責任等に関する事項（医法47から49の3関係）
　　(1)　医療法人に対する役員等の損害賠償責任について
　　(2)　医療法人に対する役員等の損害賠償責任の免除について
　　(3)　医療法人と理事との間の責任限定契約について
　　(4)　理事が自己のためにした取引に関する特則
　　(5)　第三者に対する役員等の損害賠償責任
　　(6)　役員等の損害賠償責任における連帯債務について
　　(7)　社員による責任追及の訴えについて
　　(8)　医療法人の役員等の解任の訴え等について
 9　定款及び寄附行為の変更について
 10　経過措置について

第2　医療法人の定款例及び寄附行為例の改正について
　　①　社団医療法人の定款例（平成19年医政発第0330049号）　　　　別添1
　　②　財団医療法人の寄附行為例（平成19年医政発第0330049号）　　別添2
　　③　特定医療法人の定款例（平成15年医政発第1009008号）　　　　別添3
　　④　特定医療法人の寄附行為例（平成15年医政発第1009008号）　　別添4
　　⑤　出資額限度法人のモデル定款（平成16年医政発第0813001号）　別添5
　　⑦　社会医療法人の定款例（平成20年医政発第0331008号）　　　　別添6
　　⑧　社会医療法人の寄附行為例（平成20年医政発第0331008号）　　別添7

第 3　関連する既往通知の改正について
▶「医療法人制度の改正及び都道府県医療審議会について」（昭和 61 年健政発第 410 号厚生省健康政策局長通知）　　　　　　　　　　　　　　別添　8
▶「病院又は老人保健施設等を開設する医療法人の運営管理指導要綱の制定について」（平成 2 年健政発第 110 号厚生省健康政策局長通知）　　別添　9
▶「医療法人制度について」（平成 19 年医政発第 0330049 号厚生労働省医政局長通知）　　　　　　　　　　　　　　　　　　　　　　　　別添 10
▶「医療法人の基金について」（平成 19 年医政発第 0330051 号厚生労働省医政局長通知）　　　　　　　　　　　　　　　　　　　　　　　別添 11
▶「社会医療法人の認定について」（平成 20 年医政発第 0331008 号厚生労働省医政局長通知）　　　　　　　　　　　　　　　　　　　　　別添 12

5. 医療法人の制度的特性

病院，医師若しくは歯科医師が常時勤務する診療所又は介護老人保健施設を開設することが本来業務とされている医療法人は，その提供する業務の公益性・非営利性から会社法上の株式会社等には規定されない制度的規制が明記されている。

そのうち最も特徴的な規定が，設立等に対する認可（医法 44），剰余金配当の禁止（医法 54），都道府県知事の指導監督権（医法 63，64）に関する規定であり，それ以外にも業務範囲制限，役員の適格要件，理事長の資格要件，管理者たる理事，社員総会における議決権，事業報告書等の作成義務・整理閲覧義務，届出義務，そして都道府県知事による事業報告書等の閲覧提供義務がある。

医療法人制度が株式会社制度との対比において特徴的な部分は，以下の通りである。
① 医療法人設立等に対する都道府県知事の認可（医法 44，45，55，58 の 2）
② 剰余金配当の禁止（医法 54）
③ 医療法人の業務範囲制限（医法 42）
④ 都道府県知事の指導監督権（医法 63，64）
⑤ 役員の適格要件（医法 46 の 5）

⑥　理事長の資格要件（医法46の6）
⑦　管理者たる理事（医法46の5）
⑧　社員総会における議決権（医法46の3の3）
⑨　事業報告書等の作成義務（医法51）
⑩　医療法人としての事業報告書等の整備，閲覧義務（医法51の2）
⑪　都道府県知事に対する事業報告書等の届出義務（医法52）
⑫　都道府県知事による事業報告書等の閲覧提供義務（医法52）

　上記に加えて，平成27年9月改正では法人制度の基本項目について見直しと明確化が行われた。その内容は，機関の役割，位置づけ及び役員の責務と権限について明確化するとともに医療法人並びに第三者に対する役員の損害賠償責任を規定したものであるが，法律条文としては一般社団法人及び一般財団法人に関する法律の規定の医療法への織り込みや準用が中心となっている。
　一般社団法人及び一般財団法人に関する法律は民法第34条の公益法人改革により関連3法の1つとして平成18年5月成立し，平成20年12月に施行された法律であり，社団の構成員である社員や役員に関する整理は平成17年6月に成立し，平成18年5月に施行された会社法と整合している。
　このような視点から考えると，平成27年9月の医療法人制度の見直しは医療法人の機関等に関して社団や財団のあり方について他の法人制度との統一的整理を行ったものであるという考え方も成り立つと思われる。したがって，医療法人の99.3％を占める社団形態の医療法人の機関に対する考え方が一般社団法人に近いものとなったことになる。
　非営利性を担保するために社員の議決権を一人一票と法定している医療法人社団が，医療提供主体として様々な上記の特性を遵守しつつ，法律条文上詳細に規定されるとともに通知等によって整理されているガバナンスを確立することを求められる時代が到来したことになる。
　そして，医療法人の一部ではあるが，社会医療法人や大規模医療法人に関しては，上記に加えて公認会計士又は監査法人による法定監査を受けること等により経営の透明性も確保することが義務付けられた。
　したがって，平成27年9月の医療法人制度見直しは，昭和60年の一人医師

医療法人制度の創設，平成 18 年の解散時の残余財産の帰属先の制限及び社会医療法人制度創設に匹敵する極めて大きな改正である。

6. 医療法人設立等に対する厚生労働省・都道府県の認可

　医療法人は，株式会社等のような利潤追求を目的とした自由な経営体とせず，厚生労働省および都道府県の監督下で運営されている。そのため，①医療法人の設立，②定款または寄附行為の変更，③解散，④合併等に関して都道府県知事の認可を受けることが必要である。

医療法第 44 条〔設立認可〕
　医療法人は，都道府県知事の認可を受けなければ，これを設立することができない。

医療法第 54 条の 9 第 3 項〔定款又は寄附行為の変更〕
　定款又は寄附行為の変更（厚生労働省令で定める事項に係るものを除く。）は，都道府県知事の認可を受けなければ，その効力を生じない。

医療法第 55 条〔解散〕
　社団たる医療法人は，次の事由によって解散する。
　　① 定款をもって定めた解散事由の発生
　　② 目的たる業務の成功の不能
　　③ 社員総会の決議
　　④ 他の医療法人との合併
　　⑤ 社員の欠亡
　　⑥ 破産手続き開始の決定
　　⑦ 設立認可の取消し
　3　財団たる医療法人は，次の事由によって解散する。
　　① 寄附行為をもって定めた解散事由の発生
　　② 第 1 項第 2 号，第 4 号，第 6 号又は第 7 号に掲げる事由
　6　第 1 項第 2 号又は第 3 号に掲げる事由による解散は，都道府県知事の認可を受けなければ，その効力を生じない。

医療法第 58 条の 2〔吸収合併〕
　4　吸収合併は，都道府県知事（吸収合併存続医療法人の主たる事務所の所在地の都道府県知事をいう。）の認可を受けなければ，その効力を生じない。

医療法第 59 条の 2〔新設合併の条文準用〕
　第 58 条の 2 から第 58 条の 4 までの規定は，医療法人が新設合併をする場合について準用する。この場合において，第 58 条の 2 第 1 項及び第 3 項中「吸収合併

契約」とあるのは「新設合併契約」と，同条第4項中「吸収合併存続医療法人」とあるのは「新設合併設立医療法人」と読み替えるものとする。

医療法第60条〔吸収分割〕
　4　吸収分割は，都道府県知事（吸収分割医療法人及び吸収分割承継医療法人の主たる事務所の所在地が二以上の都道府県の区域内に所在する場合にあつては，当該吸収分割医療法人及び吸収分割承継医療法人の主たる事務所の所在地の全ての都道府県知事）の認可を受けなければ，その効力を生じない。

医療法第61条の3〔新設分割の条文準用〕
　第65条の3から第60条の5までの規定は，医療法人が新設分割をする場合について準用する。この場合において，第60条の3第1項及び第3項中「吸収分割契約」とあるのは「新設分割計画」と，同条第4項中「吸収分割医療法人」とあるのは「新設分割医療法人」と，「吸収分割承継医療法人」とあるのは「新設分割設立医療法人」と読み替えるものとする。

7. 剰余金配当の禁止

　昭和25年の制度創設以来，医療法は医療法人の剰余金配当を禁止している。これは，医療の公共性という観点から，営利性を否定したものである。したがって，剰余金が生じた場合，税金納付後のすべての内部留保は，施設整備，医療機器の整備，医療従事者の待遇改善等にあてるほかは，積立金として留保されなければならない。

　また，不相当な不動産賃借料の支払い，役員等への不当な利益供与等は配当ではないが事実上利益の配当とみなされる行為（配当類似行為）に該当するため禁止されることになる。

医療法第54条〔剰余金配当の禁止〕
　医療法人は，剰余金の配当をしてはならない。

医療法第76条〔過料〕
　次の各号のいずれかに該当する場合においては，医療法人の理事，監事又は清算人は，これを20万円以下の過料に処する。ただし，その行為について刑を科すべきときは，この限りではない。
　……中略……
　6　第54条の規定に違反して剰余金の配当をしたとき。

8. 都道府県知事の指導監督権

　医療法は，病院・診療所等の"医療施設"に対して，使用制限命令等（医法24），報告徴収・立入検査（医法25），管理者の変更命令（医法28），閉鎖命令・開設許可の取消（医法29）等の監督規定を設けているが，"医療施設"に対する規定とは別に"医療法人"に対して報告徴収，立入検査，改善命令および不

図表 1.1.3 指導監督の権限フロー

指導監督対象	業務もしくは会計
違反の内容	●法令 ●法令に基づく都道府県知事の処分 ●定款・寄附行為 ●運営が著しく適正を欠く

疑わしい
↓
立入検査・報告徴収
（医法63）
↓
違反事実あり
↓
改善命令
（医法64）
↓
不服従
↓
都道府県医療審議会の意見聴取
↓
業務停止命令（医法64）／役員解任勧告（医法64）
↓
法令違反および法令の規定にもとづく命令に違反し，他の方法により監督目的達成不能
↓
都道府県医療審議会の意見聴取
↓
設立認可の取消し
（医法66）

服従の場合の業務停止命令，役員解任勧告，設立認可の取消等の指導監督規定を置いている。

　医療法人に対する指導監督規定は，法人の業務もしくは会計を対象としており，その権限フローは図表1.1.3の通りである。

　医療法人の業務もしくは会計が法令・法令に基づく都道府県知事の処分・定款または寄附行為に違反している場合だけでなく，その運営が著しく適正を欠く場合にも以上の指導監督規定が適用されることとなる。不適正な運営に該当するケースとしては，次の例示がなされている。

① 附帯業務に多額の投資を行うことによって法人の経営状態が悪化する等，法人の附帯業務の継続が法人本来の業務である病院，診療所又は介護老人保健施設の経営に支障があると認められる場合。

② 法人の資金を役員個人または関連企業に不当に流用し，病院，診療所又は介護老人保健施設の経営の悪化を招いていると認められる場合等。

〔医療法人制度の改正及び都道府県医療審議会について（昭61健政発410）〕

第2節　医療法人の業務

1．医療法人の業務の分類

　医療法人は，医療法第39条第1項の「病院，医師若しくは歯科医師が常時勤務する診療所又は介護老人保健施設を開設しようとする社団又は財団は，この法律の規定により，これを法人とすることができる。」という規定に基づいて設立される特殊法人であり，第42条で「医療法人は，その開設する病院，診療所又は介護老人保健施設（当該医療法人が地方自治法第244条の2第3項に規定する指定管理者として管理する公の施設である病院，診療所又は介護老人保健施設を含む）の業務に支障のない限り，定款又は寄附行為の定めるところにより，次に掲げる業務の全部又は一部を行うことができる。」とされている。さ

らに，医療法第42条の2において「医療法人のうち，次に掲げる要件に該当するものとして，政令で定めるところにより都道府県知事の認定を受けたものは，その開設する病院，診療所又は介護老人保健施設（指定管理者として管理する病院等を含む）の業務に支障のない限り，定款又は寄附行為の定めるところにより，その収益を当該社会医療法人が開設する病院，診療所又は介護老人保健施設の経営に充てることを目的として，厚生労働大臣が定める業務を行うことができる。」とされている。これらの規定により，医療法人は，あらゆる事業を自由に行うことができずに業務範囲に制限があることと，以下の通り業務を三区分することが適当であることを理解する必要がある。

　第一分類：この業務がなければ医療法人にはなれない業務
　第二分類：通常の医療法人に実施することが認められている業務
　第三分類：社会医療法人にのみ実施することが認められている業務

　実施する各業務は，それぞれの区分に応じて定款又は寄附行為に規定することが必要とされていることと，この分類に従って損益計算書の事業損益を区分することとされているため，医療法人の運営に当たっては，正しい理解が必要である。なお，本来業務が，「病院・診療所・介護老人保健施設」という医療施設の単位で規定されていることから，事業取引の法的性格や個々の取引の内容で業務を区分するわけではない。病院の事業として行っているものは，管理活動も含めてすべて病院の業務であり，本来業務となる。したがって，「資金調達は，本来業務なのか附帯業務なのか」といった議論はナンセンスであり，「病院・診療所・介護老人保健施設」の内なのか外なのかという観点で考察する必要がある。この点において重要な資料が，「医療法人の附帯業務について（平成19年3月30日医政発第0330053号厚生労働省医政局長通知）」であり，特に別添の「介護保険法に基づく各事業の位置付け」は，注視しなければならない。

2. 本来業務

　医療法人の本来の業務は，自ら行う病院・診療所・介護老人保健施設の開設運営である。医療法人であるためには，本来業務が必要であり，設立認可を受

けることができない。この意味で，診療所は「医師若しくは歯科医師が常時勤務する診療所」であることが必要であり，これ以外の診療所は，附帯業務に分類される。ただし，指定管理者として公の施設である病院等を管理することのみを目的に医療法人を設立することは認められないが，指定管理者として管理する病院，診療所又は介護老人保健施設も本来業務に含まれる。

病院・常勤診療所・介護老人保健施設が本来業務として運営される施設なので，当該施設として実施する医療系介護保険事業も本来業務に含まれる。また，当該施設に付随して行われる業務も本来業務に含まれる（付随業務の項参照）。

病院・診療所・介護老人保健施設は，医療法第44条第2項第3号の規定により，開設する施設すべてについて，名称及び開設場所を定款又は寄附行為に規定しなければならない。なお，病院・診療所・介護老人保健施設という医療施設単位で規定すればよいので，当該医療施設の一部として実施される医療系介護事業の事業所名称は規定する必要はない。

3. 附帯業務

本来業務の経営の安定を確保する観点から附帯業務については，本来業務に支障のない場合に限り許されることとなり，その範囲についても限定的な取り扱いとされている。附帯業務の範囲は，医療法第42条で下記の通りとなっている。

- ▶医療関係者の養成又は再教育
- ▶医学又は歯学に関する研究所の設置
- ▶常勤の医師又は歯科医師のいない診療所の開設
- ▶疾病予防運動施設
- ▶疾病予防温泉利用施設
- ▶上記以外の保健衛生に関する業務
- ▶社会福祉事業のうち厚生労働大臣が定めるものの実施
- ▶有料老人ホームの設置（老人福祉法に規定するもの）

附帯業務のそれぞれの具体的内容は，「医療法人の附帯業務について（平成

19年3月30日医政発第0330053号厚生労働省医政局長通知）」に記載されている。附帯業務は，本来業務である病院・常勤診療所・介護老人保健施設以外の施設又は事業所の業務なので，本来業務施設の業務の一部として実施されている介護保険事業等は，附帯業務とはならない。また，本来業務や附帯業務の施設に付随して行われる業務も独立した附帯業務とはならない（付随業務の項参照）。

附帯業務は，「定款又は寄附行為の定めるところにより，その全部又は一部を行うことができる」とされていることから，定款又は寄附行為に規定することが必要であるが，本来業務と異なり，具体的な事業所名や開設場所まで記載することは必要なく，業務の種類内容を記載すれば足りる。

4. 収益業務

収益業務は，社会医療法人のみが，本来業務に支障のない限り，定款又は寄附行為の定めるところにより，その収益を当該社会医療法人が開設する病院，診療所又は介護老人保健施設の経営に充てることを目的として，認められる業務である。その具体的内容については，「厚生労働大臣の定める社会医療法人が行うことができる収益業務（平成19年3月31日厚生労働省告示第92号）」に定められている。

告示による要件は以下の通りとされている。
- 一定の計画の下に収益を得ることを目的として反復継続して行われる行為であって，社会通念上業務と認められる程度のものであること。
- 社会医療法人の社会的信用を傷つけるおそれがあるものでないこと。
- 経営が投機的に行われるものでないこと。
- 当該業務を行うことにより，当該社会医療法人の開設する病院等の業務の円滑な遂行を妨げるおそれがないこと。
- 当該社会医療法人以外の者に対する名義の貸与その他不当な方法で経営されるものでないこと。

なお，事業の種類も無条件に実施できるわけではなく，告示により，日本標準産業分類（平成14年総務省告示第139号）に定めるもののうち，次に掲げる

ものに限定されている。
- ▶農業
- ▶林業
- ▶漁業
- ▶製造業
- ▶情報通信業
- ▶運輸業
- ▶卸売・小売業
- ▶不動産業（「建物売買業，土地売買業」を除く）
- ▶飲食店，宿泊業
- ▶医療，福祉（本来業務，附帯業務に含まれてないもの）
- ▶教育，学習支援業
- ▶複合サービス事業
- ▶サービス業

収益業務は，「定款又は寄附行為の定めるところにより，行うことができる。」とされていることから，定款又は寄附行為に規定することが必要であるが，本来業務と異なり，具体的な事業所名や開設場所まで記載することは必要なく，業務の種類内容を記載すれば足りる。また，病院等の業務の一部として行われるもの又はこれに附随して行われるもの（付随業務の項参照）は，収益業務とはならない。

5. 付随業務

病院等の施設又は事業に付随して実施される業務は，本来業務等に含まれるため，独立した附帯業務等とはならない。また，附帯業務としては認められない収益業務の種類に属する事業又は行為であっても，付随業務の範疇に含まれるものは，社会医療法人以外の医療法人でも実施することができ，業務分類も収益業務とはならない。

具体的な例としては，以下のものがある。
- ▶病院等の利用者のための駐車場

▶病院等の利用者のための売店
▶福利厚生として全役職員を対象とした内部規定を設けて実施する役職員への金銭等の貸付
▶医療従事者の養成施設に通う学生への奨学金の貸付（医療法人が開設する医療施設の医療従事者確保の目的の範囲内において，奨学金の貸付に関する内部規定を設けるなど適切に行われるもの）

第3節　医療法人の種類

1. 医療法人の類型

　医療法人は，医療法に基づいて設立された法人であり，その組織形態は旧民法第34条の公益法人を準用して財団と社団の2種類に分類された。

　財団は財産資金を中心とし，社団は人の集まりを中心として設立される法人である。

　財団の医療法人の運営規約は寄附行為であり，文字通り出資者は存在せず財産資金の寄附によって成立しているが，社団形態の医療法人すなわち医療法人社団には，出資持分に対する財産権（中途退社に伴う持分返還請求権，解散時の残余財産分配請求権）の「有る」医療法人と「無い」医療法人の双方が存在している。現在の医療法は，出資持分に対する財産権の有る医療法人と無い医療法人をそれぞれ，経過措置医療法人，新医療法人と定義している。

　また，医療法人財団と医療法人社団のなかの新医療法人を一般的に新法の医療法人と呼び，この類型の中に社会医療法人と特定医療法人とそれ以外のその他の医療法人が含まれ，その他の医療法人の中に基金制度を活用した基金拠出型医療法人が認められている。

　これに対して，経過措置医療法人の中は現在でも最も法人数の多い持分あり医療法人と出資額限度法人に分かれている。

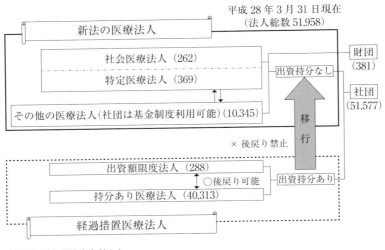

図表 1.3.1　医療法人類型のイメージと法人数

(出所) 厚生労働省資料より。

　これらの関係を明示するために，図表 1.3.1「医療法人類型のイメージと法人数」及び図表 1.3.2「類型別医療法人の概要」を挙げる。

2.　新医療法人

　医療法人制度は医療における非営利性を担保しつつ，医療事業の永続性・継続性を確保することを目的として制定されたが，制度創設以来半世紀を経過した平成 18 年第 5 次改正前夜，全体の 98％を占める「持分あり社団医療法人」に関して高額の持分払戻請求訴訟や配当権のない出資持分に対する相続税負担が医療法人の存続そのものを脅かしかねない事態となって問題化した。

　また，政府の規制改革・民間開放推進会議等からの株式会社の医療への参入論も提起され，医療法人の持分は営利法人と類似していると指摘され参入の拠り所とされた。

　このため，医療法人の出資持分をどのように考えるのかという課題が医療法人改革の 2 つの検討会（「これからの医業経営の在り方に関する検討会」，「医

図表 1.3.2　類型別医療法人の概要

類　型	新法の医療法人（持分なし）			経過措置医療法人（持分あり）	
	社会医療法人	特定医療法人	その他の医療法人	出資額限度法人	持分あり医療法人
根拠法	医療法	租税特別措置法	医療法	厚労省局長通知	・旧医療法（医療法附則第10条）
認可等	知事の認定	国税庁長官の承認	知事の認可	知事による定款変更の認可	知事の認可
要　件	・財団又は持分の定めのない社団 ・社団救急医療等確保事業 ・公的な運営 　・同一団体関係者の制限 　・同族役員の制限 　・特別の利益供与の禁止 　・遊休財産保有の制限	・財団又は持分の定めのない社団 ・自由診療の制限 ・同族役員の制限 ・差額ベッドの制限 ・給与の制限 ・特別の利益供与の禁止	・財団又は持分の定めのない社団 ・解散時の残余財産は，国地方公共団体・持分の定めのない法人に帰属	定款に ・退社時の払戻（出資額を限度とする旨規定） ・解散時の財産帰属（払込済出資額のみ分配）（残余は，国・自治体・特定社会のいずれかに帰属）	・資産要件 　病院等を開設する場合自己資本比率20％以上 ・役員数 　理事3人 　監事1人以上 ・理事長 　原則医師又は歯科医師
その他	・収益事業のみ課税19％ ・収益事業は行える ・社会医療法人債の発行	・法人税率19％ ・収益事業は行えない	・法人税率23.4％ ・収益事業は行えない ・基金の募集	・法人税率23.4％ ・収益事業は行えない	・法人税率23.4％ ・収益事業は行えない

業経営の非営利性等検討会」）において議論された。

　以上の結果，医療法の第5次改正において医療法人制度はその非営利性を強化する趣旨から，平成19年4月1日以降出資持分の定めのある医療法人の設立を認めないこととした。この改正は，医療法人制度史の中で極めて大きな方向転換ともいえる画期的なものであった。

　今まで全体の98％を占めてきた持分の定めのある医療法人は一切設立されず，経過措置医療法人と定義され，新医療法人への移行を推奨されることとなった。

新医療法人の法律的定義は，医療法附則第10条の2に「社団たる医療法人であって，その定款に残余財産の帰属すべき者として同法第44条第5項に規定する者を規定しているものをいう」と規定されている。

医療法第44条第5項〔残余財産の帰属すべき者〕
　第2項第10号（定款又は寄附行為記載事項「解散に関する規定」）に掲げる事項中に，残余財産の帰属すべき者に関する規定を設ける場合には，その者は，国若しくは地方公共団体又は医療法人その他の医療を提供する者であって厚生労働省令で定めるもののうちから選定されるようにしなければならない。

また，現在適用されている関連するその他の法律規定等は下記の通りである。

医療法第54条の9〔定款又は寄附行為の変更〕
　定款又は寄附行為の変更（厚生労働省令で定める事項に係るものを除く。）は，都道府県知事の認可を受けなければ，その効力を生じない。

医療法施行規則第31条の2〔残余財産の帰属すべき者となることができる者〕
　医療法第44条第5項に規定する厚生労働省令で定めるものは，次の通りとする。
　① 医療法第31条に定める公的医療機関の開設者又はこれに準ずる者として厚生労働大臣が認めるもの
　② 財団である医療法人又は社団である医療法人であって持分の定めのないもの

厚生労働省医政局長通知〔医療法人制度について〕
（平成19年3月30日医政発第0330049号）
　医療法施行規則第31条の2第1号の「これに準ずる者として厚生労働大臣が認めるもの」とは，当該医療法人が開設する病院等の所在地において組織する都道府県医師会又は郡市区医師会（一般社団法人又は一般財団法人に限る）であって病院等を開設するもの又は病院等を開設する予定であるものをいうこと。

以上により，平成19年4月1日以降に新たに医療法人の設立の認可の申請を行う場合，設立後の医療法人は，財団である医療法人又は社団である医療法人で持分の定めのないものに限られることとなった。このため，従来持分のあ

る社団医療法人の定款において規定されていた中途退社に伴う持分返還請求権に関する規定も削除された。

3. 経過措置医療法人

　経過措置医療法人とは，平成19年4月1日前に設立された社団たる医療法人又は平成19年4月1日前に医療法第44条第1項の規定による認可の申請をし，施行日以後に設立の認可を受けた社団たる医療法人であって，その定款に残余財産の帰属すべき者に関する規定を設けていないもの及び残余財産の帰属すべき者として同条第5項に規定する者以外の者を規定しているものをいう。
　すなわち，基本的には出資持分あり社団医療法人のことであり，現在でも最も法人数が多く全体の78.1%（40,601法人）を占めている。
　この経過措置規定は，医療法附則第10条に規定されている。

医療法附則第10条（残余財産に関する経過措置）
　　医療法第44条第5項の規定は，施行日以後に申請された同条第1項の認可について適用し，施行日前に申請された同項の認可については，なお従前の例による。
　2　施行日前に設立された医療法人又は施行日前に医療法第44条第1項の規定による認可の申請をし，施行日以後に設立の認可を受けた医療法人であって，施行日において，その定款又は寄附行為に残余財産の帰属すべき者に関する規定を設けていないもの又は残余財産の帰属すべき者として同条第5項に規定する者以外の者を規定しているものについては，当分の間（当該医療法人が，施行日以後に，残余財産の帰属すべき者として，同項に規定する者を定めることを内容とする定款又は寄附行為の変更をした場合には，当該定款又は寄附行為の変更につき同法第50条第1項の認可を受けるまでの間），同法第50条第4項の規定は適用せず，旧医療法第56条の規定は，なおその効力を有する。

　経過措置と定義されている根拠が附則10条における「当分の間，同法の規定は適用せず，旧医療法第56条の規定は，なおその効力を有する」という規定であり，経過措置期間は当分の間とされ具体的な期限は設定されていない。

4. 社会医療法人

　平成18年6月の第五次医療法改正により創設された制度であり，平成28年3月31日現在全国で262法人が認定されている。

　社会医療法人は，その開設する病院又は診療所の所在地の都道府県が作成する医療計画に記載された「救急医療等確保事業」，すなわち地域で特に必要とされている医療を行い，かつ①役員・社員等については親族等が3分の1以下，②定款又は寄附行為において解散時の残余財産を国等に帰属させる旨を規定，③社会保険診療収入等が80％以上という3つの公的な運営要件を充たした医療法人である。

　「救急医療等確保事業」とは，①救急医療（精神科救急を含む）②災害時における医療　③へき地の医療　④周産期医療，⑤小児医療（小児救急医療を含む）とされている。

　このような要件を充たしているため社会医療法人は医療法人の中で唯一，法人税法上全所得課税法人ではなく収益事業所得課税法人とされ，かつ本来業務として行う医療保健業，即ち病院・診療所・介護老人保健施設が収益事業から除外されたことにより非課税とされている。

　そして，以下の条文の通り収益業務を行える唯一の医療法人でもある。

医療法第42条の2〔社会医療法人〕

　医療法人のうち，次に掲げる要件に該当するものとして，政令で定めるところにより都道府県知事の認定を受けたもの（以下「社会医療法人」という。）は，その開設する病院，診療所又は介護老人保健施設（指定管理者として管理する病院等を含む。）の業務に支障のない限り，定款又は寄附行為の定めるところにより，その収益を当該社会医療法人が開設する病院，診療所又は介護老人保健施設の経営に充てることを目的として，厚生労働大臣が定める業務（以下「収益業務」という。）を行うことができる。

　社会医療法人制度については，第4章第1節において解説する。

5. 特定医療法人

　国税長官の承認により，公益法人の収益事業並みの軽減税率19%を適用される医療法人であり，平成28年3月31日現在全国で369法人が承認されている。

　承認の根拠法は租税特別措置法であり，以下の通りである。

租税特別措置法第67条の2〔特定医療法人〕
　財団たる医療法人又は社団たる医療法人で持分の定めがないもの（清算中のものを除く。）のうち，その事業が医療の普及及び向上，社会福祉への貢献その他公益の増進に著しく寄与し，かつ，公的に運営されていることにつき政令で定める要件を満たすものとして，政令で定めるところにより国税庁長官の承認を受けたもの（医療法（昭和23年法律第205号）第42条の2第1項に規定する社会医療法人を除く。）の当該承認を受けた後に終了した各事業年度の所得については，法人税法第66条第1項又は第2項の規定にかかわらず，100分の19の税率により，法人税を課する。

　特定医療法人制度については，第4章第3節において解説する。

6. 出資額限度法人

　出資額限度法人は，法律に規定された医療法人の類型ではなく，厚生労働省医政局長通知[*]によってその内容が確認されたものである。具体的には，出資額限度法人とは，出資持分の定めのある社団医療法人であって，その定款において，社員の退社時における出資持分払戻請求権や解散時における残余財産分配請求権の法人の財産に及ぶ範囲について，払込出資額を限度とすることを明らかにするものされており，平成28年3月31日現在全国で288法人存在している。

　出資額限度法人は，医療法人の太宗を持分の定めのある医療法人が占めている現状に照らし，出資者にとっての投下資本の回収を最低限確保しつつ，医療法人の非営利性を徹底するとともに，社員の退社時等に払い戻される額の上限

をあらかじめ明らかにすることにより，医療法人の安定的運営に寄与し，もって医療の永続性・継続性の確保に資するものとしてその存在意義があるとされているが，現実の法人数は少ない。

> ＊「いわゆる「出資額限度法人」について」（平成 16 年 8 月 13 日医政発第 0813001 号厚生労働省医政局長通知）

出資額限度法人については，第 3 章第 13 節において解説する。

7. 基金拠出型医療法人

社団である医療法人（持分の定めのあるもの，法第 42 条の 2 第 1 項に規定する社会医療法人及び租税特別措置法第 67 条の 2 第 1 項に規定する特定の医療法人を除く）は，その定款に基金を引き受ける者の募集をすることができると医療法施行規則第 30 条の 37 において規定するとともに，この法人を基金拠出型医療法人と称するとの規定が医療法附則第 10 条の 3 にある。

厚生労働省医政局長通知「医療法人の基金について」[*]において，基金とは社団たる医療法人に拠出された金銭その他の財産であって，当該社団たる医療法人が当該拠出をした者に対して定款の定めるところに従い返還義務（金銭以外の財産については，当該拠出をした時の当該財産の価額に相当する金銭の返還義務）を負うものをいうとし，基金制度とは，剰余金の分配を目的としないという医療法人の基本的性格を維持しつつ，その活動の原資となる資金を調達し，その財産的基礎の維持を図るための制度であるとしている。

基金拠出型医療法人は平成 28 年 3 月 31 日現在全国で 8,794 法人存在している。

> ＊「医療法人の基金について」（平成 19 年 3 月 30 日医政発第 0330051 号厚生労働省医政局長通知）

基金拠出型医療法人については，第 2 章第 1 節において解説する。

8. 認定医療法人

平成 26 年 6 月 25 日の第六次医療法改正において政府は，地域において必要

とされる医療を確保するため，経過措置医療法人の新医療法人への移行が促進されるよう必要な施策の推進に努めるものし，平成26年10月1日から平成29年9月30日までの3年間，経過措置医療法人であって，新医療法人への移行をしようとするものは，医療法人の任意の選択を前提としつつ，その移行に関する計画（以下「移行計画」という）を作成し，これを厚生労働大臣に提出して，その移行計画が適当である旨の認定を受けることができるとされた。

この移行計画の認定を受けた経過措置医療法人を認定医療法人という。

具体的認定手続き等について，厚生労働省医政局医療経営支援課が『「持分なし医療法人」への移行に関する手引書～移行促進税制を中心として～』を発行している。

認定医療法人については，第4章第5節において解説する。

第4節　医療法人のガバナンス

1．法規定と定款又は寄附行為

平成28年9月1日施行後の医療法第6章の医療法人に関する規定の構成は，以下の内容となっている。

第1節　通則
第2節　設立
第3節　機関
第4節　計算
第5節　社会医療法人債
第6節　定款及び寄附行為の変更
第7節　解散及び清算
第8節　合併及び分割
第9節　監督

このうち，上記下線を付した3つの節は，改正前は「管理」という1つの節

に包含されていたもので，具体的な法規定は少なく，設立と定款及び寄附行為の変更に関する認可主義と厚生労働省医政局長通知で示されている定款例（加えてそれぞれの都道府県のモデル定款寄附行為例）を通して，定款又は寄附行為による決め事としてガバナンスは規制されていた。今般の改正により，「医療法人の機関について（平成28年3月25日医政発0325第3号厚生労働省医政局長通知）」において法定された事項の解説を含めて定款例・寄附行為例もリニューアルされ，以下の7つの類型に整理されて示されている。

①	社団医療法人の定款例（平成19年医政発第0330049号）	別添1
②	財団医療法人の寄附行為例（平成19年医政発第0330049号）	別添2
③	特定医療法人の定款例（平成15年医政発第1009008号）	別添3
④	特定医療法人の寄附行為例（平成15年医政発第1009008号）	別添4
⑤	出資額限度法人のモデル定款（平成16年医政発第0813001号）	別添5
⑥	社会医療法人の定款例（平成20年医政発第0331008号）	別添6
⑦	社会医療法人の寄附行為例（平成20年医政発第0331008号）	別添7

なお，この通知では，定款改正の取り扱いについて以下のように示されている。

▶施行日において現に存する医療法人の定款又は寄附行為について，理事会に関する規定が置かれていない場合には，改正法附則第6条の規定に基づき，施行日から起算して2年以内に定款又は寄附行為の変更に係る認可申請をしなければならないこと。

▶ただし，理事会に関して，変更前の定款例又は寄附行為例に倣った規定が置かれている場合は，この限りでないこと。

▶なお，社会医療法人及び大規模の医療法人については，改正後の定款例又は寄附行為例に倣った定款又は寄附行為の変更に係る認可申請を速やかに行うことが望ましいこと。

▶それ以外の医療法人については，当分の間，必ずしも定款例又は寄附行為例と同様の規定を設けなくても構わないこと。

したがって，定款又は寄附行為の改正を行わずに運営を継続する場合も想定されるが，法規定に違反する定款又は寄附行為の規定は無効である点に留意す

る必要がある。また，当該通知における定款例・寄附行為例も改正法の規定と整合性に疑問があるものもあり，慎重に対処する必要がある。

なお，平成29年4月2日以降開始事業年度から改正適用される項目（第4節計算が中心）は，当該定款例・寄附行為例には反映されておらず，今一度の定款又は寄附行為の改正が必要となる。

医療法に規定された定款又は寄附行為における，1つを欠いても，定款，寄附行為は無効となる絶対的記載事項は，以下の通りである（医療法44②）。

- ▶目的
- ▶名称
- ▶その開設しようとする病院，診療所又は介護老人保健施設（地方自治法第244条の2第3項に規定する指定管理者として管理しようとする公の施設である病院，診療所又は介護老人保健施設を含む。）の名称及び開設場所
- ▶事務所の所在地
- ▶資産及び会計に関する規定
- ▶役員に関する規定
- ▶理事会に関する規定
- ▶社団たる医療法人にあつては，社員総会及び社員たる資格の得喪に関する規定
- ▶財団たる医療法人にあつては，評議員会及び評議員に関する規定
- ▶解散に関する規定
- ▶定款又は寄附行為の変更に関する規定
- ▶公告の方法

このほか，設立当初の役員は，定款又は寄附行為によって定めなければならない（医療法44④）ことになっている。通常，最後の条項の付則等において，理事長，理事，監事等を明記する。

以上の規定を受けて，定款例・寄附行為例の構成は，以下の通りとなっている（ただし，特定医療法人社団は，社員と評議員が併存するので，章立てが増えている）。

第1章　名称及び事務所
第2章　目的及び事業
第3章　資産及び会計

第4章　社員―評議員
第5章　社員総会―評議員会
第6章　役員
第7章　理事会
第8章　定款の変更―寄附行為の変更
第9章　解散及び合併（及び分割）
第10章　雑則

　第4章から第7章までは，機関に関する規定であり，類型別・機関及び構成員別に別途解説する。他の章の概要は，以下の通りである。

① 名称及び事務所

　絶対的記載事項の「名称」を受けたものであり，ここでの名称は，病院または診療所の名称ではなく，医療法人の名称である。厚生労働省定款・寄附行為例では「医療法人○○会」としているが，東京都の定款例，寄附行為のように「医療法人社団○○会」あるいは「医療法人財団○○会」と，その医療法人の設立形態（社団か財団か）をも明らかにすることを要求するところとまちまちである。それぞれ都道府県当局の定款例，寄附行為に従う以外にない。

　絶対的記載事項の「事務所の所在地」を受けたものであり，これは法人としての事務所の所在地をいう。その経営する病院等の事務所と同じ場所であっても差し支えない。複数事務所がある場合には，すべて記載し，かつ，主たる事務所を定めることとなっているが，法人としての事務を行う事務所であり，すべての施設に法人事務所を設置しなければならないという趣旨ではない。

② 目的及び事業

　絶対的記載事項の「目的」を受けて本来業務の開設する施設の種類に応じて，例えば，「病院，診療所及び介護老人保健施設を経営し，科学的かつ適正な医療及び要介護者に対する看護，医学的管理下の介護及び必要な医療等

を普及すること」のように記載する。

　事業については，本来業務については，絶対的記載事項の「その開設しようとする病院，診療所又は介護老人保健施設（地方自治法244の2③に規定する指定管理者として管理しようとする公の施設である病院，診療所又は介護老人保健施設を含む）の名称及び開設場所」を受けて，所在地まで記載するが，附帯業務については，事業の内容だけ記載すれば足りるので，上記通知の定款例・寄附行為例では具体的な施設名や所在地を記載することとはなっていない。

　社会医療法人の場合は，認定を受けて実施する救急医療等確保事業に係る業務及び適合病院等を記載するとともに，収益業務を行う場合は，その内容を記載する。

③　資産及び会計

　絶対的記載事項の「資産及び会計に関する規定」を受けたものであり，基本財産その他の財産の取り扱いや，会計報告等について記載する。具体的には次の項目に分かれる。社団形態の医療法人を例にとって確認する。
▶資産及び基本財産の範囲とその処分
厚生労働省定款例第6条，第7条では，次のように規定している。
「第6条　本社団の資産は次のとおりとする。
　(1)設立当時の財産
　(2)設立後寄附された金品
　(3)事業に伴う収入
　(4)その他の収入
　2　本社団の設立当時の財産目録は，主たる事務所において備えおくものとする。
第7条　本社団の資産のうち，次に掲げる財産を基本財産とする。
　(1)　……
　(2)　……
　(3)　……
　2　基本財産は処分し，又は担保に供してはならない。ただし，特別の理由のある場合には，理事会及び社員総会の決議を経て，処分し，又は担保に供す

ることができる。」

▶資産の管理方法と管理者

厚生労働省定款例第8条及び第9条では，次のように規定している。

「第8条　本社団の資産は，社員総会又は理事会で定めた方法によって，理事長が管理する。」

「第9条　資産のうち現金は，医療経営の実施のため確実な銀行又は信託会社に信託し，又は国公債若しくは確実な有価証券に換え保管するものとする。」

なお，医療法人運営管理指導要綱では，「売買利益の獲得を目的とした株式保有は適当でないこと」とされている。

▶予算項目

厚生労働省定款例第10条では，次のように規定している。

「第10条　本社団の収支予算は，毎会計年度開始前に理事会及び社員総会の決議を経て定める。」

このように予算は会計年度開始前に理事会及び社員総会（社団），あるいは理事会（財団）によって定めることとなっており，これに基づいて経営を運営すべきことが定款又は寄付行為においてうたわれている。

また，定款または寄附行為において事業計画の変更が社員総会あるいは理事会等の決議事項とされているため，事業計画の変更に伴う変更についても，社員総会あるいは理事会等の議決を要するものとされる。

▶会計年度

厚生労働省定款例第11条では，次のように規定している。

「第11条　本社団の会計年度は，毎年4月1日に始まり翌年3月31日のに終る。」

ただし，医療法第53条により会計年度は任意の1年を定めても差し支えないとされている。

▶決議事項

厚生労働省定款例第15条では，次のように規定している。

「第12条　本社団の決算については，毎会計年度終了後2月以内に，事業報告書，財産目録，貸借対照表及び損益計算書（以下「事業報告書等」という。）を作成し，監事の監査，理事会の承認及び社員総会の承認を受けなければならない。

2　本社団は，事業報告書等，監事の監査報告書及び本社団の定款を事務所に備

え置き，社員又は債権者から請求のあった場合には，正当な理由がある場合を除いて，これを閲覧に供しなければならない。
　3　本社団は，毎会計年度終了後3ヵ月以内に，事業報告書及び監事の監査報告書を○○県知事に届け出なければならない。」

なお，2以上の都道府県の区域において病院，診療所又は介護老人保健施設を開設する医療法人については，主たる事務所の所在地の都道府県知事に届け出るものとされている。

また，医療法人は組合等登記令第3条第3項に基づき毎事業年度末日現在の金額により「資産の総額」の変更登記を毎事業年度末日から2ヵ月以内に行うことが義務付けられていたが，組合等登記令第3条第3項の規定が改正され，平成28年4月1日以後に開始する事業年度より，毎事業年度末日から3ヵ月以内に変更の登記をしなければならないとされた。なお，毎会計年度末変更つど登記を要する「資産の総額」とは，会計上の資産，すなわち貸借対照表の資産合計をいうのではなく，資産合計から負債合計を控除した純資産つまり資本額をいうとされている。

▶剰余金配当の禁止

厚生労働省定款例第13条では，次のように規定している。

「第13条　決算の結果，剰余金を生じたとしても，配当してはならない。」

昭和25年の制度創設以来，医療法は医療法人の剰余金配当を禁止している。これは，医療の公共性という観点から，営利性を否定したものである。したがって，剰余金が生じた場合，税金納付後のすべての内部留保は，施設整備，医療機器の整備，医療従事者の待遇改善等にあてるほかは，積立金として留保されなければならない。

また，不相当な不動産賃借料の支払い，役員等への不当な利益供与等は配当ではないが事実上利益の配当とみなされる行為（配当類似行為）に該当するため禁止されることになる。

医療法第54条〔剰余金配当の禁止〕
　医療法人は，剰余金の配当をしてはならない。
医療法第76条〔過料〕
　次の各号のいずれかに該当する場合においては，医療法人の理事，監事又は清

算人は，これを20万円以下の過料に処する。ただし，その行為について刑を科すべきときは，この限りではない。
　　……中略……
　6　第54条の規定に違反して剰余金の配当をしたとき．

④　定款又は寄附行為の変更

　絶対的記載事項の「定款又は寄附行為の変更に関する規定」を受けたものであり，社団医療法人の場合は，法第54条の9の規定に合致させ，財団医療法人の場合は，法第54条の9第2項の規定が「あらかじめ評議員会の意見を聴かなければならない」を議決事項に過重する内容で，それぞれ以下のような規定例となっている。

▶社団医療法人

この定款は，社員総会の議決を経，かつ，○○県知事の認可を受けなければ変更することができない。

▶財団医療法人

この寄附行為を変更しようとするときは，理事及び評議員の総数のそれぞれ3分の2以上の議決を経，かつ，○○県知事の認可を受けなければ変更することができない。

⑤　解散，合併，分割

　絶対的記載事項の「解散に関する規定」を受けたものであり，解散事由，決議要件と認可が必要となる旨，清算人の職務，残余財産の帰属先が規定される。あわせて，合併，分割に関し，それぞれが可能となる法人類型に合わせて，議決要件等が規定される。

⑥　雑則

　絶対的記載事項の「公告の方法」がここに規定される。官報に掲載，新聞に掲載，電子公告の方法のどれを選択することとされている。

2. 医療法人の種類別の機関の概要

（1） 社団たる医療法人

社団たる医療法人の機関は，以下の構成とされている。
- ▶社員総会……社員
- ▶理　事　会……理事
- ▶理事長
- ▶監事

　社員総会は，最高議決機関として法人の根幹に係るものを決定し，理事会で業務執行に関する決定をし，実際の業務執行は，理事長が行うという構造になっている。なお，業務執行機関については，法令に規定はないが，常務理事その他の名称を付して理事の中から理事長以外の定款に基づくものを設置することも可能である。

　別に監査をする機関として監事が置かれている。なお，一定規模以上の法人には，別途会計監査をするものとして，公認会計士等監査が義務付けられたが，機関としての位置づけではないため，監事監査の仕組みに差異は生じない。

　理事会の構成員である理事と監事が，法人の役員としての位置づけになる。

（2） 財団たる医療法人

財団たる医療法人の機関は，以下の構成とされている。
- ▶評議員会……評議員
- ▶理　事　会……理事
- ▶理事長
- ▶監事

　評議員会は，最高議決機関と諮問機関の中間的位置づけであり，業務執行決定機関である理事会と相まって，法人の根幹及び執行についての決定をし，実際の業務執行は，理事長が行うという構造になっている。なお，業務執行機関については，法令に規定はないが，常務理事その他の名称を付して理事の中から理事長以外の定款に基づくものを設置することも可能である。

別に監査をする機関として監事が置かれている。なお，一定規模以上の法人には，別途会計監査をするものとして，公認会計士等監査が義務付けられたが，機関としての位置づけではないため，監事監査の仕組みに差異は生じない。

理事会の構成員である理事と監事が，法人の役員としての位置づけになる。

（3） 社会医療法人

社会医療法人の場合でも，機関の構成に特段の差異はなく，構成員の員数や要件が異なるのみである。社会医療法人が社団であるか財団であるかの区別により，上記①②それぞれの類型の機関構成となる。

（4） 特定医療法人

特定医療法人のうち，財団形態のものは，機関の構成に基本的な差異はなく，構成員の員数や要件が異なるのみであり，上記②の機関構成となる。ただし，下記の財団形態と同様，執行機関として常務理事を寄附行為例で設置している。

特定医療法人のうち，社団形態のものは以下の通り，その他の社団たる医療法人とは異なる構成とされている。

- ▶社員総会……社員
- ▶理　事　会……理事
- ▶評議員会……評議員
- ▶理事長
- ▶監事

社員総会は，最高議決機関として法人の根幹に係るものを決定し，評議員会が重要事項に関する諮問機関として別途存在し，理事会で業務執行に関する決定をし，実際の業務執行は，理事長が行うという構造になっている。なお，業務執行機関については，定款例では，「常務理事は，理事長を補佐して常務を処理し，理事長の事故があるときは，その職務を行う」という規定を置いて，常務理事を設置している。

別に監査をする機関として監事が置かれている。なお，一定規模以上の法人には，別途会計監査をするものとして，公認会計士等監査が義務付けられたが，機関としての位置づけではないため，監事監査の仕組みに差異は生じない。

理事会の構成員である理事と監事が，法人の役員としての位置づけになる。

3. 社　　員

（1）　法的地位及び責任と適格要件

社団たる医療法人と社員との関係は，持分の定めのない場合であっても，社団形成の基礎となる構成員であり，委任関係ではない。このため，医療法人の業務に関する法的責任はなく，法的な資格要件や就任制限も通常存在しない。ただし，所轄庁の指導監督の一環として，以下の取り扱いがなされている（医療法人運営管理指導要綱）。

> 社員は社員総会において法人運営の重要事項についての議決権及び選挙権を行使する者であり，実際に法人の意思決定に参画できない者が名目的に社員に選任されていることは適正でないこと。なお，法人社員は認められるが，法人社員が持分を持つことは，法人運営の安定性の観点から適当でない。
> ・未成年者でも，自分の意思で議決権が行使できる程度の弁別能力を有していれば（義務教育終了程度の者）社員となることができる。
> ・出資持分の定めがある医療法人の場合，相続等により出資持分の払戻し請求権を得た場合であっても，社員としての資格要件を備えていない場合は社員となることはできない。

上記の通り，法人社員も認められるが，社員となれる法人は，営利を目的とする法人を除くこととされている。

なお，社会医療法人においては，上記のほかに，各社員について，その社員，その配偶者及び三親等内の親族等の特殊な関係がある者が社員の総数の3分の1を超えて含まれることがないこととされている（医法42の2）。

（2） 業務権限と権利

　社員の業務の基本は，社員総会の構成員として議決権を行使することである。社員総会における議決権は，各1個である（医法46の3の3①）。議決権行使を適当に行うことができるように，社員総会の招集を含め資料や説明を受ける権利が与えられているほか，理事会議事録の閲覧請求もできる。また，以下のような是正措置を講じる権利が法定されている。

> 　社員は，理事が医療法人の目的の範囲外の行為その他法令若しくは定款に違反する行為をし，又はこれらの行為をするおそれがある場合において，当該行為において当該医療法人に回復することができない損害が生ずるおそれがあるときは，当該理事に対し，当該行為をやめることを請求することができる（医法46の6の4準用一般法88）。
> 　社員は，理事又は監事の責任を追及する訴えの提起を請求することができる（医法49の2準用一般法278〜283）。
> 　理事，監事の職務の執行に関し不正の行為又は法令若しくは定款に違反する重大な事実があったにもかかわらず，当該役員を解任する旨の議案が社員総会において否決されたときは，総社員（当該請求に係る理事又は監事である社員を除く。）の10分の1（これを下回る割合を定款で定めた場合にあっては，その割合）以上の社員は，当該社員総会から30日以内に，訴えをもって当該役員等の解任を請求することができる（医法49の3準用一般法284〜286）。

（3） 選任，辞任，解任

　定款の法定絶対的記載事項の「社員たる資格の得喪に関する規定」を受け，定款例では，以下のような規定が置かれている。

- ▶本社団の社員になろうとする者は，社員総会の承認を得なければならない。
- ▶社員は，除名・死亡・退社を理由としてその資格を失う。
- ▶社員であって，社員たる義務を履行せず本社団の定款に違反し又は品位を傷つける行為のあった者は，社員総会の議決を経て除名することができる。
- ▶やむを得ない理由のあるときは，社員はその旨を理事長に届け出て，退社することができる。

　社員は社団たる医療法人の最終決議機関の構成員であり任期があるわけでも

ない。このため，資格の得喪に関しては十分な注意が必要であり，社員総会の決議に瑕疵のないようにしなければならず，定款を遵守した手続きを行う事が大切である。特に，誰が社員であるかは，登記事項にも所轄庁届出事項にもなっておらず，「社団たる医療法人は，社員名簿を備え置き，社員の変更があるごとに必要な変更を加えなければならない（医法46の3の2①）」という法令規定（定款例にも同様の規定がある）に基づく社員名簿が証拠であるため，取り扱いは厳格に行う必要がある。

また，社団の本質から社員の欠亡は解散事由であるが（医法55①五），人数に関して特段の法令規定はない。

4. 社員総会

（1） 構成員と出席者

社員総会の構成員は社員であり，立場の違いは無関係で各1個の議決権であることが法定されている。理事及び監事には，社員総会における説明義務（医法46の3の4）があるので，社員でなくとも出席するのが通常である。

（2） 開催時期と招集手続

法定絶対的記載事項の「社員総会に関する規定」を受けた定款例では，「理事長は，定時社員総会を，毎年○回，○月に開催する」とされ，備考欄で「定時社員総会は，収支予算の決定と決算の決定のため年2回以上開催することが望ましい」となっている。なお，法定最低開催回数は1回である（医法46の3の2②）。臨時社員総会については，定款例では，臨時に開催するケースとして以下の2つを規定しているが，いずれも医療法に規定されている内容である（医法46の3の2③及び④）。

- ▶理事長は，必要があると認めるときは，いつでも臨時社員総会を招集することができる。
- ▶理事長は，総社員の5分の1（下回る割合を定めることも可）以上の社員から社員総会の目的である事項を示して臨時社員総会の招集を請求された場合には，

その請求のあった日から 20 日以内に，これを招集しなければならない。

招集手続については，「社員総会の招集の通知は，その社員総会の日より少なくとも 5 日前に，その社員総会の目的となる事項を示し，定款で定めた方法に従ってしなければならない（医法 46 の 3 の 2）」という法規定を受けて，定款例では，「社員総会の招集は，期日の少なくとも 5 日前までに，その社員総会の目的である事項，日時及び場所を記載し，理事長がこれに記名した書面で社員に通知しなければならない」とされ，備考欄で「招集の通知は，定款で定めた方法により行う。書面のほか電子的方法によることも可」となっている。

（3） 議　　長

社員総会の議長は，当該社員総会の秩序を維持し，議事を整理することを職務とし，その命令に従わない者その他秩序を乱す者を退場させる権限ももつもので，社員総会において選任することとされている（医法 46 の 3 の 5）。定款例では，「社員総会の議長は，社員の中から社員総会において選任する。」となっている。

（4） 議決事項

定款例では，以下の項目が，社員総会の議決を経なければならないものとされ，その他重要な事項ついても議決を経ることができることとなっている。

- ▶<u>定款の変更</u>
- ▶基本財産の設定及び処分（担保提供を含む）
- ▶毎事業年度の事業計画の決定又は変更
- ▶収支予算及び<u>決算</u>の決定又は変更
- ▶重要な資産の処分
- ▶借入金額の最高限度の決定
- ▶社員の入社及び除名
- ▶<u>解散</u>
- ▶<u>合併若しくは分割に係る契約の締結又は分割計画の決定</u>

また，ここには掲げられていないが，定款例の他の箇所で，<u>役員の選解任</u>と定款施行細則及び社員総会の議事についての細則の決定が総会議決事項となっ

ている。

　これらのうち，社員総会の法定決議事項は，下線付きの項目のみであり，社員総会以外の機関が決定することができることを内容とする定款の定めは，無効となる（医法46の3②）。他は，「社員総会は，この法律に規定する事項及び定款で定めた事項について決議することができる（医法46条の3①）。」という規定に基づいて自主的に定款に定めたという扱いになる。また，上記項目は掲げられていないが，「役員の報酬等（報酬，賞与その他職務執行の対価として医療法人等から受ける財産上の利益）は，定款にその額を定めていないときは，社員総会の決議によって定める（医法46の6の4準用一般法89ほか）」となっているので，注意しなければならない。

　なお，社会医療法人では，認定との関係で下記の項目が定款例に追加されている。

- ▶財産の取得又は改良に充てるための資金の保有額の決定及び取崩し
- ▶将来の特定の事業の計画及び変更並びに特定事業準備資金の積立額の決定及び取崩し
- ▶理事及び監事に対する報酬等の支給の基準の決定及び変更

　また，特定医療法人では，「附帯業務に関する事項」が追加されている。

（5）　定足数と議決の方法

　定款例では，定足数に関し「社員総会は，総社員の過半数の出席がなければ，その議事を開き，決議することができない」と規定されている。これは，法規定である「社員総会は，定款に別段の定めがある場合を除き，総社員の過半数の出席がなければ，その議事を開き，決議をすることができない（医法46の3の3③）」に対応したものである。

　議決の方法に関する定款例の規定は以下の通りであり，いずれも法規定に整合している。

- ▶議事は，法令又はこの定款に別段の定めがある場合を除き，出席した社員の議決権の過半数で決し，可否同数のときは，議長の決するところによる。
- ▶議長は，社員として議決に加わることができない。
- ▶社員は，各一個の議決権及び選挙権を有する。

- ▶あらかじめ通知のあった事項のほかは議決することができない。ただし，急を要する場合は，この限りでない。
- ▶出席することのできない社員は，あらかじめ通知のあった事項についてのみ<u>書面又は代理人</u>をもって，議決権及び選挙権を行使することができる。
- ▶<u>代理人は，社員でなければならず，代理権を証する書面を議長に提出しなければならない。</u>
- ▶議事につき特別の利害関係を有する社員は，当該事項につきその議決権を行使できない。

なお，社会医療法人又は特定医療法人の場合には，上記議決権行使に係る下線部分が定款例になく，代理人による行使ができない建付けになっている。

また，過半数決議ではない法令定款の別段の定めとしては，合併と分割が総社員の同意となっている点がある。

（6） 議事録

定款例では，「社員総会の議事については，法令で定めるところにより，議事録を作成する。」となっており，下記の項目が議事録に記載されることが必要である（医規31の3の2③）

⑴ 開催された日時及び場所（当該場所に存在しない理事，監事又は社員が出席した場合における当該出席の方法を含む。）
⑵ 議事の経過の要領及びその結果
⑶ 決議を要する事項について特別の利害関係を有する社員があるときは，当該社員の氏名
⑷ 次のことについて，述べられた意見又は発言の内容の概要
　・監事の選任若しくは解任又は辞任について，監事が述べた意見
　・監事を辞任した者がその理由を述べた意見
　・医療法人の業務又は財産に関し不正の行為又は法令若しくは定款に違反する重大な事実があることを発見したことについて，監事が行った報告
　・理事が社員総会に提出しようとする議案，書類，電磁的記録その他の資料を調査した結果，法令若しくは定款に違反し，又は著しく不当な事項と認めたものについて，監事が行った報告
　・監事の報酬等について監事が述べた意見
⑸ 出席した理事又は監事の氏名

(6) 議長の氏名
(7) 議事録の作成に係る職務を行った者の氏名

　議事録署名人は，法定されていないため，内部規程により，例えば議長，理事長に加え，出席した社員から数名を選定するといった運用をすることとなる。

　議事録は，社員総会の日から10年間，主たる事務所に備え置かなければならず，社員及び債権者は，医療法人の業務時間内は，いつでも，次に掲げる請求をすることができる。

　イ　議事録が書面をもって作成されているときは，当該書面又は当該書面の写しの閲覧又は謄写の請求
　ロ　議事録が電磁的記録をもって作成されているときは，当該電磁的記録に記録された事項を紙面又は映像面に表示する方法により表示したものの閲覧又は謄写の請求

5. 理　　事

（1）　法的地位及び責任と適格要件

　医療法人と理事との関係は，委任関係であり（医法46の5④），当事者の一方が法律行為をすることを相手方に委託し，相手方がこれを承諾することによって，その効力を生ずるものである（民法643）。受任者は，委任の本旨に従い，善良な管理者の注意をもって，委任事務を処理する義務を負う（善管注意義務：民法644）。受任者は，特約がなければ，委任者に対して報酬を請求することができない（民法648）ので，無報酬であったとしても義務は課せられることとなる。

　善管注意義務とは，その人の職業や社会的地位から，一般的に要求される程度の注意義務のことであり，個人的な能力や資質に着目して委任を受けた者であることから，自ら会議に出席し，協議と意見交換に参加して，責任ある議決権の行使をする必要がある。

　また，理事は，法令及び定款（寄附行為）並びに社員総会（評議員会）の決

議を遵守し，医療法人のため忠実にその職務を行わなければならない（忠実義務；医法46の6の4準用一般法83）。忠実義務とは，法人の役員が，その地位を利用して，自己又は第三者の個人的利益を図るために法人の利益を犠牲にすることを禁じる規範である。忠実義務の具現化として下記の通り，「競業取引，利益相反取引の理事会承認義務及び報告義務」が課せられている。

> 　理事は，医療法人と以下の取引をする場合，理事会において，当該取引につき重要な事実を開示し，その承認を受けなければならない（医法46の6の4準用一般法84）。
> ① 　理事が自己又は第三者のために医療法人の事業の部類に属する取引をしようとするとき
> ② 　理事が自己又は第三者のために医療法人と取引をしようとするとき
> ③ 　医療法人が理事の債務を保証することその他理事以外の者との間において医療法人と当該理事との利益が相反する取引をしようとするとき
> 　競業取引，利益相反取引をした理事は，当該取引について重要な事実を理事会に報告しなければならない（医法46の7の2準用一般法92②）。

その他，理事には，医療法人に著しい損害を及ぼすおそれのある事実があることを発見した場合の監事への報告義務（医法46の6の3）もある。

任務懈怠の場合は，対医療法人と対第三者に対し，以下の通り損害賠償責任がある。

> ▶理事が，その任務を怠ったときは，当該医療法人に対し，これによって生じた損害を賠償する責任を負うこと（医法47①）。
> ▶理事が理事会の承認を受けずに自己又は第三者のために医療法人の事業の部類に属する取引をしたときは，当該取引によって理事又は第三者が得た利益の額は，当該医療法人に対する損害の額と推定すること（医法47②）。
> ▶理事が自己又は第三者のために医療法人とした取引又は医療法人が理事の債務を保証することその他理事以外の者との間において医療法人と当該理事との利益が相反する取引によって医療法人に損害が生じたときは，次に掲げる理事は，その任務を怠ったものと推定すること（医法47③）。
> 　① 　当該取引の当事者たる理事
> 　② 　医療法人が当該取引をすることを決定した理事
> 　③ 　当該取引に関する理事会の承認の決議に賛成した理事

▶利益相反取引により生じた理事の責任は一般法では任務懈怠責任の一つとして位置付けられ過失責任とされていること（医法47，一般法111）。ただし，「自己のために」法人と直接的に利益相反取引をした理事の責任に限り，無過失責任とされていること（医法47の2準用一般法116①）。また，当該理事の責任は法的限定責任契約による責任限定の対象とはならないこと（医法47の2準用一般法116②）。

▶以下のような理事の損害賠償責任の免除制度があること

　損害賠償責任の免除は債務免除の一種であり，債権者たる法人の一方的な意思表示による単独行為でなしうるものであり（民法519），業務執行行為であるため，本来理事会等の権限の範囲内にある。しかし，理事・代表理事・理事会によって簡単に免除されては，理事等の医療法人に対する重い責任を課している医療法第47条の趣旨に反することになる。したがって，理事等の医療法人に対する任務懈怠責任の免除については，以下のような厳格な制度を設けている。

①　総社員（総評議員）の同意による免除（医法47の2①準用一般法112）

②　社員総会（評議員会）の決議による免除（医法47の2①準用一般法113①）善意でかつ重大な過失がないとき最低責任限度額がある。

＊最低責任限度額＝職務執行の対価額1年分の以下の倍数の金額

　理事長6，業務執行又は使用人たる理事4，非業務執行理事2

＊定款（寄附行為）の定めにより理事会によることも，社員（評議員）の異議申立権を前提に理事会の決議によることも可

・社員総会（評議員会）の決議による免除について，理事は社員総会（評議員会）において次の事項を開示しなければならない（医法47の2①準用一般法113②）。

　　ⅰ　責任の原因となった事実及び賠償の責任を負う額
　　ⅱ　前項の規定により免除することができる額の限度及びその算定の根拠
　　ⅲ　責任を免除すべき理由及び免除額

・理事は，損害賠償責任の免除に関する議案を社員総会（評議員会）に提出するには，監事全員の同意を得なければならない（医法47の2①準用一般法113③）。

・社員総会（評議員会）の決議による理事の損害賠償責任免除決議後に当該理事に対し退職慰労金その他の厚生労働省令で定める財産上の利益を与えるときは，社員総会（評議員会）の承認を受けなければならない（医法47の2①準用一般法113④）。

③　理事の損害賠償責任について，当該理事が職務を行うにつき善意でかつ重大

な過失がない場合において，責任の原因となった事実の内容，当該役員等の職務の執行の状況その他の事情を勘案して特に必要と認めるときは，前述②の規定により免除することができる額を限度として理事（当該責任を負う理事を除く。）の過半数の同意によって免除することができる旨を定款（寄附行為）で定めることができる（医法47の2①準用一般法114①）。
- 定款を変更して理事の損害賠償責任を免除することができる旨の定めを設ける議案を社員総会（評議員会）に提出する場合，監事全員の同意を得なければならない（医法47の2①準用一般法114②）。
- 理事の損害賠償責任を免除することができるとする定款の定めに基づいて理事の責任を免除する旨の理事会決議を行ったときは，理事は，遅滞なく，以下の事項及び責任を免除することに異議がある場合には一定の期間内（1ヶ月以上）に当該異議を述べるべき旨を社員（評議員）に通知しなければならない（医法47の2①準用一般法114③）。
  ⅰ 責任の原因となった事実及び賠償の責任を負う額
  ⅱ 前項の規定により免除することができる額の限度及びその算定の根拠
  ⅲ 責任を免除すべき理由及び免除額
- 総社員（総評議員）の議決権の10分の1（これを下回る割合を定款で定めた場合にあっては，その割合）以上の議決権を有する社員（評議員）が同項の期間内に同項の異議を述べたときは，医療法人は，定款（寄附行為）の定めに基づく理事の損害賠償責任について免除することができない（医法47条の2①準用一般法114条④）。
- 定款（寄附行為）の定めに基づいて理事の損害賠償責任について免除した後に当該理事に対し退職慰労金その他の厚生労働省令で定める財産上の利益を与えるときは，社員総会（評議員会）の承認を受けなければならない（医法47の2①準用一般法114⑤）。

④ 医療法人は，非業務執行理事の任務懈怠に基づく損害賠償責任について，当該非業務執行理事等が職務を行うにつき善意でかつ重大な過失がないときは，定款（寄附行為）で定めた額の範囲内であらかじめ医療法人が定めた額と最低責任限度額とのいずれか高い額を限度とする旨の契約を非業務執行理事等と締結することができる旨を定款で定めることができる（医法47の2①準用一般法115①）。
- 上記契約を締結した非業務執行理事が当該医療法人の業務執行理事又は使用人に就任したときは，当該契約は，将来に向かってその効力を失う（医法47の2①準用一般法115②）。

- 定款を変更して理事の損害賠償責任を免除することができる旨の定め（同項に規定する理事と契約を締結することができる旨の定めに限る。）を設ける議案を社員総会（評議員会）に提出する場合，監事全員の同意を得なければならない（医法47の2①準用一般法115③）。
- 責任限定契約を締結した医療法人が，当該契約の相手方である非業務執行理事等が任務を怠ったことにより損害を受けたことを知ったときは，その後最初に招集される社員総会（評議員会）において次の事項を開示しなければならない（医療法47の2①準用一般法115④）。
    i 責任の原因となった事実及び賠償の責任を負う額
    ii 免除することができる額の限度及びその算定根拠
    iii 責任限定契約の内容及び当該契約を締結した理由
    iv その損害のうち，当該非業務執行理事等が賠償する責任を負わないとされた額
- 非業務執行理事等が責任限定契約によって規定する限度を超える部分について損害を賠償する責任を負わないとされた場合において，その後，医療法人が当該非業務執行理事に対し退職慰労金その他の厚生労働省令で定める財産上の利益を与えるときは，社員総会（評議員会）の承認を受けなければならない（医法47の2①準用一般法115⑤）。

⑤　自己のために医療法人と取引をした理事の医療法人に対する損害賠償責任は，任務を怠ったことが当該理事の責めに帰することができない事由によるものであることをもって免れることができず，責任の一部免除及び責任限定の適用もない（医法47の2①準用一般法116）。

▶悪意又は重過失の場合，第三者に対する責任があること

　医療法人の理事がその職務を行うについて悪意又は重大な過失があったときは，当該理事は，これによって第三者に生じた損害を賠償する責任を負う（医法48①）。

　理事が，事業報告書等に記載すべき重要な事項についての虚偽の記載，虚偽の登記，虚偽の公告をした場合も同様の責任を負う。ただし，その者が当該行為をすることについて注意を怠らなかったことを証明したときは，この限りではない（医法48②）。

▶連帯責任であること

　役員等（評議員，理事，監事）が医療法人又は第三者に生じた損害を賠償する責任を負う場合において，他の役員等も当該損害を賠償する責任を負うときは，これらの者は，連帯債務者とする（医法49）。

また，以下の者は理事にはなれない（欠格事項：医法46の5⑤準用一般・医法46の4②）。
- ▶法人
- ▶成年被後見人又は被保佐人
- ▶関係業法違反で罰金以上の刑に処せられ，その執行を終わり，又は執行を受けることがなくなった日から起算して2年を経過しない者
- ▶関係業法以外で禁錮以上の刑に処せられ，その執行を終わり，又は執行を受けることがなくなるまでの者

これ以外の適格性要件としては，「開設（指定管理者として管理する病院等を含む）する病院，診療所，介護老人保健施設の管理者は，必ず理事に加えなければならない。ただし，医療法人が病院，診療所又は介護老人保健施設を2以上開設する場合において，都道府県知事の認可を受けたときは，管理者（指定管理者として管理する病院等を除く）の一部を理事に加えないことができる（医法46の5⑥）」という規定がある。なお，社会医療法人と特定医療法人には，同族等制限があり，定款例は，それぞれ以下の通りである。
- ▶親族等の数は，役員の総数の3分の1を，他の同日の団体の理事等の数は，理事及び監事のそれぞれの数の3分の1を超えて含まれてはならない。
- ▶親族等の数は，理事及び監事の数のそれぞれ3分の1以下としなければならない。

（2） 業務権限と権利

理事の業務の基本は，理事会の構成員として議決権を行使して，業務執行の決定に参画することである。実際の業務執行は，理事長又は定款規定により設置される常務理事等が行うことになるため，理事会において議決権行使に必要な情報の提供を求めることができるのは当然の前提である。また，業務執行者は，理事から選定されるため，業務執行者候補としての立場でもある。

（3） 員　　数

理事は，原則として3人以上置かなければならないが，都道府県知事の認可を受けた場合は，1人又は2人でもよいとされている（医法46の5①）。

なお，社会医療法人又は特定医療法人の場合は，6名以上となっている。

また，定款の5分の1を超えて役員の定数が不足した場合には，経営遂行の安全性を担保する観点から1月以内の補充が義務付けられている（医法46の5の3③）。

（4） 選任，辞任，解任

社団たる医療法人の理事は，社員総会の決議により選任され（医法46の5②），財団たる医療法人の理事は，評議員会の決議により選任される（医法46の5③）。任期は2年を超えることはできない。ただし，再任を妨げない（医法46の5⑨）。また，開設する病院，診療所又は介護老人保健施設の管理者は必ず理事に加えなければならず，管理者の職を退いたときは理事の職を失うとされている（医法46の5⑦）。この規定は，総会の決議によらずに管理者の就任をもって自動的に選解任されると解するのではなく，選任辞任における補完条項と考えられる。

理事の辞任は，本人の意思のみでいつでもできる。もっとも，理事の員数が欠けた場合には，新たに選任された理事（一時役員の職務を行うべき者を含む。）が就任するまで，なお理事としての権利義務を有することとなる（医法46の5の3①）。

社団たる医療法人の理事は，いつでも，社員総会の決議によって解任することができ，解任された者は，その解任について正当な理由がある場合を除き解任によって生じた損害の賠償を請求することができる（医法46の5の2①〜③）ことなっている。一方，財団たる医療法人の理事が「職務上の義務に違反し，若しくはは職務を怠ったとき又は心身の故障のため，職務の執行に支障があり，若しくはこれに堪えないとき」に該当するときは，評議員会の決議によって解任することができる（医法46の5の2④〜⑤）と違いがある。

6. 理事会

(1) 構成員と出席者

理事会の構成員は理事であり，人的資質をもって委任されたものであるため，当然に各1個の議決権及び選挙権を有する。ただし，議決事項につき，特別の利害関係がある理事には議決権はない。「理事会に関する規定」は，定款又は寄附行為の絶対的記載事項であり，すべての類型の定款例・寄附行為例に「理事会は，すべての理事をもって構成する。」という条項があるが，当然の規定であり，一部の理事を構成員から排除することはできない。また，社会医療法人の定款例・寄附行為例にのみ「理事は，理事会において各1個の議決権及び選挙権を有する」旨の規定があるが，他の医療法人も同様で，当該規定の実質的な意味はない。

理事会は，業務執行の決定に係る機密事項を扱うので，理事及び監事以外の出席者は，議事に必要な者に限定すべきこととされている。

(2) 開催時期と招集手続

理事会の招集権者に関する医療法上の規定は以下の通りである（医法46の7の2①準用一般法93）。

> ▶理事会は各理事が招集する。
> ▶招集権者（理事会を招集する理事）を定款（寄附行為）で定めたときは，その理事が招集する。
> ▶招集権者以外の理事は，「招集権者」に対し，理事会の目的である事項を示して，理事会の招集を請求することができる。
> ▶請求があった日から5日以内に，その請求があった日から二週間以内の日を理事会の日とする理事会の招集の通知が発せられない場合には，その請求をした理事は，理事会を招集することができる。

このように招集権者を決めても，最終的には各理事に招集権は留保されていること受けて，定款例・寄附行為例で，理事長を招集権者とする場合には，「理事長は，必要があると認めるときは，いつでも理事会を招集することがで

きる。」といった規定が置かれている。このように，理事会は，本来理事会の議決が必要な事項の発生に応じて開催するもので，定時という概念はない。もっとも，決算と予算に関しては，会計年度に応じて一定時期に必ず必要となることと，理事長の業務執行報告の必要性から，最低年2回は開催しなければならない。

理事会の招集手続きに関する医療法上の規定は，以下の通りである（医法46の7の2①準用一般法94）。

> ▶理事会の日の1週間（これを下回る期間を定款（寄附行為）で定めた場合にあっては，その期間）前までに，各理事及び各監事に対してその通知を発しなければならない。
> ▶理事及び監事の全員の同意があるときは，招集の手続を経ることなく開催することができる。

したがって，定款例・寄附行為例では，これに沿った規定が置かれている。

（3） 議　　長

定款例・寄附行為例は，「理事会の議長は理事長とする」となっている。

（4） 議決事項

理事会の職務に関する医療法上の規定は，以下の通りである（医法46の7②〜③）。

> ①　医療法人の業務執行の決定
> ②　理事の職務の執行の監督
> ③　理事長の選出及び解職
> ▶上記①に関連して，「次に掲げる事項その他の重要な業務執行の決定を理事に委任することができない」とされている。
> ①　重要な資産の処分及び譲受け
> ②　多額の借財
> ③　重要な役割を担う職員の選任及び解任
> ④　従たる事務所その他の重要な組織の設置，変更及び廃止
> ⑤　定款規定等に係る役員損害賠償額の一部免除制度の適用

この規定を受けて、定款例・寄附行為例では、理事会の職務について、「この定款（寄附行為）に別に定めるもののほか、次の職務を行う」として、以下の項目が記載されている。
- ▶本社団の業務執行の決定
- ▶理事の職務の執行の監督
- ▶理事長の選出及び解職
- ▶重要な資産の処分及び譲受けの決定
- ▶多額の借財の決定
- ▶重要な役割を担う職員の選任及び解任の決定
- ▶従たる事務所その他の重要な組織の設置、変更及び廃止の決定

しかし、社員総会の項での解説の通り、同じ定款例において、社員総会の議決を経なければならない項目として、重要な資産の処分や、業務執行の決定の中心的役割を果たす事業計画や収支予算が、法定外の事項として掲げられている。実務的には、会議の決定は議決を要するので、理事会での決定にも議決が必要であるが、実際の決定行為と最終議決は別のものであると捉えざるを得ない。

（5）　定足数と議決の方法

理事会の決議は、議決に加わることができる理事の過半数（定款又は寄附行為で加重可）が出席し、その過半数（定款又は寄附行為で加重可）をもって行う（医法46の7の2①準用一般法95①）。なお、委任関係の本旨から、委任状出席、代理出席による議決権行使、書面による議決権行使はできない。テレビ会議等遠隔での出席は許されるが現実に議論できる会議に対して本人が出席することが必要である。なお、特別の利害関係を有する理事は、議決に加わることができない（医法46の7の2①準用一般法95②）。

なお、法令上特別決議の項目はないが、特定医療法人と社会医療法人については、定款例・寄附行為例において、下記の特例が規定されている。
- ▶特定医療法人においては、評議員会の同意を得なければならない事項（評議員会の項参照）については、理事会において理事総数の3分の2以上の同意を得なければならない。

▶社会医療法人においては，以下の事項については，理事会において特別の利害関係を有する理事を除く理事の3分の2以上の多数による議決を必要とする。
　＊定款（寄附行為）の変更
　＊基本財産の設定及び処分（担保提供を含む。）
　＊毎事業年度の事業計画の決定又は変更
　＊財産の取得又は改良に充てるための資金の保有額の決定及び取崩し
　＊将来の特定の事業の計画及び変更並びに特定事業準備資金の積立額の決定及び取崩し
　＊収支予算及び決算の決定又は変更
　＊重要な資産の処分
　＊借入金額の最高限度の決定

　理事会の議決と同一の法的効果が生じる方法としてみなし決議が制度化されている。すなわち，医療法人は，理事が理事会の決議の目的である事項について提案をした場合において，当該提案につき議決に加わることができる理事の全員が書面又は電磁的記録により同意の意思表示をし，監事が異議を述べないときは，当該提案を可決する旨の理事会の決議があったものとみなす規定を定款で定めることができる（医法46の7の2①準用一般法96）。これを受けて，定款例には，この趣旨の規定が置かれている。財団形態においても同様であり，寄附行為例にも同趣旨の規定が置かれている。

（6）　議事録

　定款例及び寄附行為例では，「理事会の議事については，法令で定めるところにより，議事録を作成する」となっており，下記の項目が議事録に記載されることが必要である（医規31の5の4③）。なお，議事録署名人は，法定されており，出席した理事及び監事が署名することとされている。ただし，定款又は寄附行為に規定を置くことで，出席した理事ではなく出席した理事長に限定することができるため，下記はそのことを踏まえた内容となっている（医法46の7の2①準用一般法95③）。

(1)　開催された日時及び場所（当該場所に存在しない理事又は監事が出席した場合における当該出席の方法を含む。）
(2)　理事会が次に掲げるいずれかのものに該当するときは，その旨

・招集権者以外の理事の請求を受けて招集されたもの
　　・招集権者以外の理事が招集したもの
　　・監事の請求を受けて招集されたもの
　　・監事が招集したもの
(3) 議事の経過の要領及びその結果
(4) 決議を要する事項について特別の利害関係を有する理事があるときは，当該理事の氏名
(5) 次のことについて，述べられた意見又は発言の内容の概要
　　・利益相反取引結果の重大な事実について，理事が行った報告
　　・医療法人の業務又は財産に関し不正の行為又は法令若しくは定款若しくは寄附行為に違反する重大な事実があることを発見したことについて，監事が行った報告
　　・監事が必要であると認めた場合に述べた意見
(6) 定款又は寄附行為の定めにより議事録署名理事が理事長に限定されている場合の，理事長以外の理事であって出席した者の氏名
(7) 議長の氏名

　理事会の決議に参加した理事であっての議事録に異議をとどめないものは，その決議に賛成したものと推定する（医法46の7の2①準用一般法95⑤）こととなっているので，責任問題との関係で注意が必要である。

　議事録（又は該当する電磁的記録）は，理事会の日（みなし決議の場合，理事会の決議があったものとみなされた日）から10年間，主たる事務所に備え置かなければならない。

　財団たる医療法人の評議員は，業務時間内はいつでも，社員は，その権利を行使するため必要があるときは裁判所の許可を得て，債権者は，理事又は監事の責任を追及するため必要があるときは裁判所の許可を得て，それぞれ議事録閲覧等の請求をすることができる

7. 理事長

(1) 資格要件と選出方法

　定款例及び寄附行為例では，「理事長は，理事会において理事の中から選出

する」とされている。また，医療法では，「医療法人の理事のうち1人は，理事長とし，医師又は歯科医師である理事のうちから選出する。ただし，都道府県知事の認可を受けた場合は，医師又は歯科医師でない理事のうちから選出することができる（医法46の6）。」とされている。理事会における選出方法は，通常の理事会議決と同様である。なお，任期はなく，理事会議決においていつでも選定解職ができるが，理事の地位を失った場合には，当然に理事長としての地位も失うため，重任する場合でも，理事の任期ごとに選出することが必要である。

理事長が欠けた場合には，任期の満了又は辞任により退任した理事長は，新たに選任された理事長（次項の一時理事長の職務を行うべき者を含む）が就任するまで，なお理事長としての権利義務を有することとなり，医療法人の業務が遅滞することにより損害を生ずるおそれのあるときは，都道府県知事は，利害関係人の請求により又は職権で，一時理事長の職務を行うべき者を選任しなければならないこととされている（医法46の6の2③）。

（2） 業務権限と責任

理事長は，代表権を有し（医法46の6の2），業務執行権を有する（医法46の7の2準用一般法91）。業務執行の決定権限は理事会にあるため，理事長は，3ヵ月に1回以上，自己の職務の執行の状況を理事会に報告しなければならない。ただし，定款又は寄附行為で毎事業年度に4ヵ月を超える間隔で2回以上その報告をしなければならない旨を定めた場合は，2回で足りる。

医療法人と理事の利益相反行為に対する制限として，「医療法人と理事との利益が相反する事項については，理事は，代理権を有しない。この場合において，都道府県知事は，利害関係人の請求により又は職権で，特別代理人を選任しなければならない。」と従来取り扱われていたが，今般の医療法改正により，「理事は，医療法人との利益が相反する取引を行う場合には，理事会において，当該取引につき重要な事実を開示し，その承認を受けなければならないこと。また，当該取引後，遅滞なく理事会に報告しなければならないこと。」とされたため，不要となった。なお，当該理事会報告は，理事及び監事の全員に対し

ての通知に代えることができる（医法46の7の2①準用一般法98①）。

　医療法人は，理事長以外の理事に医療法人を代表する権限を有するものと認められる名称を付した場合には，当該理事がした行為について，善意の第三者に対してその責任を負う（医法46の6の4準用一般法82）とされているので，定款で業務執行をする常務理事等を設置した場合に，医療法人を代表して対外的な業務執行を当該理事が行った場合も医療法人の行為となる。

　理事長の業務執行に対する責任に対する特段の規定はないが，理事としての損害賠償責任となる（理事の項参照）。

8.　監　　事

（1）　法的地位及び責任と適格要件

　医療法人と監事との関係は，委任関係であり（医法46の5④），当事者の一方が法律行為をすることを相手方に委託し，相手方がこれを承諾することによって，その効力を生ずるものである（民法643）。受任者は，委任の本旨に従い，善良な管理者の注意をもって，委任事務を処理する義務を負う（善管注意義務；民法644）。受任者は，特約がなければ，委任者に対して報酬を請求することができない（民法648）ので，無報酬であったとしても義務は課せられることとなる。

　善管注意義務とは，その人の職業や社会的地位から，一般的に要求される程度の注意義務のことであり，個人的な能力や資質に着目して委任を受けた者であることから，自ら責任ある職務を遂行する必要がある。任務懈怠の場合は，当該医療法人に対し，これによって生じた損害を賠償する責任を負う（医法47）。また，任務懈怠について悪意又は重大な過失があったとき，監査報告書の重要な虚偽記載をした場合に注意を怠らなかったことを証明できないときは，これによって第三者に生じた損害を賠償する責任を負う（医法48）。

　役員等（評議員，理事，監事）が医療法人又は第三者に生じた損害を賠償する責任を負う場合において，他の役員等も当該損害を賠償する責任を負うときは，これらの者は，連帯債務者となる（医法49）。

監事の損害賠償責任には免除制度があり，総社員（総評議員）の同意により免除（医法47の2①準用一般法112）できる。また，社員総会（評議員会）の出席者の3分の2以上の決議による免除があり（医法47の2①準用一般法113），さらに，定款（寄附行為）の定めにより，社員（評議員）の異議申立権を前提に理事会の決議によることとすることも可能である。ただし，いずれの場合であっても，善意でかつ重大な過失がないときに限定され，以下の通り最低責任限度額があり，免除となるのはこれを超える金額である。

＊最低責任限度額＝職務執行の対価額1年分の2倍の金額

　また，定款又は寄附行為の定めが前提となるが，責任限定契約（善意でかつ重大な過失がないときは，定款又は寄附行為で定めた額の範囲内であらかじめ医療法人が定めた額と最低責任限度額とのいずれか高い額を限度とする旨の契約）を医療法人と監事が締結することも可能である（医法47の2①準用一般法114・115）。

　このような法的地位を責任を負うことを前提として，どのような者が監事になるかであるが，まず，以下の者は監事にはなれない（欠格事項：医法46の5⑤準用・医法46の4②）

▶法人
▶成年被後見人又は被保佐人
▶関係業法違反で罰金以上の刑に処せられ，その執行を終わり，又は執行を受けることがなくなった日から起算して2年を経過しない者
▶関係業法以外で禁錮以上の刑に処せられ，その執行を終わり，又は執行を受けることがなくなるまでの者

　これ以外の適格性要件としては，まずは，理事又は職員を兼ねてはならない（医法46の5⑧）。また，病院又は介護老人保健施設を開設する医療法人では，他の役員と親族，他の役員と親族等の特殊の関係がある者ではないこととされている（運営管理指導要綱）。さらに，社会医療法人にあっては，監事はその3分の1を超える他の同一団体の理事等であってはならず，理事を合わせた役員全体で親族等の数が3分の1を超える状態になるような監事の選任はできないこととなっている。また，特定医療法人の場合には，その3分の1を超える親

族等が含まれてはならないこととなっている。

（2） 業務権限と権利

監事の職務は，医療法人の業務監査と財産の状況の監査である（医法46の8一，二）。この監査結果について，毎会計年度監査報告書を作成し，当該会計年度終了後3ヵ月以内に社員総会（評議員会）及び理事会に提出しなければならない（医法46の8三）。

さらに，監査の結果，医療法人の業務又は財産に関し不正の行為を発見したとき，法令又は定款（寄附行為）に違反する重大な事実があることを発見したときは，これを都道府県知事，社員総会（評議員会）又は理事会に報告する義務がある（医法46の8四）。この，報告をするために必要があるときは，社員総会を招集（理事長に対して評議員会の招集を請求）することとされている（医法46の8五）。なお，報告に代えて，理事及び他の監事の全員に対して通知をすることも可能である（医法46の7の2①準用一般法98①）。

また，社員総会（評議員会）提出議案等を調査し，法令又は定款（寄附行為）に違反した事項や著しく不当な事項があると認めるときは，その調査の結果を社員総会（評議員会）に報告することとされている（医法46の8六）。

監査の職務の一環として，理事会に出席し，必要があると認めるときは，意見を述べなければならない。また，必要があると認めるときは，招集権者に対し，理事会の招集を請求することができる。さらに，請求があった日から5日以内に，その請求があった日から2週間　以内の日を理事会の日とする理事会の招集の通知が発せられない場合は，その請求をした監事は，理事会を招集することができることとされている（医法46の8の2）。

このような業務執行と独立して監査を行う立場から，以下のような監事の人選に関しての立場を有している。

まず，理事が，監事の選任に関する議案を社員総会（評議員会）に提出するには，既存の監事の同意を得なければならない。ただし，監事が2人以上ある場合にあっては，その過半数の同意で足りる（医法46の5の4準用一般法72①）。また，監事は，理事に対し，監事の選任を社員総会（評議員会）の目的

とすること又は監事の選任に関する議案を社員総会（評議員会）に提出することを請求することができる（医法46の5の4準用一般法72②）。

　また，監事は，社員総会（評議員会）において，監事の選任若しくは解任又は辞任について意見を述べることができ（医法46の5の4準用一般法74①），監事を辞任した者は，辞任後最初に招集される社員総会（評議員会）に出席して辞任した旨及びその理由を述べることができる（医法46の5の4準用一般法74②）。理事は，この機会を保障するために該当する社員総会（評議員会）を招集する旨並びに当該社員総会（評議員会）の日時及び場所を通知しなければならないこととされている（医法46の5の4準用一般法74③）。

　また，監査職務遂行を保障するために，報酬の決定と費用弁償に関し以下の立場も有している（医法46の8の3準用一般法105・106）。

- ▶監事の報酬等は，定款（寄附行為）にその額を定めていないときは，社員総会（評議員会）の決議によって定める。
- ▶監事が2人以上ある場合において，上記の定めで区分されていないときは，当該報酬等は，前項の報酬等の範囲内において，監事の協議によって定める。
- ▶監事は社員総会（評議員会）において，監事の報酬等について意見を述べることができる。
- ▶監事がその職務の執行に必要な場合には，費用の前払，支出した費用（支出の日以後におけるその利息を含む）又は負担した債務の債権者に対する弁済や当該債務が弁済期にない場合の相当の担保の提供を医療法人に求めることができる。
- ▶これを医療法人の執行側が拒むには，当該請求に係る費用又は債務が当該監事の職務の執行に必要でないことを証明しなければならないこととされている。

　さらに，以下のような監督是正措置や，代表権を持つ場合もある（医法46の8の3準用一般法103・104）。

- ▶理事が医療法人の目的の範囲外の行為その他法令若しくは定款（寄附行為）に違反する行為をし，又はこれらの行為をするおそれがある場合において，当該行為において当該医療法人に著しい損害が生ずるおそれがあるときは，当該理事に対し，当該行為をやめることを請求することができる。
- ▶上記請求による理事に対する裁判所の仮処分命令の際の担保は不要。
- ▶医療法人が理事（理事であった者含む）に対し，又は理事（理事であった者を

含む）が医療法人に対して訴えを提起する場合には，当該訴えについては，監事が医療法人を代表する。
▶医療法人が理事の責任を追及する訴えの提起の請求を受ける場合や医療法人が理事の責任を追及する訴えに係る訴訟告知等を受ける場合について，監事が医療法人を代表する。

（3）員　　数

監事は，1名以上とされている（医法46の5①）ので，定款又は寄附行為で，当該人数（○名でも○名以上○名以下でもよい）を規定することとなる。ただし，社会医療法人と特定医療法人は2名以上とされている。定数が不足した場合には，経営遂行の安全性を担保する観点から1月以内の補充が義務付けられている（医法46の5の3③）。

（4）選任，辞任，解任

社団たる医療法人の監事は，社員総会の決議により選任され（医法46の5②），財団たる医療法人の監事は，評議員会の決議により選任される（医法46の5③）。任期は2年を超えることはできない。ただし，再任を妨げない（医法46の5⑨）。

監事の辞任は，本人の意思のみでいつでもできる。もっとも，監事の員数が欠けた場合には，新たに選任された監事（一時役員の職務を行うべき者を含む。）が就任するまで，なお監事としての権利義務を有することとなる（医法46の5の3①）。

社団たる医療法人の監事は，いつでも，社員総会の特別決議（定款でそれ以上とすることもできるが出席者の3分の2以上）によって解任することができ，解任された者は，その解任について正当な理由がある場合を除き解任によって生じた損害の賠償を請求することができる（医法46の5の2①～③）こととなっている。一方，財団たる医療法人の監事が「職務上の義務に違反し，若しくはは職務を怠ったとき又は心身の故障のため，職務の執行に支障があり，若しくはこれに堪えないとき」に該当するときは，評議員会の特別決議（寄附

行為でそれ以上とすることもできるが出席者の3分の2以上）によって解任することができる（医法46の5の2④〜⑤）ことになっており，違いがある。

9. 評議員

（1） 法的地位及び責任と適格要件

　医療法人と評議員との関係は，委任関係であり（医法46の5④），当事者の一方が法律行為をすることを相手方に委託し，相手方がこれを承諾することによって，その効力を生ずるものである（民法643）。受任者は，委任の本旨に従い，善良な管理者の注意をもって，委任事務を処理する義務を負う（善管注意義務；民法644）。受任者は，特約がなければ，委任者に対して報酬を請求することができない（民法648）ので，無報酬であったとしても義務は課せられることとなる。

　善管注意義務とは，その人の職業や社会的地位から，一般的に要求される程度の注意義務のことであり，個人的な能力や資質に着目して委任を受けた者であることから，自ら会議に出席し，協議と意見交換に参加して，責任ある議決権の行使をする必要がある。任務懈怠の場合は，当該医療法人に対し，これによって生じた損害を賠償する責任を負う（医法47）。また，任務懈怠について悪意又は重大な過失があったときは，これによって第三者に生じた損害を賠償する責任を負う（医法48）。

　役員等（評議員，理事，監事）が医療法人又は第三者に生じた損害を賠償する責任を負う場合において，他の役員等も当該損害を賠償する責任を負うときは，これらの者は，連帯債務者となる（医法49）。

　評議員の損害賠償責任には免除制度があり，総評議員の同意による免除することがきる（医法47の2①準用一般法112）また，善意でかつ重大な過失がないときには，評議員会の出席者の3分の2以上の決議により免除できる（医法47の2①準用一般法113）。

　以上の法規定は，財団たる医療法人の評議員を対象としており，特定医療法人社団の評議員は，法的地位は委任関係であることは同様であるが，損害賠償

責任は直接の適用はない。

　このような法的地位を責任を負うことを前提として，どのような者が評議員になるかであるが，まず，以下の者は評議員にはなれない（欠格事項；医法46の4②）。

- ▶法人
- ▶成年被後見人又は被保佐人
- ▶関係業法違反で罰金以上の刑に処せられ，その執行を終わり，又は執行を受けることがなくなった日から起算して2年を経過しない者
- ▶関係業法以外で禁錮以上の刑に処せられ，その執行を終わり，又は執行を受けることがなくなるまでの者

これ以外の適格性要件としては，まずは，役員又は職員を兼ねてはならず，医療従事者，病院，診療所又は介護老人保健施設の経営に関して識見を有する者，その他寄附行為に定める者となっている（医法46の4）。この規定を受けて寄附行為例では，「評議員は，役員又は職員を兼ねることはできない」という規定に加え，選任対象者を以下の通り規定している。

- ▶医師，歯科医師，薬剤師，看護師その他の医療従事者
- ▶病院，診療所又は介護老人保健施設の経営に関して識見を有する者
- ▶医療を受ける者
- ▶本財団の評議員として特に必要と認められる者

さらに，社会医療法人又は特定医療法人にあっては，親族等の数が評議員総数の3分の1以下としなければならないこととされている。

　なお，以上の適格性に関する法令規定は，すべて財団たる医療法人の評議員を対象としたものであるが，特定医療法人社団の定款例でも同様の規定が置かれており，同じ扱いとなっている。

（2）　職務と権利

　評議員の業務の基本は，評議員会の構成員として議決権を行使することである。特定医療法人の寄附行為例と定款例には，これに加えて「理事長の諮問に応じて意見を述べるもの」とされている。議決権行使を適当に行うことができるように，法令及び寄附行為によって評議員会の招集を含め資料や説明を受け

る権利が与えられている。なお，特定医療法人社団の評議員も同様の規定が定款例に置かれている。また，財団たる医療法人の評議員は，理事会議事録の閲覧請求もでき，以下のような是正措置を講じる権利が法定されている。

> 評議員は，理事が医療法人の目的の範囲外の行為その他法令若しくは定款に違反する行為をし，又はこれらの行為をするおそれがある場合において，当該行為において当該医療法人に回復することができない損害が生ずるおそれがあるときは，当該理事に対し，当該行為をやめることを請求することができる（医法46の6の4準用一般法88）。
>
> 評議員は，理事又は監事の責任を追及する訴えの提起を請求することができる（医法49の2準用一般法278～283）。
>
> 理事，監事の職務の執行に関し不正の行為又は法令若しくは定款に違反する重大な事実があったにもかかわらず，当該役員を解任する旨の議案が評議員会において否決されたときは，評議員は，当該評議員会から30日以内に，訴えをもって当該役員等の解任を請求することができる（医法49の3準用一般法284～286）。

（3）員　数

評議員は，3人以上で理事の定数を超える数を置かなければならない（医法46の4の2①）。これは，社会医療法人も同様である。ただし，特定医療法人の場合には，社団の場合も含め，理事数の2倍を下らない数となることが寄附行為例・定款例に規定されている。

（4）選任，辞任，解任

評議員の選任は，寄附行為に定める方法によること（医法44②九，医法46の4）とされており，定款例（社会医療法人のものを含む）では，「理事会において選任した者につき理事長が委嘱する。」とあるのみである。任期の定めや解任に関する規定はない。ただし，特定医療法人は，以下の通り寄附行為例（社団の場合の定款例も同じ）で任期を定めている。

▶評議員の任期は2年とし，新任または補欠により就任した評議員の任期は，すでに就任している他の評議員の任期と同時に終了するものとする。

寄附行為の規定はなくとも，選任委嘱においては，任期を定めることが適当である。

委任関係であることから，当然に辞任はいつでもでき，解任も特段の規定が寄附行為にないことから選任権者である理事会の決議で可能と解される。

10. 評議員会

（1） 構成員と出席者

評議員会の構成員は評議員であり，人的資質をもって委任されたものであるため，当然に各1個の議決権及び選挙権を有するが，寄附行為例には念のため「評議員は，評議員会において各1個の議決権及び選挙権を有する」旨の規定がある。評議員会は，医療法人の業務若しくは財産の状況又は役員の業務執行の状況について，役員に対して意見を述べ，若しくはその諮問に答え，又は役員から報告を徴することができる（医法46の4の6）ので，役員は評議員会に出席する必要がある。

（2） 開催時期と招集手続

開催頻度について医療法では，以下の通り規定している（医法46の4の3）。

① 財団たる医療法人の理事長は，少なくとも毎年一回，定時評議員会を開かなければならない。
② 理事長は，必要があると認めるときは，いつでも臨時評議員会を招集することができる。
③ 理事長は，総評議員の5分の1（寄附行為で下回る割合を定めることは可）以上の評議員から評議員会の目的である事項を示して臨時評議員会の招集を請求された場合には，その請求のあった日から20日以内に，これを招集しなければならない。

これを受けて，寄附行為例では同趣旨の規定を置いているが，議決又は意見聴取事項との関係で，特定医療法人は寄附行為例の通り，事業年度開始直前と決算確定時期の少なくとも2回は定時に開催する必要がある。

招集通知に関しては，寄附行為例で「評議員会の招集は，期日の少なくとも5日前までに，その評議員会の目的である事項，日時及び場所を記載し，理事長がこれに記名した書面で評議員に通知しなければならない」とあり，備考欄で「招集の通知は，寄附行為で定めた方法により行う．書面のほか電子的方法によることも可」となっているが，法令に適合させたものである（医法46の4の3⑤～⑥）。なお，法令の適用はないが，特定医療法人社団も，上記すべてにおいて同様の規定を定款例に置いており，同じ扱いとなる。

（3）議　　長

評議員会に議長を置く（医法46の4の3③）とされているので，寄附行為において議長の定めと置かなければならない。寄附行為例では，「評議員会の議長は，評議員の互選によって定める。」とされているので，評議員の中から会議の都度選定することが原則となる。なお，特定医療法人社団の定款例も同様となっている。

（4）　議決又は意見聴取事項

評議員会への付議事項に関する医療法の規定は，以下の通りとなっている。

> ▶評議員会は，意見聴取事項の意見を述べるほか，法定事項及び寄附行為で定めた事項に限り，決議することができる（医法46の4の2②）。
> ▶評議員会法定決議事項について，評議員会以外の機関が決定することができることを内容とする寄附行為の定めは無効（医法46の4の2③）。
> ▶財団たる医療法人の役員は，評議員会の決議で選任（医法46の5③）。
> ▶役員の報酬等は，寄附行為にその額を定めていないときは，評議員会の決議によって定める（医法46の6の4準用一般法89ほか）。
> ▶貸借対照表及び損益計算書は，評議員会の承認を受けなければならず，貸借対照表及び損益計算書以外の事業報告書等の内容は評議員会に報告しなければならない（医法51の2）。
> ▶寄附行為の変更をするには，あらかじめ，評議員会の意見を聴かなければならない（医法54の9②）
> ▶次に掲げる行為をするには，あらかじめ，評議員会の意見を聴かなければなら

ない（医法46の4の5）
> ① 予算の決定又は変更
> ② 借入金（当該会計年度内の収入をもって償還する一時の借入金を除く）の借入れ
> ③ 重要な資産の処分
> ④ 事業計画の決定又は変更
> ⑤ 合併及び分割
> ⑥ 目的たる事業の成功の不能事由による解散
> ⑦ その他医療法人の業務に関する重要事項として寄附行為で定めるもの
>
> ▶意見聴取事項については，評議員会の決議を要する旨を寄附行為で定めることができる。（医法46の4の5②）

これを受けて，寄附行為例（社会医療法人のものと特定医療法人のものを除く）では，「次の事項は，あらかじめ評議員会の意見を聴かなければならない」として，以下の項目を掲げた上で「その他重要な事項についても，評議員会の意見を聴くことができる」と規定している。

> (1) 寄附行為の変更
> (2) 基本財産の設定及び処分（担保提供を含む）
> (3) 毎事業年度の事業計画の決定又は変更
> (4) 収支予算及び決算の決定又は変更
> (5) 重要な資産の処分
> (6) 借入金額の最高限度額の決定
> (7) 本財団の解散
> (8) 他の医療法人との合併若しくは分割に係る契約の締結又は分割計画の決定

このように法令と寄附行為例は，意見聴取ではなく議決を要する役員報酬関係以外でも微妙に異なっている。まず，法令では，決算に関し，承認と報告が必要とされているが，寄附行為例では，予算とともにあらかじめ意見を聴く項目となっている。これは，平成29年4月2日以降開始事業年度から適用になる法令の規定が上記規定であり，現在の寄附行為例は，平成28年9月1日施行分の改正だけを反映したものとなっているためであり，当該時点の法令では，「理事長は，毎会計年度終了後三月以内に，決算及び事業の実績を評議員

会に報告し，その意見を求めなければならない（医法46の4の6）」となっているためである。また，法令では，借入金そのものとなっているが，寄附行為例では最高限度額となっている。これは，別項目ではなく，借入の意見聴取とは，個別の借入についてまで行う必要はなく，最高限度額でよいという解釈がなされていると理解して良いと考える。

　社会医療法人の寄附行為例では，「次の事項は，評議員会の議決を経なければならない」として，以下の項目を掲げた上で「その他重要な事項についても，評議員会の議決を経ることができる」と規定している。

(1) 寄附行為の変更
(2) 基本財産の設定及び処分（担保提供を含む）
(3) 毎事業年度の事業計画の決定又は変更
(4) 財産の取得又は改良に充てるための資金の保有額の決定及び取崩し
(5) 将来の特定の事業の計画及び変更並びに特定事業準備資金の積立額の決定及び取崩し
(6) 収支予算及び決算の決定又は変更
(7) 重要な資産の処分
(8) 借入金額の最高限度額の決定
(9) 理事及び監事並びに評議員に対する報酬等の支給の基準の決定及び変更
(10) 本財団の解散
(11) 他の医療法人との合併若しくは分割に係る契約の締結又は分割計画の決定

　特定医療法人の寄附行為例では，「次の表の左欄に掲げる事項は，それぞれ右欄に掲げる時期に開催する評議員会の同意を得なければならない」として，以下の項目を掲げている。

1　翌年度の事業計画及び収支予算の決定
2　翌年度中の借入金額の最高限度額の決定
3　前年度決算の決定
4　寄附行為の変更
5　基本財産の設定及び処分（担保提供を含む）
6　事業計画及び収支予算の重大な変更
7　本財団の解散

```
 8  理事及び監事の選任，辞任の承認
 9  附帯業務の関する事項
10  他の医療法人との合併
11  重要な契約の締結等理事長が必要と認めて付議する事項
```

なお，特定医療法人社団の定款例も，財団が社団，寄附行為が定款という用語になるだけで同一内容となっている。

（5） 定足数と議決の方法

寄附行為例では，定足数に関し，医療法第46条の4の4第1項の通りに「評議員会は，総評議員の過半数の出席がなければ，その議事を開き，決議することができない」と規定されている。なお，委任関係の本旨から，委任状出席，代理出席による議決権行使，書面による議決権行使はできない。テレビ会議等遠隔での出席は許されるが現実に議論できる会議に対して本人が出席することが必要である。医療法人の評議員会の場合は，理事会では可能な「みなし決議」はできないので，必要な場合は実際に会議を開催しなければならない。

議決の方法に関する寄附行為例の規定は以下の通りであり，いずれも法規定に整合している。

- ▶議事は，法令又はこの寄附行為に別段の定めがある場合を除き，出席した評議員の議決権の過半数で決し，可否同数のときは，議長の決するところによる。
- ▶議長は，評議員として議決に加わることができない。
- ▶評議員は，各一個の議決権及び選挙権を有する。
- ▶あらかじめ通知のあった事項のほかは議決することができない。ただし，急を要する場合は，この限りでない。
- ▶議事につき特別の利害関係を有する評議員は，当該事項につきその議決権を行使できない。

なお，過半数決議ではない法令定款の別段の定めとしては，定款の変更と合併又は分割が総評議員の3分の2の同意となっている点がある。

また，特定医療法人社団の定款例も，寄附行為が定款という用語になるだけで同一内容となっている。

(6) 議事録

寄附行為例では,「評議員会の議事については,法令で定めるところにより,議事録を作成する。」となっており,下記の項目が議事録に記載されることが必要である(医規31の4③)。

---

(1) 開催された日時及び場所(当該場所に存在しない理事,監事又は評議員が出席した場合における当該出席の方法を含む)
(2) 議事の経過の要領及びその結果
(3) 決議を要する事項について特別の利害関係を有する評議員があるときは,当該評議員の氏名
(4) 次のことについて,述べられた意見又は発言の内容の概要
・監事の選任若しくは解任又は辞任について,監事が述べた意見
・監事を辞任した者がその理由を述べた意見
・医療法人の業務又は財産に関し不正の行為又は法令若しくは寄附行為に違反する重大な事実があることを発見したことについて,監事が行った報告
・理事が評議員会に提出しようとする議案,書類,電磁的記録その他の資料を調査した結果,法令若しくは寄附行為に違反し,又は著しく不当な事項と認めたものについて,監事が行った報告
・監事の報酬等について監事が述べた意見
(5) 出席した評議員,理事又は監事の氏名
(6) 議長の氏名
(7) 議事録の作成に係る職務を行った者の氏名

議事録署名人は,法定されていないため,内部規程により,例えば議長と出席した評議員から数名を選定するといった運用をすることとなる。

議事録は,評議員会の日から10年間,主たる事務所に備え置かなければならず,評議員及び債権者は,医療法人の業務時間内は,いつでも,次に掲げる請求をすることができる。

イ 議事録が書面をもって作成されているときは,当該書面又は当該書面の写しの閲覧又は謄写の請求
ロ 議事録が電磁的記録をもって作成されているときは,当該電磁的記録に記録された事項を紙面又は映像面に表示する方法により表示したものの閲覧又は謄写の請求

11. 公認会計士等監査

　従来，公認会計士等（公認会計士又は監査法人）の監査は，社会医療法人債発行法人のみに義務付けられていたが，今般の医療法改正により，平成29年4月2日以降に開始する事業年度より，一定規模以上の医療法人についても対象となった。

　対象となる規模判定は，前年度の決算届をした損益計算書又は貸借対照表が，以下の金額となるかどうかで行う（医規33の2）。

- ▶負債合計額50億円以上又は事業収益合計額70億円以上
- ▶負債合計額20億円以上又は事業収益合計額10億円以上（社会医療法人の場合）

　なお，公益法人や社会福祉法人と異なり，機関としての会計監査人ではない。したがって，選任方法や任期等について法令又は定款・寄附行為に特段の定めはなく，通常の委任契約によることとなる。ただし，公認会計士法による利害関係の制限があるため，当該医療法人の役員等である公認会計士が当該監査をすることができないほか，業務上の関係や親族関係においても制限がある。

　また，規模判定が前年度決算金額を使用して行う関係上，新たに対象となった場合には，すでに監査対象となる会計年度が経過してしまっている。このため，対象となることが見込まれる場合には，早めの対処が必要となる。

第5節　医療法人の性格と会計組織・会計基準

1. 医療法人の性格と会計組織の設計

　運用指針（医療法人会計基準適用上の留意事項並びに財産目録，純資産変動計算書及び附属明細表の作成方法に関する運用指針；平成28年4月20日医政発0420第5号厚生労働省医政局長通知）では，「各医療法人における会計処理の方法の決

定について」として以下の通り記載されている。

> 　会計基準及び本運用指針は，医療法人で必要とされる会計制度のうち，法人全体に係る部分のみを規定したものである。医療法人は，定款又は寄附行為の規定により様々な施設の設置又は事業を行うことが可能であり，当該施設又は事業によっては会計に係る取扱いが存在することがある。そのため，医療法人の会計を適正に行うためには，各々の医療法人が遵守すべき会計の基準として，当該施設又は事業の会計の基準（明文化されていない部分については，一般に公正妥当と認められる会計の基準を含む。）を考慮した総合的な解釈の結果として，各々の医療法人において，経理規程を作成する等により，具体的な処理方法を決定しなければならない。

　このように医療法人会計基準が制定されたが，医療法人の会計のすべてを規定したものではないので，これだけで会計の仕組みを設計することはできない。すなわち，病院会計準則が不要になるわけではなく，両者は，別の対象と目的をもって両立することとなる。

　医療法人の業務は，本来業務，附帯業務，収益業務に区分され，本来業務の中に病院，診療所，介護老人保健施設の運営がある。医療法人会計基準は，外部公表される前提の医療法人全体の計算書類の作成のための基準で，「財務会計目的のもの」と言える。病院会計準則は，法人の一部である病院単位の財務状況を示すための基準で，統計処理される指標の源となる数値となるための共通の約束ごとであり，また，状況に応じて個別目的で入手した他の病院との比較分析を共通の土俵で行うことを可能とするものとなっている。この意味で，「管理会計目的のもの」と言える。このように，医療法人会計基準は，あくまでも病院会計準則の存在を前提として，別の目的で制定されたものとなっており，一法人一診療所であったとしても，医療法人会計基準と病院会計準則の双方を参考として会計システムを設計する必要がある。もちろん，複数の施設又は事業を運営する法人の場合には，病院等の施設別に貸借対照表と損益計算書を作成でき，さらに全体を合算して医療法人会計基準に適合したものが作成できるものにする必要がある。

　なお，管理会計目的では，病院会計準則が対象としている単独の病院又は診

療所が必ずしも最小単位となるわけではなく，部門別計算や原価計算を導入することも考慮に入れる局面が出てくることが想定される。

2. 医療法人会計基準の位置づけ

運用指針（医療法人会計基準適用上の留意事項並びに財産目録，純資産変動計算書及び附属明細表の作成方法に関する運用指針：平成28年4月20日医政発0420第5号厚生労働省医政局長通知）により，医療法人会計基準に関し，以下の通り整理された。

> 平成27年9月28日に公布された医療法の一部を改正する法律（平成27年法律第74号）により改正された医療法（昭和23年法律第205号。以下「法」という）第51条第2項の規定に基づき，医療法人会計基準（平成28年厚生労働省令第95号。以下「会計基準」という）が本日公布され，平成29年4月2日から施行されることとなり，同日以後に開始する会計年度に係る会計について適用されることとなったところである。
>
> この会計基準が適用される医療法人が，貸借対照表等を作成する際の基準，様式等について，下記のとおり運用指針として定めることにしたので，ご了知の上，所管の医療法人に対して周知されるようお願いする。
>
> なお，医療法人会計基準について（平成26年3月19日医政発0319第7号）については，従前通りの取扱いとする。

医療法第51条第2項では，「医療法人（その事業活動の規模その他の事情を勘案して厚生労働省令で定める基準に該当する者に限る）は，厚生労働省令で定めるところにより，前項の貸借対照表及び損益計算書を作成しなければならない。」とされており，これを受けて医療法人会計基準省令が制定され，その第1条に「医療法（昭和23年法律第205号。以下「法」という）第51条第2項に規定する医療法人（以下「医療法人」という）は，この省令で定めるところにより，貸借対照表及び損益計算書（以下「貸借対照表等」という）を作成しなければならない。ただし，他の法令に規定がある場合は，この限りでない」となっている。また，医療法施行規則第33条の2に以下のように適用法人の範

囲が規定されている。

> 　法第51条第2項の厚生労働省令で定める基準に該当する者は，次の各号のいずれかに該当する者とする
> ① 　最終会計年度（事業報告書等につき法第51条第6項の承認を受けた直近の会計年度をいう。以下この号及び次号において同じ。）に係る貸借対照表の負債の部に計上した額の合計額が50億円以上又は最終会計年度に係る損益計算書の事業収益の部に計上した額の合計額が70億円以上である医療法人
> ② 　最終会計年度に係る貸借対照表の負債の部に計上した額の合計額が20億円以上又は最終会計年度に係る損益計算書に事業収益の部に計上した額の合計額が10億円以上である社会医療法人
> ③ 　社会医療法人債発行法人である社会医療法人

このように，法令の規定が若干複雑になっているため，医療法人の側から適用を整理すると以下のようになる。
① 　社会医療法人債発行法人
　社会医療法人債を発行する法人は，医療法人会計基準省令の適用対象となっているが，従来から別の省令「社会医療法人債を発行する社会医療法人の財務諸表の用語，様式及び作成方法に関する規則：平成19年3月30日厚生労働省令第38号」が適用されており，引き続きこの省令（社財規）の適用もある。医療法人会計基準省令は処理基準が中心であり，社財規は表示基準という位置づけで両立しており，社財規の内容は純資産の表示を中心に今般の医療法人会計基準省令に合致するように改正されている。なお，両省令が異なる部分については，社財規が優先される。
② 　①以外の規模基準に該当する法人
　負債50億円（社会医療法人の場合は20億円）以上又は事業収益70億円（社会医療法人の場合は10億円）の法人は，医療法人会計基準省令の適用対象となる。医療法の規定が事業報告書等のうちの計算書類すべてではなく，貸借対照表と損益計算書に限定して「省令で定めるところにより」とされた関係上，他の計算書類に関する部分や省令の解釈で対処する部分について運用指針が制定しているので，これをあわせて会計基準として実務適用するこ

③　①②以外の法人

　規模基準に達していない法人は，法令上は会計基準省令の適用対象となっていない。しかし，運用指針において，従来どおり四病協医療法人会計基準の奨励通知はそのままの取り扱いとなっているように，任意適用はもちろんのこと，他に適当な指針がない純資産の部については，事実上実務適用することとなる。なお，届出様式についても，純資産の部について会計基準に合致したものに改正されている。

3. 病院会計準則の取扱い

　病院会計準則は，開設主体の如何を問わず施設としての病院に対して適用される会計処理の基準であり，開設主体の異なる各種の病院の財政状態及び運営状況を体系的，統一的に捉え，開設主体横断的に会計情報の比較可能性を確保することを期待するものである。したがって，開設主体の会計基準がすべて同じ土俵に乗っていない限り，開設主体の特徴を踏まえた各会計基準との完全整合は不可能で，そこに不整合部分が生じている。このため，病院会計準則で作成する計算書類と医療法人会計基準で作成する計算書類が，法人全体か法人の一部かという範囲の違いだけではなく，相異点が生じている。

　相異がある項目の調整方法は，病院会計準則適用ガイドライン（平成16年9月10日医政発第0910002号厚生労働省医政局長通知）で，以下のように示されている。

　▶病院会計準則に準拠した財務諸表を別途作成する。
　▶精算表を利用して組みかえる。
　▶開設主体の会計基準に従った財務諸表に，病院会計準則との違いを明らかにした情報を「比較のための情報」として注記する。

　ただし，当該通知が発せられた時点で，医療法人会計基準は制定されていないため，四病協の「検討報告書」では，「病院会計準則適用ガイドラインについて」という章を設けて，この点について解説している。当該検討報告書は，

医療法人会計基準省令の基礎となったものなので，作成基準としての内容に違いはない。この検討報告書を踏まえて，相異点について実務的にどのようにするのが良いかを主要な項目について整理すると以下の通りとなる。

① 損益計算書の区分

病院会計準則では，医業外損益とされている付随的な収益費用を事業損益にしなければならない。施設別の管理目的を考えると全体集計をするに当たって，事業収益又は事業費用に組替える。

② 消費税の会計処理

病院会計準則では税抜方式に統一しているが，医療法人会計基準では，税抜方式・税込方式の選択適用が認められている。この方式の組替えを正確に行うのは実務上困難なので，両方を満足させようと思えば税抜方式を採用せざるを得ない。ただし，医療法人会計基準の適合性の問題ではないので，税込処理の適用ができないということではない。

③ 補助金の会計処理

会計基準では，「固定資産の取得に係る補助金等は，直接減額方式又は積立金経理により圧縮記帳し，運営費補助金のように補助対象となる支出が事業費に計上されるものについては，当該補助対象の費用と対応させるため，事業収益に計上する。」とされている。このうち運営費補助金については，上述した①の問題として対処する。施設設備に係る補助金につき，病院会計準則で規定されている「負債に計上した上で，減価償却に応じて医業外収益に計上する」と貸借対照表にも影響する違いとなる。この項目は，振替でも対応できるが，むしろ病院単位の財務諸表でも圧縮記帳した損益計算書と貸借対照表を作成して，各段階利益と貸借対照表の各区分における病院会計準則前提との違いの数値を把握して病院単位の統計調査等に対処するほうが面倒がないと考えられる。

4. その他の会計の基準

本来業務のうち，診療所は病院会計準則を適用するのが管理会計上望ましい

ので，病院と同様の会計処理をして，上記のような振替等も同様に行うのが適当である。介護老人保健施設の場合は，別に会計準則があり，改正前の病院会計準則に類似した体系になっている。しかし，改正しない理由が介護老人保健施設の特徴によるものではないため，収益と費用の一部の勘定科目について介護老人保健施設会計・経理準則を参照して設定しつつ，仕組みや会計処理自体は病院と同様の取扱いとすることで実務対応する。

附帯業務や社会医療法人の収益業務の種々の事業についても，特に収益科目について他の会計基準等を参照して適宜追加し，販売や製造が生じる事業については，病院会計準則では売上原価や製造費用に関する勘定科目は用意されていないので，これらの科目を追加するというやり方で，病院と横並びの仕組みで対処することで適合する。

5. 収益業務の区分経理

医療法第42条第3項で「収益業務に関する会計は，当該社会医療法人が開設する病院又は診療所又は介護老人保健施設（指定管理者として管理する病院等を含む）の業務及び前条各号に掲げる業務に関する会計から区分し，特別の会計として経理しなければならない」と規定されている。また，医療法第54条の2第2項で「前項の社会医療法人債を発行したときは，社会医療法人は，当該社会医療法人債の発行収入金に相当する金額を第42条の2第3項に規定する特別の会計に繰り入れてはならない」と規定されている。また，運用指針では，以下の通り規定されている。

> 法第42条の2第3項において，「収益業務に係る会計は，本来業務及び附帯業務に関する会計から区分し，特別の会計として経理しなければならない」とされている。したがって，貸借対照表及び損益計算書（以下「貸借対照表等」という。）は，収益業務に係る部分を包含しているが，内部管理上の区分においては，収益業務に固有の部分について別個の貸借対照表等を作成することとする。なお，当該収益業務会計の貸借対照表等で把握した金額に基づいて，収益業務会計から一般会計への繰入金の状況（一般会計への繰入金と一般会計からの元入金の

> 累計額である繰入純額の前期末残高，当期末残高，当期繰入金額又は元入金額）並びに資産及び負債のうち収益業務に係るものの注記をすることとする。

　このように表示は一部のみとなっているものの，「特別の会計」となれば，会計システムのレベルでは，フロー情報だけではなくストック情報も含めて収益事業部分のものを別途作成できる仕組みが必要となる。しかし，会計区分について注目すべき箇所は，損益計算書において「本部費」が本来業務区分にのみ掲載されていること，貸借対照表において「収益業務に係る固有の」とされていることであり，共通的に発生するものについて按分によって計上する必要はなく，あくまで，固有のもの，換言すれば，もし，廃止した場合には無くなるもののみを収益事業の特別の会計に計上すれば足りることになる。また，法人税上の収益事業と医療法上の収益業務の範囲は，必ずしも一致しない。この意味で，後述する所得計算のために共通費を配分することを前提とした法人税上の区分経理とは混同しないようにしなければならない。

第2章 医療法人の設立における会計と税務

第1節　社団医療法人

1. 設立要件と手続の概要

　医療法人の設立にあたっては，都道府県知事の認可を受け（医法44），設立の登記をすることにより成立（医法46）する。

　平成19年4月に施行された第五次医療法改正により，持分の定めのない社団医療法人または財団医療法人（その他の医療法人）しか設立できなくなった。

　社団医療法人の設立者から，認可申請が認可権者（厚生労働大臣及び都道府県知事）に提出された場合，その申請にかかる医療法人について，①その業務を行うに必要な資産を有しているか，②その定款の内容が法令の規定に違反していないかどうかを審査したうえで，その認可を決定しなければならない（医法45）。

　なお，社団たる医療法人は，社員総会，理事，理事会及び監事を置かなければならない（医法46の2）。

（1）資産要件

　従来，資産要件として定められてきた自己資本比率は廃止されたが，開設する病院，診療所又は老人保健施設に必要な施設，設備又は資金を有しなければならい。

ただし、施設又は設備は医療法人が所有することが望ましいが、長期間の賃貸借契約で確実なものであると認められる場合は、その資産要件を満たしている。

認可するに当たり、都道府県によっては一定期間の医療施設の経営実績があることが望ましいとされるが要件とされることはない。ただし、原則として2カ月以上の運転資金を持つことが必要である。また設立者に対し、現物拠出すべき財産が医療法人にとって不可欠なものであるときは、その財産の取得によって生じた負債は医療法人が引き継ぐことは可能であるが、従前の所有者が負うべきもの又は医療法人の健全な管理、運営に支障をきたす恐れのあるものは、医療法人の負債として引き継げない。

(2) 定　款

社団たる医療法人を設立しようとする者は、定款をもつて、少なくとも次に掲げる事項を定めなければならない（医法44）。

1. 目的
2. 名称
3. その開設しようとする病院、診療所又は介護老人保健施設の名称及び開設場所
4. 事務所の所在地
5. 資産及び会計に関する規定
6. 役員に関する規定
7. 理事会に関する規定
8. 社員総会及び社員たる資格の得喪に関する規定
9. 解散に関する規定
10. 定款の変更に関する規定
11. 公告の方法

このほか、設立当初の役員は、定款をもつて定めなければならない。

また、解散した場合の残余財産の帰属すべき者は、国若しくは地方公共団体又は公的医療機関、財団医療法人、持分の定めのない社団医療法人から選定されるようにしなければならない。

従前、上記記載事項を網羅した定款例であるが、「医療法人の機関について

(各都道府県知事宛平成28年3月25日医政発第0325第3号厚生労働省医政局長通知)」の(別添1)社団医療法人の定款例(「医療法人制度について」(平成19年医政発第0330049号)別添1)の一部改正による改正後の社団医療法人の定款例でも,図表2.1.1の通り上記記載事項を網羅した内容となっている。

図表2.1.1　社団医療法人の定款例の章立て

第1章	名称及び事務所
第2章	目的及び事業
第3章	資産及び会計
第4章	社員
第5章	社員総会
第6章	役員
第7章	理事会
第8章	定款の変更
第9章	解散,合併及び分割
第10章	雑則

(3) 設立認可申請書

社団医療法人設立の認可を受けようとする者は,申請書に次の書類を添付して,その主たる事務所の所在地を管轄する都道府県知事に提出しなければならない(医規31)。

[添付書類]
1. 定款
2. 設立当初において当該医療法人に所属すべき財産の財産目録
3. 設立決議書
4. 不動産その他の重要な財産の権利の所属についての登記所,銀行等の証明書類
5. 当該医療法人の開設しようとする病院,法第39条第1項に規定する診療所又は介護老人保健施設の診療科目,従業員の定員並びに敷地及び建物の構造設備の概要を記載した書類(既に法第7条の規定に基づき許可を受け,または法第8条の規定に基づき届出をした病院または診療所を経営することを目的とする医療法人の設立認可の申請の場合は,様式例を参照すること)
6. 法第42条第4号又は第5号の附帯業務を行おうとする医療法人にあっては,

当該業務に係る施設の職員，敷地及び建物の構造設備の概要並びに運営方法を記載した書類
7. 設立後2年間の事業計画及びこれに伴う予算書
8. 設立者の履歴書
9. 設立代表者が適法に選任されたこと及びその権限を証明する書類
10. 役員の就任承諾書及び履歴書
11. 開設しようとする病院，診療所又は介護老人保健施設の管理者となるべき者の氏名を記載した書面，及び管理者の医師免許証等の写し

このほか，設立趣意書や役員および社員名簿も提出を求められる。

2. 設立に係る会計処理

前述した通り，平成19年4月に施行された第五次医療法改正により，社団医療法人は持分の定めのない社団医療法人しか設立できなくなった。

医療法人の基盤とするための資金の拠出は，基金制度を有する社団医療法人の場合には基金の拠出により行われる。それ以外の医療法人の場合には，寄附金によることとなる。

（1） 基金制度

持分の定めのない社団医療法人は，資金調達手段として定款に定めることで，基金を引き受ける者を募集することが可能となった。

基金とは，社団医療法人に拠出された金銭その他の財産で，解散または退社時に拠出者に対し拠出額を限度として返還義務を負うものである。拠出された財産が金銭以外の財産の場合には，拠出時の当該財産の価額に相当する金銭の返還義務となる。

基金制度は，剰余金の分配を目的としない医療法人の基本的性格を維持しつつ，その活動の原資となる資金を調達し，その財産的基礎の維持を図るための制度である。

基金の性格は，もちろん出資とは異なる。借入金に近い性質を持っている

が，利息を付して返還することはできない。したがって，基金の総額は，貸借対照表の負債の部に計上するのではなく，純資産の部に「基金」の科目をもって表示しなければならない。

基金制度を採用する場合には，社団医療法人の定款例に「基金」の章を追加することで図表2.1.2のようになる。

図表2.1.2　社団医療法人（基金拠出型）の定款例の章立て

第1章	名称及び事務所
第2章	目的及び事業
第3章	基金
第4章	資産及び会計
第5章	社員
第6章	社員総会
第7章	役員
第8章	理事会
第9章	定款の変更
第10章	解散，合併及び分割
第11章	雑則

① 基金の拠出があった場合

　　（借）　現金預金他　×××　（貸）　基　金　×××

基金として受け入れた金額は，損益計算に影響しないため，純資産の部の「基金」に直接計上する。

② 持分の定めのない医療法人を寄附により設立した場合

　　（借）　現金預金他　×××　（貸）特別利益：受取寄附金　×××
　　（借）　損　　益　　×××　（貸）設立等積立金　　×××

持分の定めのない社団医療法人の設立時の寄附は，資本取引に準ずるものとして損益計算書を経由させずに直接純資産の部の「積立金」に計上するということも考えられるが，資本取引でない以上，いったん収益計上して当期純利益に反映させた上で，剰余金処分の形態により寄附金額と同額を「設立等積立金」とする。

（2） 個人診療所等からの医療法人への移行

医療法人は、開設する医療施設の業務を行うために必要な施設、設備等資産を有している必要があり、設立するにあたりそれに見合った財産を拠出又は寄附する必要がある。

医療法人を開設し運営するにあたり必要な財産は「基本財産」と「通常財産」との2つに分類され、定款例では「不動産、運営基金等重要な資産は、基本財産とするこが望ましい」とされている。

すなわち、「基本財産」とは、土地、建物等の不動産などの重要な財産をいい、「通常財産」とは基本財産以外の財産をいう。

医療法人を設立し新規に医療施設を開設する場合、基本財産及び通常財産すべての取得に必要な現金預金等の財産を拠出又は寄附する必要となる。

一方、診療所等を個人で開設したのち医療法人へ移行する場合には、現物拠出すべき財産が医療用器械備品など医療法人にとって不可欠なものであるときは、その財産の取得時によって生じた負債は医療法人が引き継ぐことは可能となる。

ただし、拠出できる財産の範囲については開設する都道府県への確認が必要となる。例えば、医薬品など棚卸資産の拠出は東京都では認められていないが、隣接する神奈川県では認められている。

（3） 設立当初において医療法人に拠出又は寄附する正味財産の調整

個人で開設している診療所等を医療法人へ移行する場合に、不動産や医療用器械備品など財産のうち現物拠出又は寄附しなければならないもの、逆にしてはならないものがどれかを都道府県に確認しながら移行する財産債務の調整を図る必要がある。図表2.1.3が総括イメージとなるが、具体的には内訳の明細をさらに個別に確認し調整する。

（4） 設立当初において医療法人に所属すべき財産の財産目録

拠出又は寄附する財産の調整ののち、設立当初において医療法人に所属すべき財産の財産目録を作成し設立申請書に添付提出する（図表2.1.4参照）。

図表 2.1.3　医療法人へ拠出又は寄附する財産債務の調整

(単位：千円)

内訳	価額	個人に残留	拠出又は寄附
土地	100,000		100,000
建物	50,000		50,000
医療機械	10,000		10,000
什器備品	4,000		4,000
車輌	7,000	5,000	2,000
棚卸資産	3,000		3,000
現金預金	30,000	10,000	20,000
財産合計	204,000	15,000	189,000
借入金（運転資金用）	20,000	20,000	0
借入金（事業資産用）	60,000		60,000
買掛金	3,000		3,000
未払金	5,500	3,500	2,000
債務合計	88,500	23,500	65,000
正味財産（純資産）	115,500	△8,500	124,000

（注）　東京都など棚卸資産を拠出又は寄附してはいけない場合，それに対応する買掛金などの債務ももちろん引き継げないことに留意する。

3. 設立に係る課税関係

　基金の拠出は平成 21 年 4 月 24 日大阪国税局審理課長名での文書回答事例「基金拠出型の社団医療法人における基金に関する法人税及び消費税の取扱いについて」において会社法，会社計算規則及び医療法，医療法施行規則等の検討の結果「基金の総額及び代替基金は，出資金の額と同様に，貸借対照表の純資産の部に「基金」及び「代替基金」の科目をもって計上することが定められていることから，税務上も出資金の額に該当するとも考えられます。(中略)一方，持分の定めのない社団医療法人は，拠出者に対して基金の返還義務を負っているとともに，基金は破産手続開始の決定を受けた場合，拠出者において約定劣後破産債権とされることから，債務と同様の性質を有しているものと認められます。したがって，基金の拠出者にとって，基金への拠出額は，出資金

図表2.1.4 設立当初において医療法人に所属すべき財産の財産目録

```
              （平成    年    月    日現在）
        1. 資産額                              円
        2. 負債額                              円
        3. 純資産額                            円
(内訳)
```

科目	金額（単位：円）
A. 基本財産 　　土地 　　建物	
B. 通常財産 　　流動資産 　　　　現金預金 　　有形固定資産 　　　　土地 　　　　建物 　　　　医療用器械備品 　　　　什器・備品 　　　　その他の有形固定資産 　　その他 　　　　保証金（建物など）	
資産合計	
負債合計	
純資産	

の額には該当しないものと考えられます」とある。すなわち，貸借対照表の表示上は純資産の部に計上するものの債務と同様の性質を持っている。

したがって損益取引には該当しないため，拠出する拠出者及び拠出される医療法人ともに原則として課税問題は生じない。

また，医療法人がその設立について贈与又は遺贈を受けた金銭の額又は金銭以外の資産の価額は，その医療法人の各事業年度の所得の金額の計算上，益金の額に算入しない（法法136の3）ため，基金拠出型ではない持分のない社団医療法人への寄附についても受け入れる医療法人への課税問題は生じない。

ただし，拠出又は寄附する財産がいくらの価値を持っているかを判断する必

要がある。現金預金はそのままの価値のため税務上問題は生じないがそれ以外の財産はそれぞれ適正な時価で拠出しなければ拠出者に対し課税問題が生じることがある。

例えば、仮に医薬品等の棚卸資産を通常の販売価額のおおむね70％に満たない価額で現物拠出又は寄附すると時価によって譲渡したものとして拠出者に対し事業所得の課税が生じる。また、土地や建物といった不動産については時価の2分の1に満たない価額で現物拠出した場合、税務上は時価による譲渡があったものとして譲渡所得の課税が生じる。ただし、実際には不動産の場合、かなりの都道府県で不動産鑑定士による鑑定評価書に基づいた時価評価が必要となり、医療用器械備品や什器備品など減価償却資産の場合には、基準日における減価償却後の帳簿価額をもって評価した価額で申請書に記載するため都道府県のチェック対象となっている。

なお、その際、基金に拠出する現物拠出の価額の合計額が500万円を超える場合には、その価額につき相当である旨の弁護士、弁護士法人、公認会計士、監査法人、税理士又は税理士法人による証明が必要となる（「医療法人の基金について：各都道府県知事宛平成19年3月30日医政発第0330051号最終改正平成28年3月25日医政発第0325第3号厚生労働省医政局長通知」第2基金の手続の7)）。

第2節　財団医療法人

1. 設立要件と手続の概要

財団医療法人の設立者から、認可申請が認可権者（厚生労働大臣及び都道府県知事）に提出された場合、その申請にかかる医療法人について、①その業務を行うに必要な資産を有しているか、②その寄附行為の内容が法令の規定に違反していないかどうかを審査したうえで、その認可を決定しなければならない（医法45）。

なお，財団たる医療法人は，評議員，評議員会，理事，理事会及び監事を置かなければならない（医法46の2）。

（1） 資産要件

社団たる医療法人における資産要件と同様である。

また設立者に対し，寄附すべき財産が医療法人にとって不可欠なものであるときは，その財産の取得によって生じた負債は医療法人が引き継ぐことは可能であるが，従前の所有者が負うべき者又は医療法人の健全な管理，運営に支障をきたす恐れのあるものは，医療法人の負債として引き継げない。

（2） 寄附行為

社団たる医療法人が定款をもって定めなければならない事項と同様に，財団たる医療法人を設立しようとする者は，寄附行為をもつて，少なくとも次に掲げる事項を定めなければならない（医法44）。

1.～7. 社団たる医療法人と同じ
8. 評議員会及び評議員に関する規定
9. 解散に関する規定
10. 寄附行為の変更に関する規定
11. 公告の方法

このほか，設立当初の役員は，寄附行為をもつて定めなければならない。また，解散した場合に残余財産の帰属すべき者に関する規定も社団たる医療法人と同様である。

なお，財団たる医療法人を設立しようとする者が，その名称，事務所の所在地又は理事の任免の方法を定めないで死亡したときは，都道府県知事は，利害関係人の請求により又は職権で，これを定めなければならない。

従前，社団医療法人の定款例同様，財団医療法人の寄附行為例でも，図表2.2.1の通り上記記載事項を網羅した内容となっている。

図表2.2.1　財団医療法人の寄附行為例の章立て

第1章	名称及び事務所
第2章	目的及び事業
第3章	資産及び会計
第4章	評議員
第5章	評議員会
第6章	役員
第7章	理事会
第8章	寄附行為の変更
第9章	解散，合併及び分割
第10章	雑則

（3）　設立認可申請書

財団医療法人設立の認可を受けようとする者は，申請書に次の書類を添付して，その主たる事務所の所在地を管轄する都道府県知事に提出しなければならない（医規31）。

［添付書類］
 1. 寄附行為
 2. 〜11. 社団たる医療法人と同じ

このほか，設立趣意書や役員および評議員名簿も同様に提出を求められる。

2. 設立に係る会計処理

財団医療法人の設立時の寄附金の法人税非課税の位置づけが平成20年度税制改正により，資本等の金額から，通常の収益を前提としつつ特段の定めによる益金不参入に変更された。

そのため，財団医療法人の設立時の寄附は，持分のない社団医療法人と同様に，資本取引に準ずるものとして損益計算書を経由させずに直接純資産の部の「積立金」に計上するということも考えられるが，資本取引でない以上，いっ

たん収益計上して当期純利益に反映させた上で，剰余金処分の形態により寄附金額と同額を「設立等積立金」とする。

＜財団医療法人を設立した場合の寄附金の処理＞

　　　（借）　現金預金他　　×××　（貸）特別利益：受取寄附金　×××
　　　（借）　損　益　　　　×××　（貸）設立等積立金　　　　　×××

3. 設立に係る課税関係

　医療法人がその設立について贈与又は遺贈を受けた金銭の額又は金銭以外の資産の価額は，その医療法人の各事業年度の所得の金額の計算上，益金の額に算入しない（法法136の3）ため，財団医療法人への寄附についても受け入れる医療法人への課税問題は生じない。

　ただし，寄附者の相続税等不当減少に係る法人に対する贈与税課税の問題は生じる（第4章第5節(2)参照）。

　また，医薬品等の棚卸資産を通常の販売価額のおおむね70％に満たない価額で寄附した場合の寄附者への事業所得の課税や，不動産を時価の2分の1に満たない価額で寄附した場合の譲渡所得の課税も社団医療法人の場合と同様に生じる。

第3章 医療法人の運営における会計と税務

第1節　事業報告書等の種類と作成・開示

1. 事業等報告制度の概要

　医療法人の会計事項を中心とした報告制度に関する医療法の規定は，以下の項目が定められている。
- ▶会計の基準の取り扱い（医法50）
- ▶会計帳簿の作成と保存（医法50の2）
- ▶事業報告書等の作成・承認と監査（医法51，医法51の2）
- ▶事業報告書等の公告（医法51の3）
- ▶事業報告書等の閲覧（医法51の4）
- ▶事業報告書等の所轄庁への届出と所轄庁での閲覧（医法52）

　これらの規定を受けて，省令及び通知でその内容が定められているが，医療法人の類型により，作成すべき事業報告書等の範囲や準拠すべき作成基準や様式が異なるほか，開示についても異なった取り扱いとなってる点で，他の法人類型と比較して複雑な制度となっている。この観点から類型別に整理すると以下の通りとなる。

（1）社会医療法人債発行法人

　社会医療法人債発行法人が作成しなければならない事業報告書等は，事業報告書，財産目録，貸借対照表，損益計算書，関係事業者との取引の状況に関す

る報告書，純資産変動計算書，キャッシュ・フロー計算書，附属明細表及び社会医療法人要件該当説明書類である。作成した事業報告書等はすべて監事の監査を受ける必要があり，監事監査報告書とともに，閲覧に供し，都道府県知事への届出をすることとなる。公認会計士等監査の対象となるものは，当該社会医療法人が公募等による発行で金融商品取引法の有価証券届出書（及び有価証券報告書）の作成が義務付けられている場合は，財産目録，貸借対照表，損益計算書，純資産変動計算書，キャッシュ・フロー計算書及び附属明細表となるが，それ以外の場合には，財産目録，貸借対照表及び損益計算書となる。なお，公認会計士等の監査報告書も閲覧・届出の対象となる。公告が必要なのは，貸借対照表と損益計算書である。

　財産目録，貸借対照表，損益計算書，純資産変動計算書，キャッシュ・フロー計算書及び附属明細表の作成に当たっては，「社会医療法人債を発行する社会医療法人の財務諸表の用語，様式及び作成方法に関する規則（平成19年3月30日厚生労働省令第38号）」（以下，「社財規」と略称）に準拠しなければならない。

（2）　一定規模以上の社会医療法人

　前会計年度の決算書における事業収益合計額10億円以上又は負債合計額20億円以上の社会医療法人が，作成しなければならない事業報告書等は，事業報告書，財産目録，貸借対照表，損益計算書，関係事業者との取引の状況に関する報告書，純資産変動計算書，附属明細表及び社会医療法人要件該当説明書類である。作成した事業報告書等はすべて監事の監査を受ける必要があり，監事監査報告書とともに，閲覧に供し都道府県知事への届出をすることとなる。公認会計士等監査の対象となるものは，財産目録，貸借対照表及び損益計算書となり，監査報告書は閲覧・届出の対象となる。公告が必要なのは，貸借対照表と損益計算書である。

　財産目録，貸借対照表，損益計算書，純資産変動計算書及び附属明細表の作成に当たっては，「医療法人会計基準（平成28年4月20日厚生労働省令第95号）」及び「医療法人会計基準適用上の留意事項並びに財産目録，純資産変動

計算書及び附属明細表の作成方法に関する運用指針（平成28年4月20日医政発0420第5号厚生労働省医政局長通知）」に準拠しなければならない。

（3） 一定規模未満の社会医療法人

上記①②以外の社会医療法人が，作成しなければならない事業報告書等は，事業報告書，財産目録，貸借対照表，損益計算書，関係事業者との取引の状況に関する報告書，純資産変動計算書，附属明細表及び社会医療法人要件該当説明書類である。作成した事業報告書等はすべて監事の監査を受ける必要があり，監事監査報告書とともに，閲覧に供し都道府県知事への届出をすることとなる。公告が必要なのは，貸借対照表と損益計算書である。

（4） 一定規模以上のその他の医療法人

前会計年度の決算書における事業収益合計額70億円以上又は負債合計額50億円以上の社会医療法人以外の医療法人が，作成しなければならない事業報告書等は，事業報告書，財産目録，貸借対照表，損益計算書，関係事業者との取引の状況に関する報告書，純資産変動計算書及び附属明細表である。作成した事業報告書等はすべて監事の監査を受ける必要があり，監事監査報告書とともに，閲覧に供し都道府県知事への届出をすることとなる。公認会計士等監査の対象となるものは，財産目録，貸借対照表及び損益計算書となり，監査報告書は閲覧届出の対象となる。公告が必要なのは，貸借対照表と損益計算書である。

財産目録，貸借対照表，損益計算書，純資産変動計算書及び附属明細表の作成に当たっては，「医療法人会計基準（平成28年4月20日厚生労働省令第95号）」及び「医療法人会計基準適用上の留意事項並びに財産目録，純資産変動計算書及び附属明細表の作成方法に関する運用指針（平成28年4月20日医政発0420第5号厚生労働省医政局長通知）」に準拠しなければならない。

（5） 一定規模未満のその他の医療法人

①から④に該当しない医療法人が，作成しなければならない事業報告書等

は，事業報告書，財産目録，貸借対照表，損益計算書及び関係事業者との取引の状況に関する報告書である．作成した事業報告書等はすべて監事の監査を受ける必要があり，監事監査報告書とともに，閲覧に供し，都道府県知事への届出をすることとなる．

2. 作成と開示に係る手順と日程

事業報告書等の作成と開示に関しては，法令により，以下の通り期限が決められている．

- ▶事業報告書等は，会計年度終了後2カ月以内に作成（医法51）
- ▶事業報告書等は監事監査終了後に，理事会の承認（医法51⑥）
- ▶監事は，事業報告書等の受領後4週間経過後の同一曜日まで（理事長と監事の合意により遅くすることは可）に監査報告書の内容を，理事長に通知（医規33の2の6）
- ▶理事会承認後の事業報告書等は，社団の場合は社員総会，財団の場合は評議員会の承認又は報告が必要（医法51の2）
- ▶当該社員総会又は評議員会の招集は，事業報告書等を添付し，開催日の5日前までに筒通知（医法51の2，医法46の3の2⑤）
- ▶事業報告書等と監査報告書は，当該社員総会又は評議員会の開催日の一週間前の日に，事務所に備え置き，一定の場合に閲覧に供する（医法51の4③）
- ▶事業報告書等と監査報告書は，会計年度終了後3カ月以内に都道府県知事に届出（医法52）
- ▶資産の総額（財産目録の純資産の額）を，会計年度終了後3カ月以内に登記（医法43 組合等登記令3）
- ▶一定の法人は，社員総会又は評議員会承認後の貸借対照表と損益計算書を，公告に供する（医法51の3）

なお，閲覧に供する一定の場合とは，正当な理由がある場合には拒絶することが可能なことと，社会医療法人以外は，対象者が社員若しくは評議員又は債権者に限定されることである．

また，公告が必要な一定の場合とは，社会医療法人である場合と，前会計年度損益計算書の事業収益合計が70億円以上又は前会計年度貸借対照表の負債

合計額が 50 億円以上の場合である。

　社員総会又は評議員会における承認と報告に関し法定事項として承認が必要なのは，貸借対照表と損益計算書であるが，定款例及び寄附行為例では，事業報告書等すべてとなっている。

　監事に加え公認会計士等の監査が必要な場合（社会医療法人債を発行，前会計年度損益計算書の事業収益合計が 10 億円以上又は前会計年度貸借対照表の負債合計額が 20 億円以上の社会医療法人と前会計年度損益計算書の事業収益合計が 70 億円以上又は前会計年度貸借対照表の負債合計額が 50 億円以上のその他の医療法人）は，上記の監事監査に係る事項に関して対象を財産目録，貸借対照表及び損益計算書に限定して，公認会計士等の監査がそのまま付加されることになる。

3. 事業報告書

　事業報告書に記載する項目について法令には特段の規定はないが，すべての医療法人が所轄庁に届出をする関係上，通知（「関係事業者との取引の状況に関する報告書の様式等について：医政支発 0420 第 2 号厚生労働省医政局医療経営支援課長通知」による「医療法人における事業報告書等の様式について：医政指発第 0330003 号厚生労働省医政局指導課長通知」の改正）によって，以下の通り様式が定められている。

様式 1

事　業　報　告　書
（自　平成○○年○○月○○日　至　平成○○年○○月○○日）

1　医療法人の概要
　（1）名　　称　　医療法人○○会
　　　　　　　　　① □ 財団　□ 社団（□ 出資持分なし　□ 出資持分あり）
　　　　　　　　　② □ 社会医療法人　□ 特定医療法人　□ 出資額限度法人
　　　　　　　　　　□ その他
　　　　　　　　　③ □ 基金制度採用　□ 基金制度不採用

注）①から③のそれぞれの項目（③は社団のみ。）について、該当する欄の□を塗りつぶすこと。（会計年度内に変更があった場合は変更後）
(2) 事務所の所在地　○○県○○郡（市）○○町（村）○○番地
注）複数の事務所を有する場合は、主たる事務所と従たる事務所を記載すること。
(3) 設立認可年月日　平成○○年○○月○○日
(4) 設立登記年月日　平成○○年○○月○○日
(5) 役員及び評議員

	氏　　名	備　　　　考
理事長	○○　○○	
理　事	○○　○○	
同	○○　○○	
同	○○　○○	○○病院管理者
同	○○　○○	○○病院管理者
同	○○　○○	○○診療所管理者
同	○○　○○	介護老人保健施設○○園管理者
監　事	○○　○○	
同	○○　○○	
評議員	○○　○○	医師（○○医師会会長）
同	○○　○○	経営有識者（○○経営コンサルタント代表）
同	○○　○○	医療を受ける者（○○自治会長）

注）1.「社会医療法人、特定医療法人及び医療法第42条の3第1項の認定を受けた医療法人」以外の医療法人は、記載しなくても差し支えないこと。
2. 理事の備考欄に、当該医療法人の開設する病院、診療所又は介護老人保健施設（医療法第42条の指定管理者として管理する病院等を含む）の管理者であることを記載すること（医法47①参照）。
3. 評議員の備考欄に、評議員の選任理由を記載すること（医法49④参照）。

2　事業の概要
(1) 本来業務（開設する病院、診療所又は介護老人保健施設（医療法第42条の指定管理者として管理する病院等を含む）の業務）

種　　類	施設の名称	開　設　場　所	許可病床数
病院	○○病院	○○県○○郡（市）○○町（村）○○番地	一般病床　　○○○床 療養病床　　○○○床 ［医療保険　　○○床］ ［介護保険　　○○床］ 精神病床　　　○○床 感染症病床　　○○床 結核病床　　　○○床
診療所	○○診療所 【○○市（町，村）から指定管理者として指定を受けて管理】	○○県○○郡（市）○○町（村）○○番地	一般病床　　○○○床 療養病床　　○○○床 ［医療保険　　○○床］ ［介護保険　　○○床］
介護老人保健施設	○○園	○○県○○郡（市）○○町（村）○○番地	入所定員　　○○○名 通所定員　　　○○名

注）1．地方自治法第244条の2第3項に規定する指定管理者として管理する施設については，その旨を施設の名称の下に【　　】書で記載すること。
　　2．療養病床に介護保険適用病床がある場合は，医療保険適用病床と介護保険適用病床のそれぞれについて内訳を［　　］書で記載すること。
　　3．介護老人保健施設の許可病床数の欄は，入所定員及び通所定員を記載すること。

(2)　附帯業務（医療法人が行う医療法第42条各号に掲げる業務）

種類又は事業名	実　施　場　所	備　　考
訪問看護ステーション○○	○○県○○郡（市）○○町（村）○○番地	
○○在宅介護支援センター 【○○市（町，村）から委託を受けて管理】	○○県○○郡（市）○○町（村）○○番地	

注）地方公共団体から委託を受けて管理する施設については，その旨を施設の名称の下に【　　】書で記載すること。

(3)　収益業務（社会医療法人又は医療法第42条の3第1項の認定を受けた医療法人が行うことができる業務）

種　　　類	実　施　場　所	備　　考
駐車場業	○○県○○郡（市）○○町（村）○○番地	
料理品小売業	○○県○○郡（市）○○町（村）○○番地	

(4)　当該会計年度内に社員総会又は評議員会で議決又は同意した事項
　　　平成○○年○○月○○日　　平成○○年度決算の決定
　　　平成○○年○○月○○日　　定款の変更
　　　平成○○年○○月○○日　　社員の入社及び除名

　　　　平成〇〇年〇〇月〇〇日　　　理事、監事の選任、辞任の承認
　　　　平成〇〇年〇〇月〇〇日　　　平成〇〇年度の事業計画及び収支予算の決定
　　　　　　　〃　　　　　　　　　　平成〇〇年度の借入金額の最高限度額の決定
　　　　　　　〃　　　　　　　　　　医療機関債の発行（購入）の決定
　　注）(5), (6)については、医療機関債を発行又は購入する医療法人が記載し、(7)以下については、病院又は介護老人保健施設を開設する医療法人が記載し、診療所のみを開設する医療法人は記載しなくても差し支えないこと。
(5) 当該会計年度内に発行した医療機関債
　　注）医療機関債の発行総額、申込単位、申込期間、利率、払込期日、資金使途、償還の方法及び期限を記載すること。なお、発行要項の写しの添付に代えても差し支えない。
　　　　医療機関債を医療法人が引き受けた場合には、当該医療法人名を全て明記すること。
(6) 当該会計年度内に購入した医療機関債
　　注）1．医療機関債を購入する医療法人は、医療機関債の発行により資産の取得が行われる医療機関と同一の二次医療圏内に自らの医療機関を有しており、これらの医療機関が地域における医療機能の分化・連携に資する医療連携を行っており、かつ、当該医療連携を継続することが自らの医療機関の機能を維持・向上するために必要である理由を記載すること。
　　　　2．購入した医療機関債名、発行元医療法人名、購入総額及び償還期間を記載すること。なお、契約書又は債権証書の写しの添付に代えても差し支えない。
(7) 当該会計年度内に開設（許可を含む）した主要な施設
　　　　平成〇〇年〇〇月〇〇日　　　〇〇病院開設許可（平成〇〇年開院予定）
　　　　平成〇〇年〇〇月〇〇日　　　〇〇診療所開設
　　　　平成〇〇年〇〇月〇〇日　　　訪問看護ステーション〇〇開設
(8) 当該会計年度内に他の法律、通知等において指定された内容
　　　　平成〇〇年〇〇月〇〇日　　　公害健康被害の補償等に関する法律の公害医療機関
　　　　平成〇〇年〇〇月〇〇日　　　小児救急医療拠点病院
　　　　平成〇〇年〇〇月〇〇日　　　エイズ治療拠点病院
　　注）全ての指定内容について記載しても差し支えない。
(9) その他
　　注）当該会計年度内に行われた工事、医療機器の購入又はリース契約、診療科の新設又は廃止等を記載する。（任意）

　なお、注書きにある通り、法人の内容によっては、記載を省略することができる項目がある。事業報告書は、監事監査の対象であるが、一定規模以上の法人であっても公認会計士等監査の対象とはならない。

4. 財産目録

財産目録に関し，医療法人会計基準運用指針25で，以下のように説明されている。

> 財産目録は，当該会計年度末現在におけるすべての資産及び負債につき，価額及び必要な情報を表示するものとする。
> 財産目録は，貸借対照表の区分に準じ，資産の部と負債の部に分かち，更に資産の部を流動資産及び固定資産に区分して，純資産の額を表示するものとする。
> 財産目録の価額は，貸借対照表記載の価額と同一とする。
> 財産目録の様式は，社会医療法人債を発行する社会医療法人の財務諸表の用語，様式及び作成方法に関する規則（平成19年厚生労働省令第38号。以下「社財規」という）が適用になる法人を除き，様式第三号によることとする。

この運用指針の様式は，以下の通り示されている（様式2参照）。

様式2

法人名 _____　　※医療法人整理番号 ☐☐☐☐
所在地 _____

財　産　目　録
（平成　年　月　日現在）

1. 資　産　額　　　　×××千円
2. 負　債　額　　　　×××千円
3. 純　資　産　額　　×××千円

（内　訳）　　　　　　　　　　　　　　　　　（単位：千円）

区　分		金　額
A　流　動　資　産		×××
B　固　定　資　産		×××
C　資　産　合　計	（A＋B）	×××
D　負　債　合　計		×××
E　純　資　産	（C－D）	×××

（注）　財産目録の価額は，貸借対照表の価額と一致すること。

> 土地及び建物について，該当する欄の☐を塗りつぶすこと。
> 　土　　　　地（☐ 法人所有　☐ 賃借　☐ 部分的に法人所有（部分的に賃借））
> 　建　　　　物（☐ 法人所有　☐ 賃借　☐ 部分的に法人所有（部分的に賃借））

なお，社会医療法人債発行法人は，社財規の様式によることとなるが，運用指針の財産目録の様式の土地建物の説明箇所がなく，財産目録本体に土地の面積を掲載するものとなっているだけで，大きな差異はない。

5. 貸借対照表

貸借対照表の作成に当たっては，一定規模以上の法人（前会計年度損益計算書の事業収益合計が10億円以上又は前会計年度貸借対照表の負債合計額が20億円以上の社会医療法人と前会計年度損益計算書の事業収益合計が70億円以上又は前会計年度貸借対照表の負債合計額が50億円以上のその他の医療法人）については，医療法人会計基準省令に従わなければならず，様式も示されている。なお，一定規模未満の法人は，医療法人会計基準省令に準拠することは法定されていないが，通知（「関係事業者との取引の状況に関する報告書の様式等について；医政支発0420第2号厚生労働省医政局医療経営支援課長通知」による「医療法人における事業報告書等の様式について；医政指発第0330003号厚生労働省医政局指導課長通知」の改正）によって，以下の通り様式が定められている（様式3-1，3-2参照）。

医療法人会計基準の様式と上記通知の様式の病院又は介護老人保健施設を開設する法人向けのものは同じものである。また，社会医療法人債を発行する法人が適用になる社財規の様式とも実質的な差異はない。ただし，金融商品取引法上の財務諸表として開示する貸借対照表は，その数字は医療法上の貸借対照表である様式第二号を基礎とするが，前事業年度分を左側に当事業年度分を右側に配列した2期比較で示し，大科目については，資産合計額（負債及び純資産合計額）に対する構成比を示す様式で作成する必要がある。

貸借対照表は，監事監査の対象となるほか，公認会計士等監査が法定されている法人の場合は，監査対象となる。

様式3-1

法人名　_____
所在地　_____

※医療法人整理番号 ☐☐☐☐

貸　借　対　照　表
（平成　　年　　月　　日現在）

（単位：千円）

資　産　の　部		負　債　の　部	
科　　　目	金　　額	科　　　目	金　　額
Ⅰ　流　動　資　産	×××	Ⅰ　流　動　負　債	×××
現　金　及　び　預　金	×××	支　払　手　形	×××
事　業　未　収　金	×××	買　　掛　　金	×××
有　価　証　券	×××	短　期　借　入　金	×××
た　な　卸　資　産	×××	未　　払　　金	×××
前　　渡　　金	×××	未　払　費　用	×××
前　払　費　用	×××	未　払　法　人　税　等	×××
繰　延　税　金　資　産	×××	未　払　消　費　税　等	×××
その他の流動資産	×××	繰　延　税　金　負　債	×××
Ⅱ　固　定　資　産	×××	前　　受　　金	×××
1　有形固定資産	×××	預　　り　　金	×××
建　　　　　物	×××	前　受　収　益	×××
構　　築　　物	×××	○　○　引　当　金	×××
医　療　用　器　械　備　品	×××	その他の流動負債	×××
その他の器械備品	×××	Ⅱ　固　定　負　債	×××
車　両　及　び　船　舶	×××	医　療　機　関　債	×××
土　　　　　地	×××	長　期　借　入　金	×××
建　設　仮　勘　定	×××	繰　延　税　金　負　債	×××
その他の有形固定資産	×××	○　○　引　当　金	×××
2　無形固定資産	×××	その他の固定負債	×××
借　　地　　権	×××	負　債　合　計	×××
ソ　フ　ト　ウ　ェ　ア	×××	純　資　産　の　部	
その他の無形固定資産	×××	科　　　目	金　　額
3　その他の資産	×××	Ⅰ　基　　　　　金	×××
有　価　証　券	×××	Ⅱ　積　　立　　金	×××
長　期　貸　付　金	×××	代　　替　　基　　金	×××
保有医療機関債	×××	○　○　積　立　金	×××
その他長期貸付金	×××	繰　越　利　益　積　立　金	×××
役職員等長期貸付金	×××	Ⅲ　評価・換算差額等	×××
長　期　前　払　費　用	×××	その他有価証券評価差額金	×××
繰　延　税　金　資　産	×××	繰　越　ヘ　ッ　ジ　損　益	×××
そ　の　他　の　固　定　資　産	×××		
		純　資　産　合　計	×××
資　産　合　計	×××	負債・純資産合計	×××

（注）1. 表中の科目について，不要な科目は削除しても差し支えないこと。また，別に表示することが適当であると認められるものについては，当該資産，負債及び純資産を示す名称を付した科目をもって，別に掲記することを妨げないこと。
　　　2. 社会医療法人及び特定医療法人については，純資産の部の基金の科目を削除すること。
　　　3. 経過措置医療法人は，純資産の部の基金の科目の代わりに出資金とするとともに，代替基金の科目を削除すること。

様式3-2

法人名 _____
所在地 _____

※医療法人整理番号 □□□□

貸借対照表
（平成　年　月　日現在）

（単位：千円）

資産の部		負債の部	
科目	金額	科目	金額
Ⅰ 流動資産	×××	Ⅰ 流動負債	×××
Ⅱ 固定資産	×××	Ⅱ 固定負債	×××
1 有形固定資産	×××	（うち医療機関債）	×××
2 無形固定資産	×××	負債合計	×××
3 その他の資産	×××	純資産の部	
（うち保育医療機関債）	×××	科目	金額
		Ⅰ 基金	×××
		Ⅱ 積立金	×××
		（うち代替基金）	(×××)
		Ⅲ 評価・換算差額等	×××
		純資産合計	×××
資産合計	×××	負債・純資産合計	×××

（注）経過措置医療法人は，純資産の部の基金の科目の代わりに出資金とするとともに，代替基金の科目を削除すること。

6. 損益計算書

損益計算書の作成に当たっては，一定規模以上の法人（前会計年度損益計算書の事業収益合計が10億円以上又は前会計年度貸借対照表の負債合計額が20億円以上の社会医療法人と前会計年度損益計算書の事業収益合計が70億円以上又は前会計年度貸借対照表の負債合計額が50億円以上のその他の医療法人）については，医療法人会計基準省令に従わなければならず，様式も示されている。なお，一定規模未満の法人は，医療法人会計基準省令に準拠することは法定されていないが，通知（「関係事業者との取引の状況に関する報告書の様式等について；医政支発0420第2号厚生労働省医政局医療経営支援課長通知」による「医療法人における事業報告書等の様式について；医政指発第0330003号厚生労働省医政局指導課長通知」の改正）により様式が定められている（様式4-1，4-2参照）。

様式4－1

法人名 ＿＿＿＿＿＿＿＿＿＿＿＿＿＿＿＿＿　　※医療法人整理番号 ☐☐☐☐
所在地 ＿＿＿＿＿＿＿＿＿＿＿＿＿＿＿＿＿

<h1 style="text-align:center">損 益 計 算 書</h1>

（自 平成　年　月　日 至 平成　年　月　日）

(単位：千円)

科　目	金	額
Ⅰ 事業損益		
A 本来業務事業損益		
1 事業収益		×××
2 事業費用		
(1) 事業費	×××	
(2) 本部費	×××	×××
本来業務事業利益		×××
B 附帯業務事業損益		
1 事業収益		×××
2 事業費用		×××
附帯業務事業利益		×××
C 収益業務事業損益		
1 事業収益		×××
2 事業費用		×××
収益業務事業利益		×××
事業利益		×××
Ⅱ 事業外収益		
受取利息	×××	
その他の事業外収益	×××	×××
Ⅲ 事業外費用		
支払利息	×××	
その他の事業外費用	×××	×××
経常利益		×××
Ⅳ 特別利益		
固定資産売却益	×××	
その他の特別利益	×××	×××
Ⅴ 特別損失		
固定資産売却損	×××	
その他の特別損失	×××	×××
税引前当期純利益		×××
法人税・住民税及び事業税	×××	
法人税等調整額	×××	×××
当期純利益		×××

(注) 1. 利益がマイナスとなる場合には，「利益」を「損失」と表示すること。
　　 2. 表中の科目について，不要な科目は削除しても差し支えないこと。また，別に表示することが適当であると認められるものについては，当該事業損益，事業外収益，事業外費用，特別利益及び特別損失をを示す名称を付した科目をもって，別に掲記することを妨げないこと。

様式4-2

法人名＿＿＿＿＿＿＿＿＿＿＿＿＿＿＿　　　　※医療法人整理番号 □□□□
所在地＿＿＿＿＿＿＿＿＿＿＿＿＿＿＿

損　益　計　算　書

（自　平成　年　月　日　至　平成　年　月　日）

（単位：千円）

科　　　　　　　　目	金　　額
Ⅰ　事　業　損　益	
A　本来業務事業損益	
1　事　業　収　益	×××
2　事　業　費　用	×××
本来業務事業利益	×××
B　附帯業務事業損益	
1　事　業　収　益	×××
2　事　業　費　用	×××
附帯業務事業利益	×××
事　業　利　益	×××
Ⅱ　事　業　外　収　益	×××
Ⅲ　事　業　外　費　用	×××
経　常　利　益	×××
Ⅳ　特　別　利　益	×××
Ⅴ　特　別　損　失	×××
税　引　前　当　期　純　利　益	×××
法　　人　　税　　等	×××
当　期　純　利　益	×××

（注）1．利益がマイナスとなる場合には，「利益」を「損失」と表示すること。
　　　2．表中の科目について，不要な科目は削除しても差し支えないこと。

　医療法人会計基準の様式と上記通知の様式の病院又は介護老人保健施設を開設する法人向けのものは同じものである。また，社会医療法人債を発行する法人が適用になる社財規の様式とも実質的な差異はない。ただし，金融商品取引法上の財務諸表として開示する損益計算書は，その数字は医療法上の損益計算書である様式第三号を基礎とするが，前事業年度分を左側に当事業年度分を右側に配列した2期比較で示し，大科目については，事業収益の合計金額に対する構成比を示す様式で作成する必要がある。

損益計算書は，監事監査の対象となるほか，公認会計士等監査が法定されている法人の場合は，監査対象となる。

7. 財務諸表に関する注記

一定規模以上の法人（前会計年度損益計算書の事業収益合計が10億円以上又は前会計年度貸借対照表の負債合計額が20億円以上の社会医療法人と前会計年度損益計算書の事業収益合計が70億円以上又は前会計年度貸借対照表の負債合計額が50億円以上のその他の医療法人）が従うことが義務付けられている医療法人会計基準省令には，以下の規定がある。

> **第3条（重要な会計方針の記載）**
> 　貸借対照表等を作成するために採用している会計処理の原則及び手続並びに表示方法その他貸借対照表等を作成するための基本となる事項（次条において「会計方針」という。）で次に掲げる事項は，損益計算書の次に記載しなければならない。ただし，重要性の乏しいものについては，記載を省略することができる。
> ① 　資産の評価基準及び評価方法
> ② 　固定資産の減価償却方法
> ③ 　引当金の計上基準
> ④ 　消費税及び地方消費税の会計処理方法
> ⑤ 　その他貸借対照表等作成のための基本となる重要な事項
>
> **第4条（会計方針の変更に関する記載）**
> 　会計方針を変更した場合には，その旨，変更の理由及び当該変更が貸借対照表等に与えている影響の内容を前条の規定による記載の次に記載しなければならない。
>
> **第22条（貸借対照表等に関する注記）**
> 　貸借対照表等には，その作成の前提となる事項及び財務状況を明らかにするために次に掲げる事項を注記しなければならない。ただし，重要性の乏しいものについては，注記を省略することができる。
> ① 　継続事業の前提に関する事項
> ② 　資産及び負債のうち，収益業務に関する事項
> ③ 　収益業務からの繰入金の状況
> ④ 　担保に供している資産

> ⑤ 重要な偶発債務に関する事項
> ⑥ 法第51条第1項に規定する関係事業者に関する事項
> ⑦ 重要な後発事象に関する事項
> ⑧ その他医療法人の財政状態又は損益の状況を明らかにするために必要な事項

　したがって，当該法人は，様式として制定されている貸借対照表と損益計算書の枠外での記載が必要になる。このことは，様式を定めた通知（「関係事業者との取引の状況に関する報告書の様式等について：医政支発0420第2号厚生労働省医政局医療経営支援課長通知」による「医療法人における事業報告書等の様式について：医政指発第0330003号厚生労働省医政局指導課長通知」の改正）においても，様式番号なしで損益計算書と財産目録の間に「重要な会計方針等の記載および貸借対照表等に関する注記」として掲載されている。

　また，社会医療法人債を発行する法人が適用になる社財規では，総則に重要な会計方針の記載関係の条項が含まれ，各所に随時注記事項に関する条項が規定されており，会計基準省令よりも多くの項目について記載が要請されている。さらに，金融商品取引法上の財務諸表を提出する場合には，個別財務諸表規則に規定しているものも追加しなければならない。

　重要な会計方針等の記載やその他の注記事項は，当該注記に関係する計算書類の一部であるため，監事監査の対象となるほか，公認会計士等監査が法定されている法人の場合は，監査対象となる。

8. 関係事業者との取引の状況に関する報告書

　関係事業者との取引の状況に関する報告書は，すべての医療法人が作成しなければならないものであるが，記載すべき対象についての法令規定を整理すると以下の通りとなる。

＜関係事業者の範囲＞

> ① 当該医療法人の役員又はその近親者（配偶者又は二親等内の親族をいう。②及び③において同じ。）
> ② 当該医療法人の役員又はその近親者が代表者である法人

③ 当該医療法人の役員又はその近親者が，株主総会，社員総会，評議員会，取締役会，理事会の議決権の過半数を占めている法人
④ 他の法人の役員が，当該医療法人の社員総会，評議員会，理事会の議決権の過半数を占めている場合における当該他の法人
⑤ ③の法人の役員が，他の法人（当該医療法人を除く）の株主総会，社員総会，評議員会，取締役会，理事会の議決権の過半数を占めている場合における他の法人

　まず，上記の法人と個人との取引がある場合に，記載する候補となる。ただし，一般競争入札による取引並びに預金利息及び配当金の受取りその他取引の性格からみて取引条件が一般の取引と同様であることが明白な取引と役員に対する報酬，賞与及び退職慰労金の支払いについては，対象とはならない。

　報告書に記載すべき取引は，金額的に重要なものに限定されており，上記関係事業者の範囲に該当する者と医療法人との取引のうち，下記に該当する取引がある場合に限り記載すれば足りる。

＜記載する取引の金額基準＞

① 事業収益又は事業費用の額が，1千万円以上であり，かつ当該医療法人の当該会計年度における総事業収益（本来業務事業収益，附帯業務事業収益及び収益業務事業収益の総額）又は総事業費（本来業務事業費用，附帯業務事業費用及び収益業務事業費用の総額）の10パーセント以上を占める取引
② 事業外収益又は事業外費用の額が，1千万円以上であり，かつ当該医療法人の当該会計年度における事業外収益又は事業外費用の総額の10パーセント以上を占める取引
③ 特別利益又は特別損失が，1千万円以上である取引
④ 資産又は負債の総額が，当該医療法人の当該会計年度の末日における総資産の1パーセント以上を占め，かつ1千万円を超える残高になる取引
⑤ 資金貸借，有形固定資産及び有価証券の売買その他の取引の総額が，1千万円以上であり，かつ当該医療法人の当該会計年度の末日における総資産の1パーセント以上を占める取引
⑥ 事業の譲受又は譲渡の場合にあっては，資産又は負債の総額のいずれか大きい額が，1千万円以上であり，かつ当該医療法人の当該会計年度の末日における総資産の1パーセント以上を占める取引

なお，関係事業者との取引の状況に関する報告書の記載項目と様式については，すべての医療法人が所轄庁に届出をする関係上，通知（「関係事業者との取引の状況に関する報告書の様式等について：医政支発0420第2号厚生労働省医政局医療経営支援課長通知」）によって，様式が定められている（様式5参照）。

様式5

法人名 ＿＿＿＿＿＿＿＿＿＿＿＿＿＿＿＿＿　　※医療法人整理番号 ☐☐☐☐
所在地 ＿＿＿＿＿＿＿＿＿＿＿＿＿＿＿＿＿

関係事業者との取引の状況に関する報告書

(1) 法人である関係事業者

種類	名称	所在地	資産総額（千円）	事業の内容	関係事業者との関係	取引の内容	取引金額（千円）	科目	期末残高（千円）

（取引条件及び取引条件の決定方針等）

(2) 個人である関係事業者

種類	氏名	職業	関係事業者との関係	取引の内容	取引金額（千円）	科目	期末残高（千円）

（取引条件及び取引条件の決定方針等）

なお，関係事業者との取引の状況に関する報告書は，公認会計士等監査が義務付けられている法人の場合，当該報告書は直接監査対象には含まれていないが，医療法人会計基準省令において，当該報告書と同一内容を貸借対照表等に関する注記として記載することとされているため，事実上，監査対象となっている。

9. 純資産変動計算書

　純資産変動計算書は，一定規模以上の法人（前会計年度損益計算書の事業収益合計が10億円以上又は前会計年度貸借対照表の負債合計額が20億円以上の社会医療法人と前会計年度損益計算書の事業収益合計が70億円以上又は前会計年度貸借対照表の負債合計額が50億円以上のその他の医療法人）に作成が義務付けられているものであり，「医療法人会計基準適用上の留意事項並びに財産目録，純資産変動計算書及び附属明細表の作成方法に関する運用指針」において「純資産の部の科目別に前期末残高，当期変動額及び当期末残高を記載する。なお，当期変動額は，当期純利益，拠出額，返還又は払戻額，振替額等原因別に表記する」とされ，具体的な記載上の留意事項（純資産の変動事由及び金額の掲載は，概ね貸借対照表における記載の順序による，評価・換算差額等は，科目ごとのそれぞれの金額を注記することを条件に，評価・換算差額等の合計額のみの掲載でもよい，積立金及び純資産の各合計欄の記載は省略することができる）とともに様式も次頁の様式第四号の通り示されている。

　なお，社会医療法人債発行法人は，社財規の様式第四号によるが，実質的な内容に差はない。ただし，金融商品取引法上の財務諸表として開示する純資産変動計算書は，様式第四号で当年度分と前年度分の2事業年度分を掲載する必要があるが，財務諸表等規則の株主資本等変動計算書の様式に準じて科目を縦に掲載しそれぞれの科目ごとに変動事由ごとに記載する様式で，前事業年度分を左側に当事業年度分を右側に配列した2期比較で示すことも許されると考えられる。

様式第四号

法人名 _____
所在地 _____

※医療法人整理番号 □□

純資産変動計算書

（自 平成 年 月 日　至 平成 年 月 日）

（単位：千円）

	基金（又は出資金）	代替基金	積立金			評価・換算差額等			純資産合計
			○○積立金	繰越利益積立金	積立金合計	その他有価証券評価差額金	繰延ヘッジ損益	評価・換算差額等合計	
平成 年 月 日 残高	×××	×××							×××
会計年度中の変動額									
当期純利益				×××	×××				
………									
………									
会計年度中の変動額合計	×××	×××	×××	×××	×××	×××	×××	×××	×××
平成 年 月 日 残高	×××	×××	×××	×××	×××	×××	×××	×××	×××

10. キャッシュ・フロー計算書

　キャッシュ・フロー計算書は，社会医療法人債発行法人のみが作成を要求されているもので，社財規の様式第五号と様式第六号に示されている。キャッシュ・フロー計算書は，「現金及び現金同等物（手許現金及び要求払預金並びに容易に換金可能であり，かつ，価値の変動について僅少なリスクしか負わない短期投資）」の増減につき，その原因を「事業活動によるキャッシュ・フロー」「投資活動によるキャッシュ・フロー」「財務活動によるキャッシュ・フロー」に区分して記載するものである。このうち「投資活動によるキャッシュ・フロー」と「財務活動によるキャッシュ・フロー」の金額の示し方は，それぞれに該当する収入又は支出の内容と金額を直接記載することによりそのプラスマイナスの合計額を算出する方法である。これに対し「事業活動によるキャッシュ・フロー」は，同じように収入及び支出の内容と金額を直接記載する方法と当期純利益の金額を記載し，損益と資金の違いを調整して事業活動によるキャッシュ・フロー額に至る過程を示すことにより間接的にキャッシュ・フローの金額を算出する方法の2通りが認められている。前者を直接法と呼称し後者を間接法と呼称する。このため，次頁の通り，様式が2通り示されており，直接法（様式第五号）と間接法（様式第六号）のどちらかを各法人が任意に選択することになる。

　なお，金融商品取引法上の財務諸表として開示するキャッシュ・フロー計算書は，その数字は医療法上のキャッシュ・フロー計算書である様式第五号又は様式第六号を基礎とするが，前事業年度分を左側に当事業年度分を右側に配列した2期比較で示す様式で作成する必要がある。

様式第五号(直接法)

法人名 ＿＿＿＿＿＿＿＿＿＿＿＿＿＿＿＿＿＿＿＿　　※医療法人整理番号 ☐☐☐☐
所在地 ＿＿＿＿＿＿＿＿＿＿＿＿＿＿＿＿＿＿＿＿

キャッシュ・フロー計算書

(自　平成　　年　　月　　日　至　平成　　年　　月　　日)

(単位：千円)

区　　　　　　　分	金　　額
Ⅰ　事業活動によるキャッシュ・フロー	
本来業務事業収入	×××
本来業務事業費支出	△×××
附帯業務事業収入	×××
附帯業務事業費支出	△×××
収益業務事業収入	×××
収益業務事業費支出	△×××
………	×××
小　　　　計	×××
利息及び配当金の受取額	×××
利息の支払額	△×××
法人税等の支払額	△×××
………	×××
事業活動によるキャッシュ・フロー	×××
Ⅱ　投資活動によるキャッシュ・フロー	
有価証券の取得による支出	△×××
有価証券の売却による収入	×××
有形固定資産の取得による支出	△×××
有形固定資産の売却による収入	×××
施設設備補助金の受入れによる収入	×××
貸付けによる支出	△×××
貸付金の回収による収入	×××
………	×××
投資活動によるキャッシュ・フロー	×××
Ⅲ　財務活動によるキャッシュ・フロー	
短期借入れによる収入	×××
短期借入金の返済による支出	△×××
長期借入れによる収入	×××
長期借入金の返済による支出	△×××
………	×××
財務活動によるキャッシュ・フロー	×××
Ⅳ　現金及び現金同等物の増加額(又は減少額)	×××
Ⅴ　現金及び現金同等物の期首残高	×××
Ⅵ　現金及び現金同等物の期末残高	×××

様式第六号（間接法）

法人名 _____　※医療法人整理番号 ☐☐☐☐☐
所在地 _____

キャッシュ・フロー計算書

（自　平成　　年　　月　　日　至　平成　　年　　月　　日）

（単位：千円）

区　　　　　分	金　　額
Ⅰ　事業活動によるキャッシュ・フロー	
税引前当期純利益	×××
減価償却費	×××
退職給付引当金の増加額	×××
貸倒引当金の増加額	×××
受取利息及び配当金	△×××
支払利息	×××
有価証券売却益	△×××
固定資産売却益	△×××
事業債権の増加額	△×××
たな卸資産の増加額	△×××
仕入債務の増加額	×××
‥‥‥‥‥	×××
小　　　　　計	×××
利息及び配当金の受取額	×××
利息の支払額	△×××
法人税等の支払額	△×××
‥‥‥‥‥	×××
事業活動によるキャッシュ・フロー	×××
Ⅱ　投資活動によるキャッシュ・フロー	
有価証券の取得による支出	△×××
有価証券の売却による収入	×××
有形固定資産の取得による支出	△×××
有形固定資産の売却による収入	×××
施設設備補助金の受入れによる収入	×××
貸付けによる支出	△×××
貸付金の回収による収入	×××
‥‥‥‥‥	×××
財務活動によるキャッシュ・フロー	×××
Ⅲ　財務活動によるキャッシュ・フロー	
短期借入れによる収入	×××
短期借入金の返済による支出	△×××
長期借入れによる収入	×××
長期借入金の返済による支出	△×××
‥‥‥‥‥	×××
財務活動によるキャッシュ・フロー	×××
Ⅳ　現金又は現金同等物の増加額（又は減少額）	×××
Ⅴ　現金又は現金同等物の期首残高	×××
Ⅵ　現金又は現金同等物の期末残高	×××

11. 附属明細表

　附属明細表は，一定規模以上の法人（前会計年度損益計算書の事業収益合計が10億円以上又は前会計年度貸借対照表の負債合計額が20億円以上の社会医療法人と前会計年度損益計算書の事業収益合計が70億円以上又は前会計年度貸借対照表の負債合計額が50億円以上のその他の医療法人）に作成が義務付けられているものであり，「医療法人会計基準適用上の留意事項並びに財産目録，純資産変動計算書及び附属明細表の作成方法に関する運用指針」において，5種類（有形固定資産等明細表，引当金明細表，借入金等明細表，有価証券明細表，事業費用明細表）作成することとされている。一方，社会医療法人債発行法人は社財規において，上記5種類に「社会医療法人債明細表」が加わり，順序も異なっている。様式についても，それぞれに示されている。

（1）　有形固定資産等明細表

　固定資産の増減の内容について，貸借対照表の科目別に表示するものである。「医療法人会計基準適用上の留意事項並びに財産目録，純資産変動計算書及び附属明細表の作成方法に関する運用指針」に，様式と記載上の留意事項が，次頁の通り示されている。

様式第五号

法人名 ＿＿＿＿＿＿＿＿＿＿＿＿＿＿＿＿＿＿＿ ※医療法人整理番号 ☐☐☐☐
所在地 ＿＿＿＿＿＿＿＿＿＿＿＿＿＿＿＿＿＿＿

有形固定資産等明細表

資産の種類		前期末残高（千円）	当期増加額（千円）	当期減少額（千円）	当期末残高（千円）	当期末減価償却累計額又は償却累計額（千円）	当期償却額（千円）	差引当期末残高（千円）
有形固定資産								
	計							
無形固定資産								
	計							
その他の資産								
	計							

1. 有形固定資産，無形固定資産及びその他の資産について，貸借対照表に掲げられている科目の区分により記載すること。
2. 「前期末残高」，「当期増加額」，「当期減少額」及び「当期末残高」の欄は，当該資産の取得原価によって記載すること。
3. 当期末残高から減価償却累計額又は償却累計額を控除した残高を，「差引当期末残高」の欄に記載すること。
4. 合併，贈与，災害による廃棄，滅失等の特殊な事由で増加若しくは減少があった場合又は同一の種類のものについて資産の総額の1％を超える額の増加は，その事由を欄外に記載すること。若しくは減少があった場合（ただし，建設仮勘定の減少のうち各資産科目への振替によるものは除く。）
5. 特別の法律の規定により資産の再評価が行われた場合その他特別の事由により取得原価の修正が行われた場合には，当該再評価差額等については，「当期増加額」又は「当期減少額」の欄に内書（括弧書）として記載し，その増減の事由を欄外に記載すること。
6. 有形固定資産又は無形固定資産の金額が資産の総額の1％以下である場合又は有形固定資産及び無形固定資産の当該会計年度におけるそれぞれの増加額及び減少額がいずれも当該会計年度末における有形固定資産又は無形固定資産の総額の5％以下である場合には，有形固定資産又は無形固定資産に係る記載中「前期末残高」，「当期増加額」及び「当期減少額」の欄の記載を省略することができる。なお，記載を省略した場合には，その旨注記すること。

なお，社会医療法人債発行法人は，社財規の様式第八号によるが，内容に差はない。

（2） 引当金明細表

引当金の増減の内容について，貸借対照表の科目別（引当金を差し引いた後の債権残高を貸借対照表に表示している場合の貸倒引当金を含む）に表示するものである。

「医療法人会計基準適用上の留意事項並びに財産目録，純資産変動計算書及び附属明細表の作成方法に関する運用指針」に，様式と記載上の留意事項が以下の通り示されている。

なお，社会医療法人債発行法人は，社財規の様式第十一号によるが，内容に差はない。

様式第六号

法人名 ＿＿＿＿＿＿＿＿＿＿＿＿＿＿＿＿＿＿＿＿　　※医療法人整理番号 ☐☐☐☐
所在地 ＿＿＿＿＿＿＿＿＿＿＿＿＿＿＿＿＿＿＿＿

引　当　金　明　細　表

区　　分	前期末残高 （千円）	当期増加額 （千円）	当期減少額 （目的使用） （千円）	当期減少額 （その他） （千円）	当期末残高 （千円）

1. 前期末及び当期末貸借対照表に計上されている引当金について，設定目的ごとの科目の区分により記載すること。
2. 「当期減少額」の欄のうち「目的使用」の欄には，各引当金の設定目的である支出又は事実の発生があったことによる取崩額を記載すること。
3. 「当期減少額」の欄のうち「その他」の欄には，目的使用以外の理由による減少額を記載し，減少の理由を注記すること。

（3） 借入金等明細表

借入金とその他の有利子負債について残高と内容について，貸借対照表の科目に対応させて表示するものである。

「医療法人会計基準適用上の留意事項並びに財産目録，純資産変動計算書及び附属明細表の作成方法に関する運用指針」に，様式と記載上の留意事項が以下の通り示されている。

なお，社会医療法人債発行法人は，社財規の様式第十号によるが，内容に差はない。

様式第七号
法人名＿＿＿＿＿＿＿＿＿＿＿＿＿＿＿＿＿＿＿ ※医療法人整理番号 ☐☐☐☐
所在地＿＿＿＿＿＿＿＿＿＿＿＿＿＿＿＿＿＿＿

借　入　金　等　明　細　表

区　　　分	前期末残高 （千円）	当期末残高 （千円）	平均利率 （％）	返済期限
短期借入金				－
1年以内に返済予定の長期借入金				－
長期借入金（1年以内に返済予定のものを除く。）				
その他の有利子負債				
合　　　計			－	－

1. 短期借入金，長期借入金（貸借対照表において流動負債として掲げられているものを含む。以下同じ）及び金利の負担を伴うその他の負債（以下「その他の有利子負債」という）について記載すること。
2. 重要な借入金で無利息又は特別の条件による利率が約定されているものがある場合には，その内容を欄外に記載すること。
3. 「その他の有利子負債」の欄は，その種類ごとにその内容を示したうえで記載すること。
4. 「平均利率」の欄には，加重平均利率を記載すること。
5. 長期借入金（1年以内に返済予定のものを除く）及びその他の有利子負債については，貸借対照表日後5年内における1年ごとの返済予定額の総額を注記すること。

(4) 社会医療法人債明細表

社会医療法人債の内容について記載するもので、社財規の様式第九号に以下の通り様式と記載上の留意事項が示されている。

様式第九号

法人名 _____

所在地 _____

※医療法人整理番号 ☐☐☐☐

社 会 医 療 法 人 債 明 細 表

銘　　柄	発行年月日	前期末残高（千円）	当期末残高（千円）	利率	担保	償還期限
合　　計		―			―	―

1. 当該社会医療法人の発行している社会医療法人債（当該会計年度中に償還済みとなったものを含む。以下同じ）について記載すること。
2. 「銘柄」の欄には、「第○○回物上担保付○○号社会医療法人債」のように記載すること。ただし、発行している社会医療法人債が多数ある場合には、その種類ごとにまとめて記載することができる。
3. 金額の重要性が乏しい社会医療法人債については、「その他の社会医療法人債」として一括して記載することができる。
4. 「担保」の欄には、担保付社会医療法人債及び無担保社会医療法人債の別を記載すること。
5. 減債基金付社会医療法人債については、その内容を欄外に記載すること。
6. 当期末残高のうち1年内に償還が予定されるものがある場合には、「当期末残高」の欄にその金額を内書（括弧書）として記載し、その旨を注記すること。
7. 貸借対照表日後5年内における1年ごとの償還予定額の総額を注記すること。

（5） 有価証券明細表

期末に保有する有価証券の内容について，個別に表示するものである。

「医療法人会計基準適用上の留意事項並びに財産目録，純資産変動計算書及び附属明細表の作成方法に関する運用指針」に，様式と記載上の留意事項が以下の通り示されている。

様式第八号

法人名 ＿＿＿＿＿＿＿＿＿＿＿＿＿＿＿＿＿ ※医療法人整理番号 □□□□
所在地 ＿＿＿＿＿＿＿＿＿＿＿＿＿＿＿＿＿

有 価 証 券 明 細 表

【債　券】

銘　柄	券面総額 （千円）	貸借対照表価額 （千円）
計		

【その他】

種類及び銘柄	口数等	貸借対照表価額 （千円）
計		

1. 貸借対照表の流動資産及びその他の資産に計上されている有価証券について記載すること。
2. 流動資産に計上した有価証券とその他の資産に計上した有価証券を区分し，さらに満期保有目的の債券及びその他有価証券に区分して記載すること。
3. 銘柄別による有価証券の貸借対照表価額が医療法人の純資産額の1％以下である場合には，当該有価証券に関する記載を省略することができる。
4. 「その他」の欄には有価証券の種類（金融商品取引法第2条第1項各号に掲げる種類をいう）に区分して記載すること。

なお，社会医療法人債発行法人は，社財規の様式第七号によるが，内容に差はない。

（6） 事業費用明細表

損益計算書の事業費用の内訳について記載するものである。

医療法人基準では，勘定科目について，何も示しておらず，施設等の会計の基準を考慮して設定すべきこととされてる。このため，病院会計準則を用いて中科目小科目を設定することが多いと考えられる。このことを前提として，「医療法人会計基準適用上の留意事項並びに財産目録，純資産変動計算書及び附属明細表の作成方法に関する運用指針」では，以下のように示している。

> 事業費用明細表は，以下のいずれかの内容とする。
> イ 中区分科目別に，損益計算書における費用区分に対応した本来業務事業費用（本部を独立した会計としている場合には，事業費と本部費に細分する。），附帯業務事業費用及び収益業務事業費用の金額を表記する。この場合に，中区分科目の細区分として形態別分類を主として適宜分類した費目を合わせて記載することができる。
> ロ 損益計算書における事業費用の本来業務，附帯業務及び収益業務の区分記載に関わらず，形態別分類を主として適宜分類した費目別に法人全体の金額を表記する。この場合に，各費目を中区分科目に括って合わせて記載することができる。
> なお，中区分科目は，売上原価（当該医療法人の開設する病院等の業務に附随して行われる売店等及び収益業務のうち商品の仕入れ又は製品の製造を伴う業務にかかるもの），材料費，給与費，委託費，経費及びその他の費用とする。

この中科目区分は，病院会計準則が，医業費用の中区分として「材料費，給与費，委託費，設備関係費，研究研修費，経費，控除対象外消費税等」となっている点に対応しており，設備関係費と控除対象外消費税等負担額は，通常「経費」に分類すれば足りるが，研究研修費は，上記分類上の経費のみではなく，複合費となっていることが想定されるため，その他の費用の項目を別途設けている。様式は，運用指針のイとロに対応させて，以下の通りに2種類が用意されている。

また，社会医療法人債発行法人は，社財規の様式第十二号によることとなり，上記様式第九の一号と同じ枠組みのものであるが，科目区分の順序が異なっている。

なお，金融商品取引法上は，事業費用明細表以外は各様式でそのまま附属明細表として記載することとなるが，事業費用明細表は，附属明細表ではなく損益計算書の添付書類となり，損益計算書と同様2期比較が必要である。よって，各項目は一列に配列した上で，前事業年度分を左側に当事業年度分を右側に記載する様式で作成することとなる。

様式第九の一号

法人名　　　　　　　　　　　　　　　　　　※医療法人整理番号　□□□□
所在地　　　　　　　　　　　　　　　　

事　業　費　用　明　細　表

(単位：千円)

区　分	本来業務事業費用			附帯業務事業費用	収益業務事業費用	合　計
	事業費	本部費	計			
材料費						
給与費						
委託費						
経費						
売上原価						
その他の事業費用						
計						

様式九の二号

法人名 _____　　※医療法人整理番号 ☐☐☐☐
所在地 _____

事 業 費 用 明 細 表

（自 平成　年　月　日　至 平成　年　月　日）

（単位：千円）

科　　　　　目	金	額
Ⅰ　材料費		
：	：	
：	×××	×××
Ⅱ　給与費		
給料	×××	
：	×××	
：	：	
：	×××	×××
Ⅲ　委託費		
検査委託費	×××	
：	×××	
：	：	
：	×××	×××
Ⅳ　経費		
減価償却費	×××	
：	×××	
：	：	
：	×××	×××
Ⅴ　売上原価		
商品（又は製品）期首たな卸高	×××	
当期商品仕入高（又は当期製品製造原価）	×××	
商品（又は製品）期末たな卸高	×××	×××
Ⅵ　その他の事業費用		
研修費	×××	
：	×××	
：	：	
：	×××	×××
事　業　費　用　計		×××

12. 社会医療法人要件該当説明書類

社会医療法人要件該当説明書類（医法42の2①一から六までの要件に該当する旨を説明する書類）は，厚生労働省医業経営と医療法人のホームページに「社会医療法人関係書類一覧」として掲示され，各書類の様式が示されている。当該書類の項目と体系を整理すると以下の通りである。

> ▶開設医療機関と実施している救急医療等確保事業の区分の記載書類（第4号の要件に該当する旨を説明する書類）
> ▶<u>救急医療等確保事業を実施する医療機関の構造設備及び体制と救急医療等確保事業の実績を記載する書類（第5号の要件に該当する旨を説明する書類)</u>
> ▶公的な運営に関する要件に該当する旨を説明する書類（運営面：第1号から第3号まで及び第6号）
> 　＊運営組織，役員等の選任方法，報酬等の支給基準，経理内容（利益供与関係），遊休財産，保有財産，法令違反に関する説明をする書類に，<u>理事，監事及び評議員に対する報酬等の支給基準</u>を添付し，書類付表1（理事，監事，社員及び評議員に関する明細表），書類付表2（経理等に関する明細表），<u>書類付表3（保有する資産の明細表）</u>で構成されている。
> ▶公的な運営に関する要件（医法42の2①六号）に該当する旨を説明する書類（事業）
> 　＊収入金額の区分，労働者災害補償保険法による患者の診療報酬設定基準，健康診査に係る収入の明細，助産に係る収入の明細（診療報酬規程添付），自費患者に対し請求する金額設定基準，経費の額等の明細を記載したものとなっている。

なお，都道府県に届出を行った事業報告書等は，都道府県において一般の閲覧に供されることとなるが，社会医療法人法人要件該当書類について閲覧対象となるのは，上記の表中に下線を付したもののみである（医規33の2の12②）。

第2節　法人全体の会計と事業別施設別の会計

1．会計区分と部門区分

　医療法人の会計組織は、病院等の施設別に貸借対照表と損益計算書を作成でき、さらに全体を合算して医療法人会計基準に適合したものが作成できるものにする必要がある。最終的な外部報告用の損益計算書と貸借対照表は、法人全体のものを作成することになるが、内部管理目的並びに注記（収益業務に係る資産・負債及び繰入額）及び損益計算書事業損益区分（本来業務・本部費・附帯業務・収益業務）目的で、施設又は事業別の会計数値が必要になるからである。このため、一施設しか開設しない医療法人を除き、損益だけではなく貸借も区分する仕組みを導入することとなる。一般的な簿記用語では「本支店会計」と呼称されるものであるが、医療法人においては、例えば病院単位の損益計算書や貸借対照表は、単なる内部管理目的を超えて経営指標分析に資する精度のものが要求されるので、単なる簿記技術としての本支店会計ではない程度のものを設計することが望ましい。社会福祉法人においては同様の考え方として拠点区分別財務諸表が導入されているが、これに近いものを設置することで「会計区分」と呼称することとする。

　また、事業の採算管理に資するため、損益計算書を会計区分よりも細分した単位で作成することも想定される。この場合は、損益計算書（経常損益までのようにその一部だけとすることもできる）だけを区分して貸借残高までの区分は行わないということで、「会計区分」とは区別して「部門区分」と呼称することとする。

　このように、各法人の事業の種類を勘案して、「会計区分」を設定し、必要に応じて各会計区分に「部門区分」を設定して2階層の仕組みとすることになる。この「会計区分」と「部門区分」の具体的な設定結果は、経理規程等に規定しておくことが望ましい。

2. 本部費の取扱い

本部費に関し，運用指針では，以下のように記載されている。

> 本来業務事業損益の区分の本部費としては，法人本部を独立した会計としている場合の本部の費用（資金調達に係る費用等事業外費用に属するものは除く。）は，本来業務事業損益，附帯業務事業損益又は収益業務事業損益に分けることなく，本来業務事業損益の区分に計上するものとする。なお，独立した会計としていない場合は区分する必要はない。

これは従来の損益計算書様式にもある本来業務の事業費用に事業費と本部費の2つの区分があることの取り扱いであり，外部報告用の損益計算書の計上区分の仕方として，2つのことを意味している。まずは，独立した組織としての本部が存在しない場合に，法人全体の経営や運営に係る費用は，本来業務の歴史の古い施設か規模の大きい施設の中に包含されていることが想定されるので，これを特別に区別して附帯業務費用や収益業務費用に配賦する必要はなく，本来業務の費用にそのまま入れるということである。そして，法人本部を設けている場合（独立した本部組織があり，本部会計区分を設定している場合）には，区別はするが，配賦によって各業務費用に計上するのではなく，本来業務の区分に本部費を設けて一括計上するということである。

3. 会計区分間取引

単なる財産管理や採算管理だけではなく，指標分析に資する精度の会計区分別損益計算書と貸借対照表を作成するためには，会計区分間の取引についても，ある程度の意味付けをもって整理することになる。このため，勘定科目においても会計区分間取引に必要なものの設定が必要であり，また，別の観点から科目振替を行う際に必要な勘定科目を準備しなければならない。例えば，以下のように内部取引科目と取引が存在する。

（1） 会計区分間の貸借取引

　資金管理上特定の会計区分に資金集約を行う場合や会計区分間資金調達，資産移管において，会計区分別の貸借対照表が意味あるものにするために，所謂，貸借差額を処理するための本支店勘定を単独で設定するのではなく，複数の内部貸借科目が設定される。資金管理上特定の会計区分に資金集約を行っている場合に使用することを想定すると，流動資産の「会計区分間預け金」と流動負債の「会計区分間預り金」となる。また，設備投資等の資金調達を内部資金で行う場合を想定すると，固定資産の「会計区分間貸付金」と固定負債の「会計区分間借入金」となる。その他，資産の移管や特定の色付けができないものを処理するものは別途必要で，純資産区分に「会計区分間勘定」を設置することが考えられる。

（2） 会計区分間の損益取引

　健康診断の実施を法人内の他施設で実施する当の役務の提供を伴う内部取引は，当該収益及び費用科目で処理をして，法人全体の決算集計を行う際に原則消去することとなるが，寄付と同様，他の会計区分に返済を想定しない繰入を行う場合も考えられる。これを処理する科目として「会計区分間繰入金」を設置する。なお，厳密な表記であれば，受入側は「会計区分間繰入金（収入）」とし，支払側は，「会計区分間繰出金又は会計区分間繰入金支出」とすべきであるが，法人全体集計で自動的に消去されるために，1つの勘定科目でプラスマイナス処理をすることで足りる。

（3） 本部費の配賦

　本部を独立した会計区分とする場合には，本部会計区分の費用について，他の会計区分に配賦をして内部管理目的の会計区分別損益を算出でき，かつ，外部報告用の損益報告書において本部費を表記する数値を表出させることが必要である。このためには「本部費配賦額」を設置し，本部会計において他会計区分に配賦した総額を同勘定でマイナス表記するように会計処理をする。

（4） 製造に係る売上原価の処理

附帯業務や収益業務において物品販売取引が生じる場合に，事業費用明細表で表記される売上原価は，加工等を行わない仕入商品であれば，仕入高に棚卸資産増減を加味（棚卸資産増減勘定と商品勘定を使った資産振替）することで足りる。しかし，製造を伴う場合には，適正な原価計算のもと，材料費だけではなく給与費や経費も含めて仕掛品や製品と売上原価を区分しなければならない。一方，法人全体の給与費，委託費，経費の費目別の金額は別の意味で重要な数値であるため，最初から別の売上原価科目で処理することは望ましくない。そこで，当初それぞれ準備された科目別に計上した上で，売上原価に中区分総体として振り替えるための科目として「他勘定振替」を設定してそれぞれの費目を減ずることなく振替金額をマイナス計上し，売上原価の内訳に設定した「振替給与費，振替委託費・振替経費」をプラスする会計処理をする。

4. 部門共通費の取扱い

会計区分内を部門区分して採算管理をする場合には，各部門共通の費用の取り扱いについて仕訳の都度，部門配分するのは煩雑なので，部門共通費を計上する共通部門を設けて処理するのが便宜である。当該共通部門に集計された費用は，適宜各部門に配賦することとなる。部門損益区分は，外部報告用の損益に影響を与えることはないので，法人の管理目的で自由に設計すればよい。なお，本部費以外の会計区分を跨る共通費が発生する場合も考えられるが，この場合は，期中のみ処理する会計区分を設け，各勘定科目別に他の実態会計区分に最終的にはすべて配分しなければならない。

5. 法人全体損益計算書への組替え

事業損益と事業外損益の区別について，運用指針では以下の通り記載されている。

> 　損益計算書において，事業損益は，本来業務，附帯業務又は収益業務に区別し，事業外損益は，一括して表示する。事業損益を区別する意義は，法令で求められている附帯業務及び収益業務の運営が本来業務の支障となっていないかどうかの判断の一助とすることにある。したがって，施設等の会計基準では事業外損益とされている帰属が明確な付随的な収益又は費用についても，この損益計算書上は，事業収益又は事業費用に計上するものとする。ただし，資金調達に係る費用収益は，事業損益に含めないこととする。

　具体的には，病院会計準則では，運営費補助金や患者外給食収益等付随的なものは医業外収益となるが，医療法人会計基準では事業収益に含まれ，同様に患者外給食費用等付随的なものは医業外費用となるが，事業費用に含まれるということである。この結果，病院単位の財務情報と医療法人全体の計算書類では，括りが異なる事態となっている。

　施設別の損益計算書では，管理目的から当該施設にとっての事業関連性を重視して事業外損益として取り扱うことが望ましいので，全体損益計算書の作成上の集計過程で振替処理をすることで足りることとなるが，この振替処理を失念すると医療法人会計基準に準拠した外部報告用損益計算書とならないので，注意が必要である。なお，全体損益集計に当たっては，各会計区分の数値を事業費用区分の振り分けも必要であり，各会計区分の費用と全体損益の関係は図表 3.2.1 の通りである。

図表 3.2.1　各会計区分の費用と全体損益の関係

本来業務の会計区分の，事業収益＆事業外収益のうち受取利息配当金他資金運用に係るもの以外のもの	本来業務事業損益の事業収益
附帯業務の会計区分の，事業収益＆事業外収益のうち受取利息配当金他資金運用に係るもの以外のもの	附帯業務事業損益の事業収益
収益業務の会計区分の，事業収益＆事業外収益のうち受取利息配当金他資金運用に係るもの以外のもの	収益業務事業損益の事業収益
すべての会計区分の事業外収益のうち受取利息配当金他資金運用に係るもの＆本部会計区分の事業外収益	事業外収益
すべての会計区分の特別利益	特別利益
本来業務の会計区分の，事業費用＆事業外費用のうち支払利息他資金調達に係るもの以外のもの	本来業務事業損益の事業費
本部会計区分の事業費用	本来業務事業損益の本部費
附帯業務の会計区分の，事業費用＆事業外費用のうち支払利息他資金調達に係るもの以外のもの	附帯業務事業損益の事業費用
収益業務の会計区分の，事業費用＆事業外費用のうち支払利息他資金調達に係るもの以外のもの	収益業務事業損益の事業費用
すべての会計区分の事業外費用のうち支払利息他資金調達に係るもの＆本部会計区分の事業外費用	事業外費用
すべての会計区分の特別損失	特別損失

第3節　病院における管理会計と原価計算

1.　病院における管理会計

（1）　病院会計における財務会計・管理会計

　旧病院会計準則は，「この会計準則は，一般に公正妥当と認められる会計の原則に基づいて病院会計の基準を定め，病院の経営成績及び財政状態を適正に把握し，病院経営の改善向上に資することを目的とする」と規定し，現在の病院会計準則も「病院会計準則は，病院を対象に，会計の基準を定め，病院の財政状態及び運営状況を適正に把握し，病院の経営体質の強化，改善向上に資することを目的とする」と規定している。したがって，病院会計準則は制定当初

より一貫して経営管理に資する有用な会計情報を提供する役割を担う「管理会計」としての側面を重視していたことになる。

法人単位によって論じられる「財務会計」と「管理会計」の一般的な定義や目的は下記の通りである。

財務会計：外部利害関係者集団への経営成績・財政状態の報告を主目的とする会計。

　財務会計は投資家，債権者等の企業外部の利害関係者に対する経営成績と財政状態に関する情報の伝達を目的とする外部報告会計であり，外部報告を行うために社会的に承認された会計基準によって作成された財務諸表を要求される。制度として定められているため制度会計ともいわれる。

　　　　財務会計＝外部報告会計＝制度会計

管理会計：戦略，組織，計画，管理などの企業活動及び企業間の市場における諸活動について，その意思決定を支援するための会計情報の収集，作成，活用などを検討することを目的とする会計。

　管理会計は，企業内部の経営者並びに各階層の管理者の意思決定と業績管理（評価）に役立つ情報の伝達を目的とする内部報告会計。このため，原価計算，利益計画，予算統制，経営分析等，金額のほか数量をもつかみ，数字の背後にある経営活動を解析し業績の向上に役立つ。

　　　　管理会計＝内部報告会計

　会計を「目的による分類」ではなく「会計を行う主体による分類」として営利事業会計と非営利事業会計に分類する考え方がある。病院会計は非営利を原則とする施設会計であるため「非営利事業施設会計」の基準としての病院会計準則は理念的には「管理会計」の基準とみなされることとなる。しかしながら，医療サービスを提供する施設としての病院の会計情報と係わりのある関係者を整理すると下記の通りとなり，多くの関係者の存在が確認できる。

（病院会計情報の関係者－情報を必要とする者）
▶病院の開設者（開設者，経営者，管理者）
▶監督官庁
▶病院サービスの受け手（患者，潜在的患者）

> ▶医療費の負担者（国，自治体，保険者，被保険者，患者）
> ▶課税当局
> ▶病院の債権者（金融機関，関連業者）
> ▶職　　員

　社会保障コストとしての医療費を制度的側面から適切に管理するという視点から病院経営情報を考察した場合，国民医療費の6割以上を費消する病院に関する会計情報は「社会」という外部に対して提供すべき報告情報と見ることができるし，また現在このような社会的要請が強まっている。このような観点から病院会計情報を評価した場合，病院会計準則は単に内部的な「管理会計」の側面のみならず外部との関連のある「財務会計」の基準としての性格を合わせ持ったものとみることが適切な認識と考える。

（2）　管理会計の必要性と一般的手法

　病院を取り巻く環境は年々厳しくなり，少子・人口減少・超高齢化という時代を迎えた現在，病院経営は大変革・変動期に入ったと思われる。このため病院経営を適切に運営していくためには，迅速で本質をとらえた正確な情報を収集・分析し，的確な意思決定を行うことが不可欠といえる。

　現在の病院経営は，もはや昔のように経営者（医師）の勘に頼ることは許されず，経営責任者は常に適正な会計情報に基づいて，病院やその開設主体としての医療法人の経営実体を正確に把握し管理していかなければならない。

　このように，会計記録から得られる情報が経営責任者に定期的にまたは必要に応じて伝達され，この情報を分析して変化や比較対照とされる他の経営体との相違に対する原因を明らかにし，経営意思決定に役立てる機能が「管理会計」であり，組織的経営に不可欠な経営管理手法である。

　「管理会計」の一般的手法は，
　①　日常的な経営分析（経営指標分析等）
　②　経営計画の策定
　③　予算管理制度の確立
　④　原価管理（コストマネジメント＝損益分岐点分析，原価計算等）

⑤　キャッシュ・フロー管理
⑥　リスクマネジメント
⑦　設備投資の意思決定等

であり，管理会計に要求される条件としては，次のようなものがある。

▶本質的な傾向が判断可能であればよく，いたずらに精緻なものでないこと。
▶経営行動に直結して効果的であるように迅速で時宜に適していること。
▶情報の収集作成よりも，原因分析とそれによって経営に修正行動を起こすほうに労力と経費を配分すること。

病院やその開設主体としての医療法人における管理会計の具体的目的としては，日常的な業績評価の測定による経営管理機能の遂行のほか，次のような経営意思決定に必要な情報の収集・分析・評価がある。

ⅰ）　病院，サテライトクリニックの移転・新規開設や新たな事業の開拓
　（管理会計の役割）　土地・建物の購入，建設と医療設備の増設に関する投資計画，資金計画，採算計画の立案・評価。

ⅱ）　老朽病棟の改築，冷暖房設備の取付け，診療サービス部門の新設
　（管理会計の役割）　改築等に伴う投資計画，資金計画，採算計画の立案・評価。

ⅲ）　診療科目の増設とこれに伴う医師の招聘
　（管理会計の役割）　診療科目増設に伴う投資計画，資金計画，採算計画の立案・評価や医師の招聘コストの計算。

ⅳ）　病床機能の見直し・転換
地域医療構想と医療計画，療養病床の見直し等，特に病床を巡る制度改革が行われようとしている現在，病院の機能と特質に応じた再評価が必要とされている。そこで，病床機能区分と現状の入院患者の状況との対比・分析によっては，急性期，回復期，慢性期等のどの病床機能を担っていくのかについて当事者として意思決定し，必要な対応・転換を実施することになる。
　　（管理会計の役割）　転換に伴う医療人材の人員配置見直し，増改築費用，診療報酬への対応，人件費予測，薬剤費等の変動分

析と対応策立案。実施される投資計画，資金計画，採算計画の立案・評価。

ⅴ）　医薬分業への移行

再評価の議論も挙がっている医薬分業。院内処方と院外処方に関して薬価差益，処方せん料，人件費，外来患者数の変動等の比較検討を行い，外部調剤薬局利用の是非を再検討する。

　　（管理会計の役割）　院内と院外（分業）の採算再評価の検討。

ⅵ）　業務委託の利用

外注検査料と検査技師給与その他付帯経費との比較，洗濯，院内清掃，警備，給食等の委託費と労務員給その他の付帯経費との比較を将来の労務対策を含めて検討する。

　　（管理会計の役割）　外部委託に伴う採算状況の変化予測や資金繰りへの影響等の明確化。

（3）　病院経営指標分析の重要性と公表資料

病院の経営体質の強化，改善向上に資するための経営管理の具体的手法として他の施設との経営数値の比較・検討がある。この手法がいわゆる「病院経営指標分析」であり，比較対象指標に統計的な信頼性が確保されている場合，極めて有用な経営分析が可能となる。

経営分析に活用可能な外部公表資料には，病院団体の作成するもの，独立行政法人福祉医療機構が作成するもの等，様々なものがあるが厚生労働省医政局は平成16年からは自治体，日赤，済生会，社会保険病院等の公的病院と医療法人を対象とした病院会計準則に基づく「病院経営管理指標」調査を実施しており，対象施設数も多く有用な経営統計データとして活用されている。

2.　病院原価計算の現状

（1）　原価計算の目的

企業会計を中心として形成されてきたわが国の会計領域において原価計算に

関する基準として周知されているものに「原価計算基準（昭和37年企業会計審議会）」がある。当該基準は，製品等の製造原価を計算するために実施される会計制度の一環として原価計算実施に際して，主に製造業において適用されてきた。

「原価計算基準（昭和37年企業会計審議会）」は，第1章1において原価計算の目的を明記し，その主たる目的は下記の5項目であるとしている。

〔原価計算の目的：原価計算基準（昭和37年企業会計審議会）〕
① 財務諸表作成目的
② 価格決定目的
③ 原価管理目的
④ 予算管理目的
⑤ 経営意思決定目的

②～⑤は，管理会計と密接に関連する目的であるが，最初に掲げられた①の財務諸表作成目的はそれらと異なるものである。財務諸表作成目的に関する「原価計算基準（昭和37年企業会計審議会）」における具体的規定は下記の通りである。

「企業の出資者，債権者，経営者等のために，過去の一定期間における損益ならびに期末における財政状態を財務諸表に表示するために必要な真実の原価を集計すること。」

すなわち，①の目的は損益計算書の製造原価と貸借対照表の製品・仕掛品等の計上額を算定するという目的である。病院会計準則において，棚卸資産として貸借対照表の勘定科目に明示されているものは，医薬品・診療材料・給食用材料・貯蔵品といった購入品であり，製品・半製品・仕掛品といった生産物はない。病院は，製造して貯蔵して販売するという製造業の業務プロセスではなく，在庫することのできない医療サービスを提供しているため原価計算を財務諸表作成目的のために行う必要がないのである。

もちろん，医療は小売業のように商品を仕入れて販売するのではなく，診療・看護といった人的役務と医薬品等の財，あるいは病院施設や医療機器等の財を融合させ一体化させた医療サービスを提供しているため，本来経営における原価計算思考が不可欠である。

　しかし，病院の収益の多くは公的医療保険制度により公定価格として決定された診療報酬に基づき収入されてきたため価格決定のために原価計算を行う必要性が希薄であったという制度環境も存在してきた。

　このような医療特有の背景が，病院における原価計算導入を大きく遅らせ制度的にも特殊原価調査としても現実的活用はあまり行われていなかったといえる（このような歴史的・制度的特質により多くの病院において，未だに医薬品等の受払いに関して継続記録が作成されていないという現実がある）。

（2）　未発達であった病院原価計算

　病院における原価計算の導入に関連して，過去に日本病院協会（現在，当該団体は消滅している）より「病院原価計算要綱（案）」が提案されたのみで，医療機関における公式な基準はない。

　「病院原価計算要綱（案）」において規定された原価計算の目的は下記の通りである。

〔原価計算の目的：病院原価計算要綱（案）（日本病院協会）〕
① 　病院管理者の各階層に対して，原価管理に必要な原価資料を提供すること。
② 　過去の一定期間の損益を，病院管理のために設定した原価部門，原価単位ごとに把握し，損益の内容を明確にすること。
③ 　予算の編成ならびに統制に必要な原価資料を提供すること。
④ 　病院事業の基本計画を設定するにあたり，これに必要な原価情報を提供すること。
⑤ 　診療報酬算定に必要な原価資料を提供すること。
　　＊当然のことであるが，病院原価計算要綱（案）は財務諸表作成目的を挙げていな

い。

　「病院原価計算要綱（案）」は，病院会計の現状と諸条件を考慮して，原価計算の第三次の計算段階である原価の診療行為別計算を行わず，これに代わるものとして各部門別に適当な原価単位を設定し，当該原価単位別原価を算定することとしている。すなわち，原価要素別計算―原価部門別計算―原価負担者別計算という通常の原価計算制度の体系において，原価負担者別計算すなわち患者別，診療行為別，診療科目別等といった最終の計算を行わず，二次的な原価部門別計算の各原価部門に設定された原価単位別の計算をもってこれに代えることしたのである。

　患者別，診療行為別，診療科目別等といった最終段階までの原価配賦の困難性からきた実務的解決方法であった。病院における管理会計の側面から原価計算の普及の円滑化を目指した「病院原価計算要綱（案）」であったが現実的にはあまり普及することがなかったようである。しかし，この考え方がその後の病院原価計算の1つの基本として認知され，一部の病院においては，試行錯誤的に，そして主に特殊原価調査レベルにおいて実施される原価計算に活用されたようである。

（3）　病院原価計算に関して行われた新たな試みと現状

　急速な高齢化による医療費の増加は，医療資源の適正配分という国家レベルのテーマを現実的な問題として認識せざるを得ない状況まで政策環境を変化させた。

　厚生労働省は，平成15年夏，中央社会保険医療協議会に診療報酬調査専門組織を設け4つの分科会を設置し専門的研究を行った。その1つに「医療機関のコスト調査分科会」があり下記の事項を調査項目とした。

　［医療機関のコスト等に関する調査項目概要］

　　（コスト分析の部門に関する検討）

　　　　▶入院・外来別

　　　　▶病棟別・診療科別

▶医療機関の機能別
　　▶DPC別*・慢性期評価指標別・看護の必要度別等
（コストの調査の基本的設計に関する検討）
　　▶直課コストと配賦コストの設定
　　　（直課すべきコストの選定と直課部門の設定）
　　▶配賦コストの配賦基準の設定
　　　　　（面積，職員数等）
　　▶部門別原価算出の基準の設定
　　　　　（給与費の算出基準等）

　　　＊〔DPC：Diagnosis Procedure Combination　診断群分類〕　診断群分類とは，主傷病（MDC）をもとに手術・副傷病・補助療法の有無等から判断した疾病群で，コード数は約 2600 ある。診断群分類作業（DPC コーディング）は，ICD 10 コードと呼ばれる病名コードと K コード J コードと呼ばれる術式コードから手術・副傷病・補助療法の有無等から判断して医師が診療情報管理士等と連携しながら決定していく。

　より具体的な動きとして，「医療機関の部門別収支」に関する調査・研究と「診断群分類における原価の測定」に関する研究が行われた。特に，「診断群分類における原価の測定」に関する研究は，厚生労働省の政策科学推進研究事業の一環として「患者別・診断群分類別原価計算方法・標準マニュアル」を作成している。当該研究は，急性期入院医療に係る医療費の包括化手法である DPC（診断群分類）導入に関連した研究であるためすべての医療領域の原価計算マニュアルではないが具体的な計算手法も含めある程度完成した研究結果となっている。

　「患者別・診断群分類別原価計算方法・標準マニュアル」における原価計算目的は，下記の通りである。

〔原価計算の目的：患者別・診断群分類別原価計算方法・標準マニュアル〕
　　（急性期入院医療試行診断群分類を活用した調査研究・主任研究者：松田晋哉　産業医科大学公衆衛生学教授，分担研究者：今中雄一 京都大学医療経済学教授）
　患者別・診断群分類別原価計算は，主として次の目的のために実施する。

① 多数の病院で共通基盤に基づく（比較可能な）原価計算を可能にする。
② 病院における内部管理にも活用する
③ 理にかなった価格（診療報酬）決定のための参考情報を提供する。

患者別・診断群分類別原価計算における計算の流れは図表 3.3.1 の通りとなるが，原価の直課や配賦には個々の病院の診療報酬請求に関する電子情報が活用されている点が特色の１つであり，それまでの病院原価計算にはなかった計算技法である。

図表 3.3.1 患者別原価計算の流れ

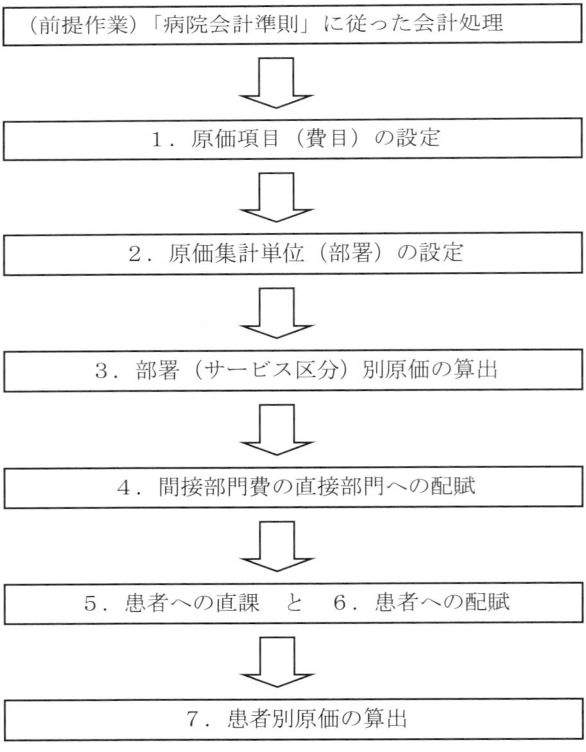

```
（前提作業）「病院会計準則」に従った会計処理
        ↓
1. 原価項目（費目）の設定
        ↓
2. 原価集計単位（部署）の設定
        ↓
3. 部署（サービス区分）別原価の算出
        ↓
4. 間接部門費の直接部門への配賦
        ↓
5. 患者への直課 と 6. 患者への配賦
        ↓
7. 患者別原価の算出
```

このため，次のような特徴・利点があるとされている．
- ▶患者別原価（個別入院症例別原価）を計算
- ▶患者別に原価の内訳（費目×サービス区分）を持つ
- ▶原価の計算過程を明示し，透明性の高いしくみを志向
- ▶配賦基準などに複数の選択肢許容，多くの病院への現実的適用，高い精度レベルの追及をともに追及．その一方計算のしくみの質や正確さを評価
- ▶外部依存ではない病院内部で情報システムの統合性を高めより高いレベルの計算の実現を志向
- ▶患者別原価の積み上げによって，診断群分類において分類別の原価算定や分類の構築・改訂，さらに診療報酬制度の改訂・変革にも寄与
- ▶医療機関において，より正確・妥当な診療科別や部門別の原価計算，あるいは症例ごとのマネジメント等にも活用

　患者別・診断群分類別原価計算は，診療報酬決定において有効性を発揮するだけでなく，個々の病院にとっても客観的で適用可能な病院経営評価システムを確立させる手法となり合理的な経営管理を可能にするものと考えられる．
　しかし，現時点においてはこの原価計算が診療報酬改定という政策決定に大きく影響を与えている訳ではなく，また多くの病院において有効に活用されているとも言いがたいという現状である．
　また，部門別収支計算，具体的な例としては入院・外来別，診療科目別原価計算についても同様の状況といえる．
　したがって，個々の病院経営主体における原価計算制度の普及状況は現時点においても決して高いものとはいえず，形式的に制度を導入している病院においてもこれを有効に活用している事例は希有であり，補助的追加情報程度として利用されている．
　病院において原価計算制度が普及しない最も大きな要因は，病院原価計算によって何を行い，何を管理し，何を達成するのかが明確にされていない，あるいは明確にし，管理手法として活用することそのものが困難であるからと思われる．

第4節　法人税・住民税・事業税の概要と特徴

1．医療法人の法人税

　医療法人は医療法に基づき成立している法人である。その法人の形式は，社団形式と財団形式に分かれており，旧民法第34条の公益法人の組織をモデルとして制定された。

　法人税法の別表第二に掲げる公益法人等については，収益事業として法令で限定列挙されている事業を除き，非課税措置を受けている。

　医療保健業は，法人税法上収益事業として規定されているが，法人税法施行令第5条1項29号において「医療保健業のうち次に掲げる以外のもの」として日本赤十字社，社会福祉法人，学校法人等の公共性の高い法人の他，公益社団法人，公益財団法人，一般社団法人，一般財団法人及び農業協同組合のうちの特定の存件を満たすものについても，非収益事業とされている。

　第5次医療法改正により創設された「社会医療法人」はこの法人税法別表第二（公益法人等の表）に追加され収益事業のみに軽減税率で課税される法人となった。さらに，医療保健業の例外特掲により，本来業務である医療保健業が収益事業の範囲から除外され非課税措置が取られるようになった。

　しかしながら，その他の医療法人は公益法人の組織をモデルとしていたが，従前より，公益法人等とは異なり，法人税法上，一般の営利法人（株式会社等）と全く同一に「普通法人」として取り扱われている。

　その中で，租税特別措置法第67条の2に該当するいわゆる特定の医療法人は公益法人等の収益事業と同率の税率となっている。

　以上の結果適用される法人税の税率は，図表3.4.1の通りである。

　なお，医療法第54条において医療法人の剰余金配当禁止を規定しているため，同族会社に対する留保金課税は行われない。

　また，所得税法の場合と同様に，租税特別措置法第67条によって，社会保

図表 3.4.1　法人税の税率

法人区分		税率
資本金1億円超の普通法人（相互会社を含む）		23.9%
資本金1億円以下の普通法人，一般社団法人等及び人格のない社団等	年800万円以下の所得	15%
	年800万円超の所得	23.9%
特定の医療法人	年800万円以下の所得	15%
	年800万円超の所得	19%
協同組合等	年800万円以下の所得	15%
	年800万円超の所得	19%
公益法人等（一般社団法人等を除く）	年800万円以下の所得	15%
	年800万円超の所得	19%

険診療報酬の所得計算の特例が認められているが，医療法人で当該特例制度を適用しているところはほとんどないようである。

　なお，地域間の税収格差の調整のため，暫定措置として，まず平成20年度の税制改正において法人事業税の所得割額の税率引き下げを行うとともに，法人事業税の一部を国税化してその税収を人口と従業者数で按分して都道府県に譲与する「地方法人特別税・譲与税」という制度が創設されたが，その後平成26年度税制改正において法人住民税の一部を国税化してその税収全額を地方交付税原資とする「地方法人税」が創設された。

　地方法人特別税が法人の事業税の申告とあわせて当該都道府県に提出・納付するのに対し，地方法人税は法人税の申告にあわせて税務署に提出・納付することとなっている。これらについては「(3)医療法人の住民税」及び「(4)医療法人の事業税」にて後述する。

2. 社会医療法人の法人税

(1) 法人税等の収益事業課税

　社会医療法人は，その組織や事業運営に関する規律面や事業内容を勘案すると，法人税法上の公益法人等とされている他の法人と同様と評価されたため，

法人税課税における取扱いは「公益法人等」とされている。「普通法人」である他の医療法人が法人全体の所得に対して課税される（全所得課税法人）のに対し，「公益法人等」は，収益事業から生じた所得のみに課税される（収益事業所得課税法人）点に根本的な違いがある。また，当該所得に適用される税率も軽減税率（19％）となっている。

収益事業の範囲は，医療法上の収益業務の範囲とは異なり，「販売業，製造業その他法人税法施行令に限定列挙されている以下の34業種の事業で，継続して事業場を設けて営まれるもの」である。ただし，継続して事業場という要件はかなり広く解釈されているため，医療関係法令上の施設は医療の括りをもって事業を判断するのではなく，当該施設や事業で行っている業務や行為に細分して判断することが必要である。

　　一　　　物品販売業（動植物その他の販売業を含む。）
　　二　　　不動産販売業
　　三　　　金銭貸付業
　　四　　　物品貸付業（動植物その他の貸付業を含む。）
　　五　　　不動産貸付業
　　六　　　製造業（電気又はガスの供給業，熱供給業及び物品の加工修理業を含む。）
　　七　　　通信業（放送業を含む。）
　　八　　　運送業（運送取扱業を含む。）
　　九　　　倉庫業（寄託を受けた物品を保管する業を含む。）
　　十　　　請負業（事務処理の委託を受ける業を含む。）
　　十一　　印刷業
　　十二　　出版業
　　十三　　写真業
　　十四　　席貸業
　　十五　　旅館業
　　十六　　料理店業その他の飲食店業
　　十七　　周旋業
　　十八　　代理業
　　十九　　仲立業
　　二十　　問屋業
　　二十一　鉱業

二十二　土石採取業
二十三　浴場業
二十四　理容業
二十五　美容業
二十六　興行業
二十七　遊技所業
二十八　遊覧所業
二十九　医療保健業
三十　　技芸教授業（技芸の内容も限定列挙）
三十一　駐車場業
三十二　信用保証業
三十三　無体財産権の提供業
三十四　労働者派遣業

　なお，上記34業種に該当しても例外として，その事業内容や実施主体によって収益事業に該当しないものも合わせて限定列挙されている。社会医療法人では，本来業務として行う医療保健業は，収益事業に該当しないものとされている。医療法上の業務の区分との関係を図示すると，図表3.4.2の通りである。

図表 3.4.2

	本来業務	附帯業務	収益業務
非収益事業（下記以外）	非課税	非課税	非課税
医療保健業	非課税	課税	課税
その他の収益事業限定列挙33業種	課税	課税	課税

　収益事業課税における業種区分は施設等の単位で行うわけではなく，いわば収益を獲得する行為を個々に判定することになるため，本来業務の部分がすべて医療保健業になるわけではない。例えば，売店や自動販売機は，診療等に関連して提供されるものではなく，いわば単独で採算性を求めることが通常なので，物品販売業となる。このように，本来業務の部分についても，医療保健業に該当するもの以外について，課税・非課税の判断が必要である。また，医療法上は収益業務である「農業・林業・漁業」は，農産物等を直接不特定または

多数の者に小売する場合は「物品販売業」で課税となってしまうが、特定の集荷業者等に売り渡すだけの行為は非課税となるため、収益業務がすべて収益事業となるわけでもない。医療法上の業務区分が法人税上の区分に影響するのは「医療保健業」となるものだけである。なお、事業税は原則として法人税の所得を課税標準とするため、法人税上の収益事業以外の事業の部分は自動的に非課税となるが、医療法人の場合に、社会保険診療等は事業税非課税となるため、附帯業務で実施する医療保健業のうちの社会保険診療等に係る所得は別途非課税となる。

（2） 収益事業の区分経理とみなし寄附金

社会医療法人は、収益事業から生じた所得のみについて法人税等の課税がなされるため、法人全体を収益事業部分と非収益事業部分に区分経理しなければならない。この区分経理に関して、法人税基本通達15-2-1で以下のように規定している。

図表 3.4.3　法人税基本通達 15-2-1

> 令第6条《収益事業を行う法人の経理の区分》の「所得に関する経理」とは、単に収益及び費用に関する経理だけでなく、資産及び負債に関する経理を含むことに留意する。
> （注）　一の資産が収益事業の用と収益事業以外の事業の用とに共用されている場合（それぞれの事業ごとに専用されている部分が明らかな場合を除く。）には、当該資産については、収益事業に属する資産としての区分経理はしないで、その償却費その他当該資産について生ずる費用の額のうち収益事業に係る部分の金額を当該収益事業に係る費用として経理することになる。

したがって、総勘定元帳を有する正規の会計システムにより、税務上の区分経理をすることも考えられるが、複数の病院等の施設を有する医療法人の場合、会計情報としての必要性からは、その開設する病院等施設別に区分経理することが、より重要な視点となる。また、収益業務を行う場合には、医療法上の要請からも区分経理が義務付けられている。このような経営管理上の区分と法人税上の区分は前述のようにマトリックス上の関係にあるので、実務的に

は，正規の会計システムから必要な情報を抽出して税務用の区分経理計算を行う「区分経理表」を別途作成することで対処するのが一般的である。

「区分経理表」の作成に当たり，法人全体の試算表上の貸借は一致することは当然であるが，収益事業・非収益事業それぞれの区分においても貸借一致している必要がある。正規の会計処理である仕訳の蓄積によらず各年度継続して整合するようにするために，「区分経理表」の作成は，以下のような手順で行う。

① 各収益それぞれにつき，収益事業に係るものと非収益事業に係るものに区別し，「税務区分損益計算書」の収益事業区分・非収益事業区分にそれぞれ計上する。

② 各費用それぞれにつき，収益事業のみに係るもの，非収益事業のみに係るもの，収益事業・非収益事業共通に係るものに三区分し，「税務区分損益計算書」には，収益事業のみに係るものを収益事業区分に，非収益事業のみに係るものを非収益事業区分にそれぞれ計上する。

③ 各費用のそれぞれにつき，収益事業・非収益事業共通に係るものとした各費用につき，その発生態様により適正な配賦基準（適正なものが見出せない費用については収益額）で，収益事業・非収益事業共通に配賦し，「税務区分損益計算書」の収益事業区分・非収益事業区分にそれぞれ計上する。

④ 「税務区分損益計算書」の収益事業区分の当期純利益がゼロとなるように，「非収益事業への繰入額（収益事業区分の費用）」および「収益事業からの繰入額（非収益事業区分の収益）」を計上する。

⑤ 期末の資産負債のうち，明らかに収益事業独自のもの（行っている収益業務がすべて法人税上の収益事業である場合の，収益業務として会計上区分経理した資産及び負債や法人税法の収益事業に係る未収・未払，専用の銀行口座の預金残高，未払計上した法人税等，未払計上した消費税等のうち，収益事業に対応する金額等）を抽出して「税務区分貸借対照表」の収益事業区分に計上し，法人全体の金額との差額は非収益事業区分に計上する。純資産の部はすべて非収益事業区分に計上する。

⑥ 「税務区分貸借対照表」の収益事業区分の資産負債差額を「元入金（収益事業区分貸方）」および「収益事業元入金（非収益事業区分借方）」として計上し，収益事業区分・非収益事業区分それぞれの貸借を一致させる。

このように作成された「税務区分損益計算書」と「税務区分貸借対照表」を基礎として法人税上の所得を計算する。税務区分損益計算書の収益事業区分の当期純利益は上記の通りゼロなので，法人税別表四はゼロをスタートとして「税務区分損益計算書」の収益業区分に係る収益及び費用についての益金不算入又は損金不算入等の加減算調整を行って課税所得を計算することとなる。なお，「非収益事業への繰入額（収益区分の費用）」は単なる内部振替であるが，課税所得の金額の計算上は，外部に対するものと同様に寄附金として取り扱われる（みなし寄附金）。社会医療法人の寄附金算入限度額は寄附金支出前の所得の50％と200万円のどちらか大きい金額とされている。したがって，この限度額を超える部分の金額は損金不算入として加算されることとなる。なお，「みなし寄附金」の金額は通常は「非収益事業への繰入額」であるが，「税務区分貸借対照表」の「元入金」の金額が前事業年度よりも増加している場合には，損益取引で非収益事業へ繰り入れたものを貸借取引で戻したこととなり実質的に繰り入れたことにならないため，この増加額を差し引いた金額以上は，損金算入することはできない点に注意が必要である。

3. 医療法人の住民税

法人住民税とは，都道府県内に事務所や事業所（以下，「事務所等」）などがある法人に課税される税金で，これには，道府県民税と市町村民税の2つがあり，それぞれ「法人税割」と「均等割」の2種類がある。法人税割とは，法人税額を課税標準として課税する税金で，2以上の都道府県に事務所等を有する法人は，課税標準を従業者数により分割して各都道府県又は各市町村に納付する。なお，均等割とは，均等の額によって課税する税金である。

また，これらとは別に，法人が銀行等から支払を受ける預貯金等の利子等に対しては，国税とともに都道府県民税として「利子割」が課税され源泉徴収されていたが，この「利子割」については，平成28年1月1日以後に支払いを受ける利子等から廃止された。

(1) 法人税割

　法人税割の税率は，図表3.4.1の区分に応じ，それぞれに定める額である。なお，法律上，道府県に関する規定は都，市町村に関する規定は特別区に準用する。そのため，事務所等が東京都の23区内にある場合，標準税率適用法人では道府県民税割と市町村民税割を合わせた12.9％が都民税法人税割となる。

　また，前述した通り，平成26年度税制改正により法人住民税の一部を国税化してその税収全額を地方交付税の原資とする「地方法人税」が創設され道府県民税及び市町村民税の法人税割のうち4.4％が地方交付税の原資化とされた。これに伴い，平成26年10月1日以後に開始する事業年度から，法人税の申告納付義務のある法人は地方法人税の申告納付義務者となった。ただし，地方法人税は「国税」であり，申告書は法人税の申告書と1つの様式となっているため地方法人税の申告書の提出は法人税申告書と同時に国（税務署）へ提出することとなり，納付先も国（税務署）となった。

　なお，平成28年度の税制改正の地方税法等の改正において財務省が解説しているとおり，平成26年度税制改正の際に与党税制改正大綱において「消費税率10％段階においては，法人住民税法人税割の地方交付税原資化をさらに進める。また，地方特別法人税・譲与税を廃止するとともに現行制度の意義や効果を踏まえて他の偏在是正措置を講ずるなど，関係する制度について幅広く検討を行う。」とされたなどの経緯を踏まえ，平成28年度税制改正において，消費税率が10％となる平成29年度から暫定措置であった地方法人特別税が廃止され法人事業税に復元するとともに法人住民税の更なる交付税原資化を進めることとなっていた。

　そのため，平成29年4月1日以後に開始する事業年度から，図表3.4.4及び図表3.4.5の通り，法人住民税法人割額の標準税率について道府県分を3.2％から1.0％に，市町村分を9.7％から6.0％に引き下げるとともに地方法人税の税率を引き下げ相当分である5.9％引き上げることとなっていたが，消費税率の10％への引上げ時期を平成31年10月1日に変更するとともに関連する税制上の措置等について所要の見直しを行う平成28年8月24日の閣議決定により，法人住民税法人税割の税率の改正も，平成31年10月1日以後に開始する事業

年度からに変更となっている。

図表 3.4.4　住民税法人税割の税率

	現行		改正後	
	標準税率	制限税率	標準税率	制限税率
道府県民税法人税割	3.2%	4.2%	1.0%	2.0%
市町村民税法人税割	9.7%	12.1%	6.0%	8.4%

図表 3.4.5　地方法人税の税率

	現行	改正後
地方法人税	4.4%	10.3%

（2）均等割

均等割の税率は，図表 3.4.6 の区分に応じ，それぞれ当該に定める額である。

図表 3.4.6　均等割の税率

資本金等の額	都道府県民税均等割	市町村民税均等割	
		従業者数	
		50人超	50人以下
1千万円以下	2万円	12万円	5万円
1千万円超1億円以下	5万円	15万円	13万円
1億円超10億円以下	13万円	40万円	16万円
10億円超50億円以下	54万円	175万円	41万円
50億円超	80万円	300万円	

なお，市町村民税均等割についても，制限税率（1.2倍）が定められている。

4. 医療法人の事業税

　法人事業税とは，都道府県内に事務所等があり事業を行っている法人に課税される税金であり，付加価値割額，資本割額及び所得割額の3種類の合算額を課税標準とする法人，所得割額を課税標準とする法人，収入金額を課税標準とする法人の3つの類型に分類される。その中で医療法人は所得割額を課税標準とする法人に分類され，さらに法人税と異なり一般の営利法人（株式会社など）の「普通法人」とは区別され「特別法人」に分類される。なお，法人住民税の法人税割と同様に2以上の都道府県に事務所等を有する法人は，課税標準を従業者数等により分割して各都道府県に納付する。

　また，法人事業税の申告納付義務のある法人はあわせて地方法人特別税も申告納付義務者となった。この地方法人特別税の申告書は事業税及び道府県民税の申告書と1つの様式となっているため，地方法人特別税の申告書の提出は事業税及び道府県民税の申告書と同時に都道府県（県税事務所等）へ提出し納付する。

　なお，前述した通り，地域間の税収格差の調整のため，暫定措置として，平成20年度の税制改正に創設された「地方法人特別税」は平成29年度から廃止され法人事業税に復元するとともに法人住民税の更なる交付税原資化を進めることとなっていたが，平成28年8月24日の閣議決定により，地方法人特別税の廃止及び法人事業税への復元時期も平成31年10月1日以後に開始する事業年度からに変更となっている。

（1）事業税の特例

　事業税では「特別法人」として取り扱われる医療法人は一般法人（株式会社等）に比べ図表3.4.7，図表3.4.8に示す通り低い税率適用となっている。ただし，地方特別法人税の税率は図表3.4.9の通り特別法人である医療法人と一般法人（普通法人）は同じ税率となっている。

図表 3.4.7　事業税の標準税率

所得金額		医療法人 (特別法人)	一般法人 (普通法人)
軽減税率 適用法人	年所得 400 万円以下	3.4%	3.4%
	年所得 400 万円超，800 万円以下	4.6%	5.1%
	年所得 800 万円超		6.7%
軽減税率不適用法人		4.6%	6.7%

図表 3.4.8　平成 31 年 10 月 1 日以後開始する事業年度の標準税率

所得金額		医療法人 (特別法人)	一般法人 (普通法人)
軽減税率 適用法人	年所得 400 万円以下	5.0%	5.0%
	年所得 400 万円超，800 万円以下	6.6%	7.3%
	年所得 800 万円超		9.6%
軽減税率不適用法人		6.6%	9.6%

　なお，出資金の額が 1,000 万円以上の法人であり，かつ，3 以上の都道府県において事業を行う法人は，軽減税率の適用はなく，一律 6.6%（改正前 4.6%）を基にした税額である。また，制限税率は標準税率の 1.2 倍である。

図表 3.4.9　地方特別法人税の税率

	医療法人 (特別法人)	一般法人 (普通法人)
事業税所得割額（事業税×税率）	43.2%	43.2%

　この地方法人特別税は，平成 31 年 10 月 1 日以後に開始する事業年度から廃止が予定されている。

　このほか，事業税課税標準の算定の方法に特例が認められている。社会保険診療分の医療収入及び介護保険サービスの一部については，課税標準の計算上，益金に算入しないこととされており，これらの医療及び介護サービスの経費も損金に算入しない。そのため，事業税の課税所得計算に際しては社会保険診療に係る所得（介護報酬の一部も含まれる）と，その他の課税される所得に

区分する必要が生ずる。

実際には，収入面である社会保険診療報酬の把握は容易であるが，支出面である経費の把握は医療直接経費のほかは経費按分により算出する以外にはない。

そして，その経費按分については，大別すれば，所得配分方式と経費配分方式があり，それぞれの都道府県によって計算取扱いを異にしているので，これに従わなければならないこととなっている。例えば，東京都では所得配分方式を採用することとなるが，静岡県などでは所得配分方式と経費配分方式のいずれかを選択して申告することができることとなっている。

また，一部の都道府県では，諸引当金の戻入と繰入の相殺純額，患者外付添人等の給食収入，給食費用の相殺純額等を，収益・費用の計算基礎としているが，その他の都道府県ではただ表示形式に従って単純に算出するところもあるので留意を要する。

科目	計	うち付添人	うち従業員
患者外給食収入	1,000 千円	400 千円	600 千円
患者外給食費	800	320	480

例えば上記のようであった場合，A県では，患者外給食収入は医療事業のその他の附随収入金額に含め，患者外給食費を一般管理費等と按分する方法をとり，B県では，従業員の給食収入と給食費は，社会保険に関係しないものとして除外しているなどである。

(2) 所得配分方式

所得を社会保険分の医療収入金額とその他の収入金額の費で配分し，後者について，事業税の課税標準とする方式である。

一例をあげれば，東京都の方式で作成された計算書は，次ページの図表3.4.10の通りであり，これを図で示せば，図表3.4.11の通りとなる。

図表 3.4.10 医療法人等に係る所得金額の計算書（所得配分方式）

医療法人等に係る所得金額の計算書

事業年度　　・　・　から　・　・　まで　　法人名

（平成二十七・四改正）（提出用）

総　所　得　金　額			(1)	100,000,000
医療保健業とその他の事業とをあわせて行う場合又は土地譲渡益等がある場合の所得の区分	医療保健業の所得金額		(2)	
	その他の事業の所得金額		(3)	
	土　地　の　譲　渡　益　等		(4)	
社会保険分の所得の計算	計算の基礎とする収入金額	社会保険分の医療収入金額　（下記(ア)欄の額）	(5)	2,400,000,000
		医療保健業の総収入金額　（下記(エ)欄の額）	(6)	2,625,000,000
	社会保険分の所得金額 $\left((1) \times \frac{(5)}{(6)} \,\,\text{又は}\,\, (2) \times \frac{(5)}{(6)} \right)$		(7)	91,428,571
課税所得金額の計算	当期分の所得金額　（(1)－(7)）		(8)	8,571,429
	繰越欠損金又は災害損失金の当期控除額		(9)	
	課税標準となる所得金額　（(8)－(9)）		(10)	8,571,429

計算の基礎とする収入金額の計算

社会保険分の医療収入金額	円	その他の収入金額	円
健　康　保　険　法		労働者災害補償保健法	
国 民 健 康 保 険 法		介　護　保　険　法	
高齢者の医療の確保に関する法律		自　費　診　療　収　入	
船　員　保　険　法		入院料、ベッド代差額収入	
国家公務員共済組合法		健康診断、予防注射等受託医　療　収　入	
防衛庁の職員の給与等に関する法律		その他の医療収入	
地方公務員等共済組合法		事務取扱手数料等	
私立学校教職員共済法		患者、付添人食事代収入	
戦傷病者特別援護法		健康診断等証明収入	
母　子　保　健　法		受託技工、検査料等収入	
児　童　福　祉　法		嘱　　託　　収　　入	
原子爆弾被害者に対する援護に関する法律		利子等及び配当等収入	
生　活　保　護　法		電話、電気、ガス、テレビ、寝具等使用料収入	
中国残留邦人等の円滑な帰国の促進並びに永住帰国した中国残留邦人等及び特定配偶者の自立の支援に関する法律		生産品等販売・不用品売却収入	
精神保健及び精神障害者福祉に関する法律			
麻薬及び向精神薬取締法			
感染症の予防及び感染症の患者に対する医療に関する法律		その他の附随収入	
心神喪失等の状態で重大な他害行為を行った者の医療及び観察等に関する法律		計　　（イ）	225,000,000
介　護　保　険　法		その他の事業の収入金額（この欄は、その他の事業の収入金額を医療保健業の所得に含めて計算する場合のみ記入します。）	商品販売収入
障害者の日常生活及び社会生活を総合的に支援するための法律			物品資産　貸付収入
難病の患者に対する医療等に関する法律			計(ウ)
計（上記の(5)欄へ）(ア)	2,400,000,000	医療保健業の総収入金額(ア)＋(イ)＋(ウ)（上記の(6)欄へ）　　　(エ)	2,625,000,000

図表 3.4.11　事業税の所得計算（所得配分方式）

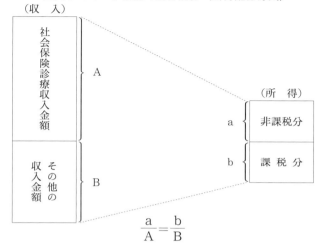

（3）　経費配分方式

この方式は，各県により若干の相違はあるが，費用総額を社会保険診療分と自由診療等の部分に配分し，それぞれの所得を計上し，自由診療等の部分の所得を課税所得とする。

例えば，静岡県の計算書は図表 3.4.12 の通りであり，これを図で示せば，図表 3.4.13 の通りとなる。

図表 3.4.12 医療法人等に係る所得金額の計算書（経費配分方式）

医療法人等に係る所得金額の計算書（経費配分方式）

社会保険診療所得額算出表

管理番号	
法 人 名	
事業年度	．．～．．

区 分			総 額	内 訳		摘 要
				社 会 保 険	一 般	
医療事業収入金額	診療収入金額	①	A 2,600,000,000 円	B 27 2,400,000,000 円	200,000,000 円	円
	その他付随収入金額	②	25,000,000		25,000,000	
	小　計 ①+②	③	A´ 2,625,000,000	B´ 28 2,400,000,000	225,000,000	
その他事業収入金額		④				
総収入金額 ③+④		⑤	2,625,000,000	2,400,000,000	225,000,000	
経費	専属経費	⑥				
	共通経費　医療直接費	⑦	2,000,000,000	1,846,153,800	153,846,200	
	一般管理費等	⑧	525,000,000	478,171,421	46,828,579	
	その他事業経費	⑨				
	小計⑥+⑦+⑧+⑨	⑩	2,525,000,000	2,324,325,221	200,674,779	
特別損益等	益金 専属	⑪				
	共通	⑫				
	損金 専属	⑬				
	共通	⑭				
	差引小計⑪+⑫-⑬-⑭	⑮				
経費合計 ⑩-⑮		⑯				
当期利益 ⑤-⑯		⑰	100,000,000	75,674,779	24,325,221	
税務計算	加算 専属	⑱				
	共通	⑲				
	減算 専属	⑳				
	共通	21				
	差引小計⑱+⑲-⑳-21	22				
税務計算後の所得金額又は個別所得金額 ⑰+22		23	100,000,000	75,674,779	24,325,221	
法72条の23第1項ただし書	加算	24				
	減算	25				
所得金額又は個別所得金額 23+24-25		26	100,000,000	29 75,674,779	30 24,325,221	

(注) 1 共通損益あん分率
　　　医療直接費 B／A＝　　0.9230769
　　　その他　　 B´／A´＝　0.9142857
　　　（例）あん分される経費等の額のうち最も大きい額が、一般管理費等⑧の「214,321,337円」の9けたである場合
　　　　　その他　B´／A´＝ 522,412,031／594,822,733＝ 0.878265072⑨　← 小数点以下10けた目以下を切り捨てる。

小数点以下の数値はあん分される経費等の額のうち、最も大きい額のけた数に1を加えた数に相当する数の位以下の数字を切り捨ててください。

2 この表は、地方税法施行規則第六号様式別表五記載のための補助資料として作成してください。

※ 損益計算書、貸借対照表、法人税法施行規則別表一（一）、四、五（一）、五（二）、六（一）〔連結法人は、個別帰属額の届出書、別表四の二付表、五の二（一）付表、五の二（二）付表一、六の二（一）〕及び「雑益、雑損失等の内訳書」の写しを添付してください。

直法様式第17号

図表 3.4.13 事業税の所得計算（経費配分方式）

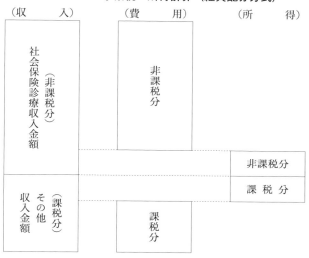

　所得配分方式によれば，課税所得は 8,571 千円であるが，経費配分方式によると，24,325 千円となる。理由としては，経費配分方式の按分率が「医療直接費 B／A」＞「その他 B′／A′」により，共通経費の一般管理費等の課税分の経費が少なく配賦されることにより，課税所得が所得配分方式より多く計算されることが考えられる。

　しかし経費配分方式については，直接医療費と一般管理費等のうち課税分として明確に区分できる経費は按分せず，100％費用として認められる。したがって，健診センターや人間ドックの費用が明確に区分できれば，課税所得は所得配分方式より減少することも考えられる。

第5節　消費税の概要と特徴

1．医療と消費税

　消費税は，生産流通過程を経て事業者から消費者に提供される財貨・サービスの流れに着目して，事業者の売上を課税対象とすることにより，間接的に消費者に税負担を求める制度である。したがって，最終的な消費税の負担者は家計となることが一般的である。

　消費税が課税される取引は，原則として国内におけるすべての資産の譲渡・貸付け及び役務の提供（以下「資産の譲渡等」という）である。しかしながら，これらの資産の譲渡等には消費に対して負担を求める税として本来課税の対象とならないものや政策上課税することが不適当とされるものがある。

　いわゆる"社会保険診療"は，一定の社会福祉事業や学校の授業料等と同様，特別の政策的配慮に基づき非課税とされている。

　したがって，国民皆保険制度をとっているわが国では，医療機関の収益はその大部分が社会保険診療となっているが，免税事業者は課税売上高が1,000万円以下と引下げられたため，ほとんどの医療法人が課税されることとなった。個人または一人医師医療法人の課税売上は5,000万円以下が多く，簡易課税による申告となることが多いが，病院を経営している多くの医療法人では，消費税の課税対象となる入院室料差額や健康診断料も多額となるため，本則課税による申告となる。

　従来，医療法人において，消費税の申告を本則課税により行っているケースは比較的少なく，簡易課税による申告例が圧倒的であった。一般企業では課税売上割合が総売上高の95％以上となる場合が多いため，簡易課税を選択できる会社は消費税の申告実務に関して繁雑な事務手数を要することはない。しかしながら，非課税取引の多い医療法人の場合，簡易課税を選択できるとしても課税取引となる医療と非課税取引となる医療を区分しなければならず，これに

要する事務手続きは決して容易なものといいがたい。

　従来の，①保険別，②入院・外来別，③窓口・振込別，④事業税の課税・非課税別に加え，⑤消費税の課税・非課税別という5分類の収益認識をする必要があり，日常業務に与える影響は決して小さなものとはいえないのが実情である。

　また，消費税の課税・非課税分類に際しては，経理的素養のみならず社会保険請求に関する医事的知識も不可欠となり，経理部門と医事部門の円滑な連携なくして適切な取引区分を行えない。

　平成12年4月1日から公的制度としての介護保険が実施された。介護保険サービスも社会保険診療同様，原則的に非課税とされているが，消費税の課税・非課税分類は医療における課・非判断とまったく同じとはなっていない。このため，介護保険導入によって医療法人の消費税に関する事務処理はますます煩雑なものとなっているのが現状である。

　また，平成25年1月1日以後に開始する事業年度から，基準期間（その事業年度の前々事業年度）の課税売上高が1,000万円以下であっても，特定期間（前事業年度の前半期分）の課税売上高と同期間中の給与総額のいずれもが1,000万円を超える場合，課税事業者に取り込まれるから注意が必要である。

　加えて，事業者（免税事業者を除く）が，簡易課税制度の適用を受けない課税期間中に，平成28年4月1日以後に税抜価格1,000万円以上の固定資産または棚卸資産の仕入れ等を行った場合には，その仕入れ等を行った事業年度を含み3事業年度は，免税事業者となることはできず，かつ簡易課税制度の適用を受けることができないことになっている。

2．医療法人の消費税申告実務

　消費税申告の基本的計算手順について，本則課税と簡易課税に分け，具体的計算例を掲げながら説明を加える。

（1） 本則課税の場合の計算手順

① 課税・非課税等の区分

　　すべての取引（売上・仕入双方）を課税・非課税・不課税・免税に区分する。

② 課税売上割合の計算

　　課税売上割合により控除対象仕入税額の計算方法が異なる。

③ 売上に係る消費税額の計算

　　課税売上に係る消費税額を算出。

④ 売上対価の返還等（売上返品，値引，割戻等）に係る税額及び貸倒処理に係る税額の計算

　　課税売上に係る消費税額から控除する控除税額の計算。

⑤ 控除対象仕入税額の計算

　　イ　課税売上割合が95％以上かつ課税売上高が5億円以下

　　　　……課税仕入等に係る消費税は全額控除

　　ロ　課税売上高が5億円超又は課税売上割合が95％未満

　　　　……課税売上に対応するものだけを控除

　　　　　　（個別対応方式，一括比例配分方式）

本則課税の計算例

勘定科目	借　方	貸　方	課	非
○医業収益				
入院・外来収益		1,500,000,000		
自由診療収益		100,000,000	◎	Ⓐ
○医業費用				
給　与　費	850,000,000			
材　料　費	300,000,000		○	Ⓒ
経　　　費	300,000,000			
課　税　分	200,000,000		○	Ⓓ
非課税分等	100,000,000			
減価償却費	90,000,000			
研究研修費	12,000,000			
課　税　分	10,000,000		○	Ⓔ
非課税分等	2,000,000			
○医業外収益				
課　税　分		10,000,000	◎	Ⓑ
非　課　税　分		5,000,000		
不　課　税　分		15,000,000		
○医業外費用				
課　税　分	5,000,000		○	Ⓕ
非課税分等	10,000,000			
○期中取得固定資産				
医療機器	80,000,000		○	Ⓖ
建　　物	700,000,000		○	Ⓗ

（諸条件）
1. 経理処理：税抜経理方式
2. 仕入税額控除：一括比例配分方式
3. 仮払消費税勘定と仮受消費税勘定

仮受消費税勘定

	Ⓐ×8%	8,000,000
	Ⓑ×8%	800,000
		(8,800,000)

仮払消費税勘定

Ⓒ×8%	24,000,000
Ⓓ×8%	16,000,000
Ⓔ×8%	800,000
Ⓕ×8%	400,000
Ⓖ×8%	6,400,000
Ⓗ×8%	56,000,000
(103,600,000)	

4. 控除対象仕入税額の計算方法の判定
   ① 課税売上高　Ⓐ＋Ⓑ　　　　　110,000,000
   ② 入院・外来収益（非課税分）　1,500,000,000
   ③ 医業外収益（非課税分）　　　　5,000,000
   　　　　　　　　　　　　計　1,615,000,000

   ＊課税売上割合＝$\dfrac{課税売上高}{総売上高}=\dfrac{110,000,000}{1,615,000,000}=6.81\%$

   6.81％＜95％
   95％未満のため課税仕入等に係る消費税額を全額控除することはできない。

(計算手順)
1. 課税売上計算　100,000,000＋10,000,000＝110,000,000（千円未満の端数切捨）
2. 課税標準額に対する税額抽出　110,000,000×8％＝8,800,000
3. 課税仕入税額の算出　（Ⓒ＋Ⓓ＋Ⓔ＋Ⓕ＋Ⓖ＋Ⓗ）×8％＝103,600,000
4. 控除対象税額の算出：一括比例配分方式
    課税仕入等に係る税額 × 課税売上割合

   $103,600,000 = \dfrac{110,000,000}{1,615,000,000} = 7,056,346$　（1円未満の端数切捨）

5. 控除税額の合計額算出
   売上対価の返還等の金額に係る税額と貸倒処理した金額に係る税額はない。
   　　∴　7,056,346

6. 差引税額の算出
   　　8,800,000－7,056,346＝1,743,654
7. 消費税及び地方消費税合計　1,743,600（百円未満の端数切捨）

（期末における消費税についての経理処理）
法人税法の適用を受ける法人の場合は，強制される。
① 仮払消費税の区分

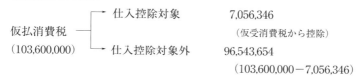

② 控除対象外消費税の処理
資産に係る仕入控除対象外消費税額の取扱い（図表 3.5.1 参照）

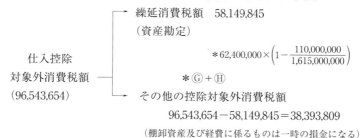

（棚卸資産及び経費に係るものは一時の損金になる）

③ 繰延消費税の償却

$$繰延消費税額 \times \frac{当期の月数}{60} \quad （初年度は \frac{1}{2}）$$

$$58,149,845 \times \frac{12}{60} \times \frac{1}{2} = 5,814,984$$

（仕訳）

（仮 受 消 費 税）	8,800,000	（未払消費税）	1,743,600
（控除対象外消費税）	38,393,809	（仮払消費税）	103,600,000
（繰 延 消 費 税）	58,149,845	（雑 収 入）	54
（繰延消費税償却）	5,814,984	（繰延消費税）	5,814,984

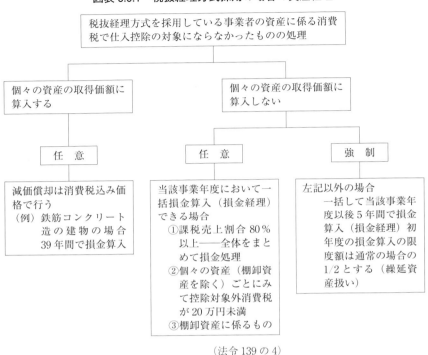

図表 3.5.1　税抜経理方式採用の場合の資産経理

(法令 139 の 4)

（2）　仕入税額控除

　医療法人において仕入税額控除を計算する場合には，個別対応方式と一括比例配分方式が選択適用できる。

　個別対応方式により仕入税額控除を計算する場合には，①課税売上にのみ要するもの，②非課税売上にのみ要するもの，③課税売上，非課税売上に共通して要するものに区分し，

　　　課税売上対応分の消費税額＋共通売上対応分の消費税額×課税売上割合

の合計額で算出する。

　一方，一括比例配分方式は，以下で算出する。

　　　消費税額×課税売上割合

　なお，個別対応方式により仕入税額控除を計算する法人は，選択により一括

比例配分方式により計算することもできるが，一括比例配分方式を選択した場合には，2年間継続して適用しなければならない。

課税売上対応分の課税仕入とは，健診事業や自費診療のみに使用される費用で，健診車，ドック専門施設の費用等が考えられる。ここで問題となるのが，薬品はどの売上対応分に区分されるのかである。病院の収入構成を見れば大部分は社会保険診療であり，課税売上である自費診療は極めて少なく非課税売上対応分と考えられがちである。しかし，病院における薬品は診療行為によって使用されるものであり，同一の薬品が社会保険診療と自費診療に随時渾然一体となって使用されることから，共通売上対応分として区分することになる。よって，非課税売上対応分としてはレセプト代行入力費用等のわずかな仕入があり，病院の課税仕入はほとんど共通売上対応分である。

例えば，168ページ（計算手順）4の課税仕入金額に係る税額算出を個別対応方式で計算すると（期中取得の医療機器は健診事業のみに使用）

① 課税売上対応分の課税仕入　80,000,000×8％＝6,400,000
② 共通売上対応分の課税仕入　1,200,000,000円とすると，96,000,000×課税売上割合＝6,538,700

控除対象仕入税額は，12,938,700円となり一括比例配分方式より多くなる。

これは，大部分を占める非課税売上に対し，非課税売上対応分の課税仕入が極端に少ないためである。多くを占める共通売上対応分に課税売上割合を乗じた控除対象税額が多く計算されるからである。したがって，健診事業や自費診療を積極的に行っている医療法人にとっては，個別対応方式を選択した方が有利になる。

(3) 簡易課税を採用した場合の計算手順

基準期間（前々事業年度）の課税売上高が5,000万円以下で，消費税簡易課税制度選択届出書を提出。

① 課税・非課税等の区分

　　売上についてのみ課税・非課税等の区分を行う。
② 課税標準額の計算

課税売上金額をもとに，課税標準額を計算。
③ 消費税額の計算
課税標準額に税率を乗じて計算。
④ 貸倒回収に係る消費税額の計算
貸倒処理した課税売上の全部または一部を回収した場合のその貸倒回収額に係る消費税額を計算。
⑤ 控除対象仕入税額の計算
課税標準額に対する消費税額にみなし仕入率（第5種事業50％）を乗じて計算。
⑥ 売上対価の返還等の金額の計算
課税標準額から控除する売上対価の返還等の金額を計算。
⑦ 貸倒れに係る税額の計算
課税売上高に対応する貸倒れの金額を抽出し，それに含まれる税額を計算。

簡易課税の計算例

勘定科目	試算表 借方合計	試算表 貸方合計	課非	摘要
○医業収益				
入院・外来収益		1,000,000,000		
自由診療収益		40,000,000	◎	
○医業費用				
給与費	500,000,000			
材料費	250,000,000		○	
経費	200,000,000			
課税分	130,000,000		○	⎫ 区分不要
非課税分等	70,000,000			⎭
減価償却費	30,000,000			
研究研修費	6,000,000			
課税分	5,000,000		○	⎫ 区分不要
非課税分	1,000,000			⎭
○医業外収益				
課税分		5,000,000	◎	患者外給食収益等
○医業外費用				
課税分	10,000,000		○	⎫ 区分不要
非課税分	20,000,000			⎭

　期中の会計処理＝税込経理処理
　税抜経理方式をとった場合の
　　仮受消費税
$$45,000,000 \times \frac{8}{108} = 3,333,333$$
　　仮払消費税
$$(250+130+5+10)\text{百万円} \times \frac{8}{108} = 29,259,259$$

（計算手順）
1. 税込課税売上計算　40,000,000＋5,000,000＝45,000,000
2. 課税標準額計算
$$45,000,000 \times \frac{100}{108} = 41,666,000 \quad (千円未満端数切捨て)$$
3. 消費税額算出　41,666,000×8％＝3,333,280
4. 貸倒れ回収に係る消費税額―該当なし
5. 控除対象仕入税額　3,333,280×50％＝1,666,640

6. 返還等対価に係る税額―該当なし（相殺処理 OK）
7. 貸倒れに係る税額―該当なし（相殺処理しない）
8. 差引税額　3,333,280－1,666,640＝1,666,640
9. 消費税及び地方消費税合計　1,666,600

（期末における消費税の経理処理）
　（仕訳）租税公課　1,666,600　　未払金　1,666,600
　　　ただし，翌期に計上しても法人税法上の問題はない。
　＜注意点＞
　　　期中，税抜経理方式を採用していた場合には，精算差額の処理が必要となる。
　（仕訳）
　　　仮受消費税　　　　　　3,333,333　　仮払消費税　29,259,259
　　　控除対象外消費税　27,592,526　　未払消費税　　1,666,600

3. 社会医療法人の特例

　社会医療法人は，一般の医療法人と異なり，消費税上公益法人等とされており，特定収入が賄った仕入れに係る消費税を仕入税額控除ができないという特例が適用となる。通常，消費税の納税額の計算は，収入面からは，資産の譲渡やサービスの対価に関係するもののみ（課税売上と非課税売上）で行うが，収入はこの他に資産の譲渡等の対価ではない不課税収入もある。具体的には，補助金，寄附金，受取配当金，損害保険金，借入金等が該当する。不課税収入のうち，借入金収入のような負債性のもの，貸付金回収収入のような単に資産の戻りとなる収入は，特定収入外不課税収入として納税計算上考慮外となるが，補助金収入のうち使途が課税仕入れまたは借入金返済以外に特定されているもの（例えば給料に対する補助金）のように明らかに仕入れに係る消費税を賄うものではないものを除き，特定収入となって仕入税額控除の調整計算が必要になる。なお，調整が必要なのは，特定収入割合が5％を超える場合である。

　特定収入割合＝（特定収入）／（課税売上＋非課税売上＋特定収入）
　　　＊非課税売上は課税売上割合算出の場合と異なり，有価証券譲渡対価5％のみを計上するのではなく，そのまま計算した金額である。

　具体的な調整計算は，課税売上割合が95％未満の場合の仕入税額控除の計

算方法が，個別対応方式の場合と一括比例配分方式の場合それぞれにつき，以下の通りとなっている。

＜個別対応方式の場合＞

特定収入に該当するものを，以下のように分類する。
(a) 課税売上のみに要する課税仕入に使途特定のもの
(b) 課税非課税売上共通に要する課税仕入に使途特定のもの
(c) 非課税売上のみに要する課税仕入に使途特定のもの
(d) 使途共通のもの

このような分類後，税額控除の対象にならない特定収入に係る課税仕入等に係る税額は，以下のように計算することになる。

① (a)×108分の6.3…当該特定収入がそのまま調整前の仕入控除税額を賄ったことになるため：(1)の金額
② (b)×108分の6.3×課税売上割合…当該特定収入のうち非課税売上対応の仕入税額を賄った部分はもともと調整前の仕入控除税額に含まれていないため，課税売上分のみとなるように計算：(2)の金額
③ 使途共通の特定収入(d)が賄った金額を算出するために，以下の調整割合を算出

$$調整割合＝(d)／(税抜課税売上＋非課税売上＋(d))$$

④ 仕入控除税額から(1)の金額と(2)の金額を差し引いたものが，使途共通の特定収入が賄った可能性のある金額であるため，この金額に調整割合を乗じた金額を算出し，使途共通の特定収入が賄った金額を計算：(3)の金額

以上の結果，(1)＋(2)＋(3)の金額が税額控除の対象とならない特定収入が賄った仕入れ税額となるため，調整前仕入控除税額から，当該金額を差し引いたものが，調整後の確定した控除対象仕入税額となる。

＜一括比例配分方式の場合＞

個別対応方式と異なり，調整前仕入控除税額の発生源泉が分類されていないので，上記(a)(b)(c)の区別はないため，特定収入は，「課税仕入に使途特定のもの」と「使途共通のもの」に分類することになる。よって特定収入が賄った仕入控除税額は，次のようになる。

① 課税仕入に使途特定のもの×108分の6.3×課税売上割合…当該特定収入のうち非課税売上対応の仕入税額を賄った部分はもともと調整前の仕入控除税額に含まれていないため，課税売上分のみとなるように計算：(4)の金額
② 仕入控除税額から(4)の金額を差し引いたものが，使途共通の特定収入が賄った可能性のある金額であるため，この金額に調整割合を乗じた金額を算出し，使途共通の特定収入が賄った金額を計算：(5)の金額

以上の結果，(4)＋(5)の金額が税額控除の対象とならない特定収入が賄った仕入れ税額となるため，調整前仕入控除税額から，当該金額を差し引いたものが，調整後の確定した控除対象仕入税額となる。

以上のように，一般の医療法人の場合には，仕入税額控除ができる金額が，社会医療法人の場合には，控除できないことがあるので，納税額が増加する特例であることに留意しなければならない。なお，簡易課税を選択する場合には，特例はなく，一般の医療法人と同じである。

4．消費税等の会計処理

消費税等（国税たる消費税と地方消費税）は，資産の譲渡・賃貸及び役務の提供を行う各事業者が納税義務者として申告・納付をするが，これらの事業者の売上げに対する消費税額は，商品やサービスの販売価格に上乗せされて次々と転嫁されることによって，最終的には消費者が負担することとなる間接税である。

そのため，事業者は納税義務者として，消費者から受け取った販売価格に含まれる消費税を国に納付しなければならない。しかし，事業者も仕入段階においては，消費者の立場として既に支払った消費税があるため，その部分については，既に消費税を納付していることになる。したがって，消費税が二重，三重に課されることのないよう各事業者の売上げに対する消費税額から仕入に係る消費税額を控除する仕組みになっている。

すなわち，事業者は，売上に係る消費税額を消費者から預り金的に一旦受け

取り，その消費税額から，その事業者が消費者の側として支払った仕入に係る消費税額を控除し，その差額について納付し，または還付されるものである。

このような消費税の仕組みから会計処理の方法としては2つの経理方式が考えられる。1つは消費者が負担する間接税であるという側面を重視したもので，収益，費用，固定資産の金額を消費税抜きで経理する方法（税抜経理方式）である。これは，収益に含まれる消費税は仮受とし，費用・固定資産に含まれる消費税は仮払とすることで，消費税を本体価格と切り離し，損益計算に影響を与えないものである。もう1つは消費税は価格の一部を構成するものという側面から消費税を本体価格と切り離さないで，収益，費用，固定資産の金額の全てを消費税込みで経理する方法（税込経理方式）である。この場合，納税額は費用計上され，還付額は収益計上される。また，免税事業者は税込経理方式しか選択できないこととなっている。

なお，税抜経理方式，税込経理方式は，あくまでも会計処理の方法であり，税抜経理方式，税込経理方式のどちらを採用しても計算される消費税額は同じとなる。

5. 医療法人の控除対象外消費税問題

消費税は国内において事業者が行った資産の譲渡・賃貸及び役務の提供が課税の対象となり，消費税分は事業者の販売価格に上乗せされて次々と転嫁され，最終的には消費者が負担することになる税制である。

また，生産の流通・販売の各段階で，二重，三重に税が課されることのないよう，売上に係る消費税額から仕入に係る消費税額を控除し，消費税の預り分があれば納付し，過払分があれば還付され，事業者の負担は無い，預り金的な税である。

医療法人の大部分の収入は，社会保険診療報酬・介護報酬による保険収入であり，社会政策的な配慮により非課税とされている。このほか消費税が課されないという点においては，不課税（保険金収入・寄附金収入等）や免税（輸出取引等）があるが，控除対象となる課税仕入に係る消費税額の計算に相違があ

る。すなわち，支払った消費税額のうち，課税売上割合分のみ控除対象となり，非課税売上に対応する支払消費税は控除されない（控除対象外消費税）仕組みになっている。

図で示すと次の通りである。

【消費税の仕組み】

① 一般的な場合

② 免税売上がある場合

③ 課税売上割合が95％未満の場合

控除対象外消費税は，社会保険診療を行っていれば日常の取引でも発生するが，さらに病院の建替えや，高額医療機器の購入があればさらに増大する。

一説によれば，診療所で数百万円，一般病院では数千万円から数億円にのぼると言われている。今後消費税率がアップされた場合，ますます医療法人の経営を圧迫することは必至である。

そこで日本医師会や病院団体を中心に，医療機関の消費税控除対象外消費税問題を解決するため，非課税取引である社会保険診療報酬を課税取引とするよう（ゼロ税率ないし軽減税率）要望してきた。それによると，支払消費税は課税売上割合が大幅に高まることにより控除される消費税も全額控除が可能となり還付され，控除対象外消費税が解消されることになる。

第6節　源泉所得税の概要と特徴

1.　源泉所得税の概要

所得税は，所得者自身が，その年の所得金額とこれに対する税額を計算し，これらを自主的に申告・納付する「申告納税制度」を建前としている。一方で給与，退職金，報酬，配当，利子等の特定の所得については，その所得の支払いの際に支払者が所得税を徴収し納付する源泉徴収制度も併せて採用している。

この源泉徴収制度においては，所得税を徴収し国に納付する義務がある者を源泉徴収義務者というが，これは法人や個人に限らず，学校，官公庁，人格のない社団・財団であっても全て源泉徴収義務者となるため，医療法人についても当然に源泉徴収義務者として給与，報酬等に係る所得税を徴収し，原則として翌月10日までに国に納付しなければならない。

また，平成25年1月1日から平成49年12月31日までの間，所得税を徴収する際には，その徴収する所得税に2.1％を乗じた金額の復興特別所得税も併せて徴収し納付しなければならないこととなっている。

この源泉徴収制度により徴収された給与に対する源泉徴収税額は，通常年末調整という手続きを通じて過不足額を精算し，弁護士や税理士等への報酬に対

する源泉徴収税額は，確定申告により精算されることとなっている。

そのため，所得の支払者は，源泉徴収義務者として源泉徴収税額の算定を行う必要があるが，給与に対する源泉徴収税額の算定にあたっては，「源泉徴収税額表」を用いることになる。この「源泉徴収税額表」では，「月額表」，「日額表」，「賞与に対する源泉徴収税額の算出率の表」に分かれており，支給内容等の違いにより算定される源泉徴収税額が異なってくる。

また，「月額表」，「賞与に対する源泉徴収税額の算出率の表」は，「甲欄」，「乙欄」に区分されているが，「日額表」においては，「甲欄」，「乙欄」に加え「丙欄」の3つに区分されている。この「甲欄」は，「給与所得者の扶養控除等申告書」の提出がある場合に使用され，他方，提出がない場合には「乙欄」が使用される。「丙欄」については，あらかじめ定められている雇用期間が2カ月以内である，または，日々雇い入れている場合は継続して2カ月を超えて支払いをしていない者に対する給与について使用する。このように，給与に対する源泉徴収税額の算定にあたっては，「月額表」と「日額表」，「甲欄」と「乙欄」もしくは「丙欄」の区分の違いにより算定される所得税額に大きな差が生じる。

さらには，給与は現金として支給されるもののみならず，通勤手当や食事代のような「経済的利益」のうち，一定の事由に該当したものについては，給与等に係る経済的利益，すなわち「現物給与」として源泉徴収義務が生じる。

したがって，源泉徴収税額の算定にあたっては，「源泉徴収税額表」のどの区分によるのか，またどのような「現物給与」が給与課税されるかの判断が特に重要となってくる。

2. 派遣医師の給与所得

大学病院の医局等から派遣される医師や歯科医師が，派遣先の病院において診療を行うことによって受ける報酬は給与所得に該当する。

したがって，給与の支払いをする病院は給与の支払いの際，所得税を徴収し，翌月10日までに国に納付しなければならない。

現在でも，一部の医療機関では，これら派遣医師に対する給与を手取契約で，かつ，派遣を受けたつど支払っている（図表3.6.1参照）。

そのようなケースでは，源泉徴収をする場合，まず，支払いを受ける医師が扶養控除等申告書を提出しているかどうかにより甲欄，乙欄を決定するが，派遣医師の場合，ほとんど大学病院や派遣元病院にこれを提出しているので，派遣先病院では「乙欄」を適用することになる。そして，勤務のつど金銭を支給するので「日額表」ということになる。

日額表乙欄で計算する源泉税は非常に高額になる。

例えば，1日当たり純手取額6万円で月4日勤務した場合，月間の源泉税額は，以下のようになる。

$$N - \{22{,}980 + (N - 57{,}500) \times 45.945\%\} = 60{,}000$$
$$N(支給額) = 104{,}637$$
$$源泉税 = 44{,}637$$
$$月4回 \quad 44{,}637 \times 4 = 178{,}548$$

この計算は，乙欄を適用する源泉徴収の考え方をよく理解することができる。

―― 〈質問1〉 ――

私の病院では，非常勤医師の給与を，1日当たり純手取額6万円で契約し，勤務終了後に現金を支給して，そのつど決済を行っています。

このような場合には，源泉税を日額表乙欄で計算しますので，非常に高額になりますが，月4日来院したとして，どのような方法が源泉税の負担を軽くすることができるのかご教示ください。

〈答〉　現在，貴院の給与支給方法では，日額表乙欄で源泉税を徴収するしかないわけですが，次のような支払基準を採用する場合，月額表乙欄を適用することができます。

①　月額の給与総額をあらかじめ定めておき，これを月ごとに，または派遣を受けるつど分割して支払うこととするもの。

手取額6万円ですから，月額手取額24万円とした場合の乙欄による月額計算は，

支給額＝290,500
　　源泉税＝ 50,500
となる。

　1回ごとに290,500÷4＝72,625円とし，支給手渡額60,000円，徴収税額12,625円として処理した場合，すでに定められている給与の分割払いとなり，たとえ日払いでも月額表乙欄の適用が受けられます。

　②　月中に支払うべき給与をまとめて月ごとに支払うこととするもの。

　この支払基準は，通常日給月給といわれる方法で，一般従業員の給料支給日にその月間の給与を支給する仕組みになっています。

　したがって，月1回の場合でも，月10回勤務した場合でもその月間の給与を月額表乙欄で計算することになります。

　このような支払基準に変更しますと源泉税の負担が
　　178,548－50,500＝128,048
と軽くなります。

図表 3.6.1　非常勤医師に対する源泉徴収

派遣医の給与所得について適用する源泉徴収税額表の区分等について

（昭和 57 年 10 月 25 日　直法 6 - 8　社団法人全日本病院協会・社団法人日本医療法人協会・社団法人日本精神病院協会・社団法人日本病院会宛　国税庁直税部長回答）
（照会）
　派遣医の給与所得について適用する源泉徴収税額表の区分等について，下記のとおりご照会申しあげます。

記

　現在，多くの医療機関では，大学病院の医局等から教職員又は研修生たる身分を有する医師又は歯科医師の派遣を受けて診療業務に従事させており，これらの派遣医に対する給与の支払いについては，いわゆる手取契約で，かつ，派遣を受けた都度行う慣行が広く行われてきました。
　そして，このような慣行によって支払う派遣医の給与について源泉徴収を行う場合には，給与所得の源泉徴収税額表（日額表）の乙欄を適用することになりますが，手取額のいかんによっては，各医療機関の負担する税額が高額となることもあって，正規の源泉徴収を行わず，税務当局により是正を求められる事例が少なくなく，当会としても早急に取扱いの適正化を図る必要性を感じております。
　そこで，各医療機関に対し，派遣医に支払う給与について次の支払い基準による場合には，給与所得の源泉徴収税額表（月額表）の適用がある旨を周知し，派遣医に支払う給与の源泉徴収の適正化を図りたいと考えていますが，このような取扱いで差し支えないかご照会申し上げます。
　なお，以上の周知と同時に，派遣医の適正な確定申告が図られるよう各医療機関に対し，法令に基づく給与所得の源泉徴収票の本人交付と税務署への提出の確実な実施について，改めて周知したいと考えていますので，念のため申し添えます。
〔支払い基準〕
　①　月間の給与総額をあらかじめ定めておき，これを月ごとに又は派遣を受ける都度分割して支払うこととするもの
　②　月中に支払うべき給与をまとめて月ごとに支払うこととするもの
（回答）
　標題のことについては，貴見のとおりに取り扱うこととして差し支えありません。

以上

3. 通勤手当の非課税限度額

通勤のために交通機関を利用し，またはマイカー等を使用する者等に対し，支給する通勤手当の非課税とされる限度額は図表 3.6.2 の通りである。

図表 3.6.2　通勤手当の非課税限度額

区　　分		非課税限度額
① 交通機関又は有料道路を利用している人に支給する通勤手当		1カ月当たりの合理的な運賃等の額（最高限度　150,000 円）
② 自動車や自転車などの交通用具を使用している人に支給する通勤手当	通勤距離が片道 55 キロメートル以上である場合	31,600 円
	通勤距離が片道 45 キロメートル以上 55 キロメートル未満である場合	28,000 円
	通勤距離が片道 35 キロメートル以上 45 キロメートル未満である場合	24,400 円
	通勤距離が片道 25 キロメートル以上 35 キロメートル未満である場合	18,700 円
	通勤距離が片道 15 キロメートル以上 25 キロメートル未満である場合	12,900 円
	通勤距離が片道 10 キロメートル以上 15 キロメートル未満である場合	7,100 円
	通勤距離が片道 2 キロメートル以上 10 キロメートル未満である場合	4,200 円
	通勤距離が片道 2 キロメートル未満である場合	（全額課税）
③ 交通機関を利用している人に支給する通勤用定期乗車券		1カ月当たりの合理的な運賃等の額（最高限度　150,000 円）
④ 交通機関又は有料道路を利用するほか，交通用具も使用している人に支給する通勤手当や通勤用定期乗車券		1カ月当たりの合理的な運賃等の額と②の金額との合計額（最高限度　150,000 円）

（注）　上記の「合理的な運賃等の額」とは，その通勤の運賃，時間，距離等の事情に照らし最も経済的かつ合理的と認められる通常の通勤の経路及び方法による運賃等の額をいう。

マイカー通勤者は片道の通勤距離応じた月額非課税限度額の他，片道 15 km 以上の場合は交通機関を利用したならば最も合理的と認められる運賃相当額として月額 10 万円を限度に非課税とされていた（いわゆる上乗せ特例）。

平成 24 年 1 月 1 日以後，マイカー通勤者はガソリン等の実費を超えた通勤

手当が通勤交通の環境悪化の適正化を理由に、この上乗せ特例が廃止された。

また、上乗せ特例が廃止されたからには通勤距離片道を細分化して非課税限度額を決定するのではなく、1km○○円と変更した方がより実態に合致しているものと考えられる。

〈質問2〉

当病院では、駅から遠くしかも交通機関も整備されておらず、ほとんどの使用人がマイカーや自転車で通勤しています。

今般、病院の新築工事で従業員駐車場が取り壊わされ、近隣の駐車場を借り上げることになりましたが、この当病院が負担する駐車料金は、使用人に対し給与として課税しなければならないでしょうか。

〈答〉 病院が自己の所有する土地をマイカー等で通勤する従業員のため、無償で使用させることによる経済的利益はないものと考えます。

それは、経済的利益の額はそれほど多額にはならず、しかも各人ごとに区分して計算することは困難であるからです。

今般、借り上げる駐車場の料金により各人別にその利益を計算することは可能ですが、病院の立地条件からマイカーで通勤せざるを得なく、しかも、従業員全員の駐車料金を負担する点から、あえてこれを通勤手当に上乗せして、非課税限度額の計算を行う必要はないと思われます。

〈質問3〉

当病院では、医師や看護師等の資格者の確保が困難となってきています。そこで、遠距離の資格者の採用も検討しています。この際、支度金を支給したいと思いますが、これは所得になるのでしょうか。

〈答〉 新しい勤務先に通勤することを条件に受け取る金額は、支度金、契約金、転居料などの名目があります。給与所得者が就職に伴う転居のための費用で通常必要である部分については、旅費として非課税所得に該当しますが、これを超える金額は雑所得になります。

ここで通常必要な旅費とは、その旅行に必要な運賃、宿泊料、移転料のうち、距離、宿泊の要否、職務の内容、地位等からみて、通常必要な範囲の金額

をいいます。

4. 食事代の現物給与

　食事代は本来自分の所得のなかから支出すべきもので，病院から無料または廉価な食事を支給された場合，その食事代のうち病院負担分は経済的利益を受けたものとして課税される。

　しかし，給食には福利厚生的な面もあることから，社会通念上高額な使用者の負担とならなければ経済的利益はないものとされ，課税されない。

　具体的には，
① 食事の価額の半額以上を自己負担とすること。
② 病院側の負担が月額 3,500 円（税抜き）以下であること。
の2点とも満たしていれば，経済的利益はないものとされる。

　そして，この食事の価額は，次のように評価する。
① 病院で調理する食事……主食，副食等の直接費の額
② 他から購入する食事……購入価額

　なお，通常の勤務時間外の勤務として，残業，宿日直をした人に支給する食事は課税されない。

〈質問4〉
　当院では，給食業務を業者に委託することになりました。
① 業者に病院の給食設備を無償で使用させる。
② 患者給食と職員給食の委託料として，月300万円支払う。
③ ②とは別に実際に購入した材料費を毎月患者用と職員用に分けて支払う。
④ 患者用材料費月平均350万円，月13,500食
⑤ 職員用材料費月平均100万円，月4,000食
　そして，病院の役職員に対して1食100円で食券を販売しておりますが，税金はどうなりますか。

〈答〉　給食業者に委託する場合の食事の評価ですが，原則として，①病院内

の給食施設を無償で使用させ，かつ㋺主食・副食等の材料を提供している場合には，使用者が調理して支給する食事に該当し，その食事の材料に要する直接費の額になります。

したがって，調理，給仕等の人的役務の対価である委託費は考慮に入れず，職員用給食材料費の月平均額を算出します。

1食当たり給食直接費　1,000,000円÷4,000食＝250円

1食当たり食事代補助　250円－100円＝150円

月平均22食として，病院負担が150円×22日＝3,300円となり，月額3,500円以下となりますが，半額以上を職員負担とする要件を満たしておりません。

この場合，病院負担額3,300円について経済的利益を受けたとして課税を受けます。しかし，職員負担を半額以上にすること（1食125円以上）によって，2つの要件が満たされますので，経済的利益はないものとされ課税されません。

5. 学資金・資格取得費用

〈質問5〉
当病院では看護師不足が恒常化しているため，やむを得ず，看護学生に卒業後，当病院に勤務することを条件に奨学金を無利息で貸与しています。この奨学金は，3年間勤務すれば返済を免除することになっています。
この場合，奨学金の処理はどのようにすればよいのでしょうか。

〈答〉　平成28年3月31日以前に支給された学資金のうち，「給与その他対価の性質を有するもの」については，給与として課税されることとなっていました。

しかし，病院の業務遂行上の必要性から，役員または使用人にその職務に直接必要な技術や資格を取得させるための研修会，講習会等の出席費用は，適正なものに限り課税しなくても差し支えないことになっており，将来の勤務（誓約書の提出が必要）を前提とした奨学金制度については，使用人に対して支給

するものと特段の差はないものと考えられることから，特定の者に利益を与えるものではないこと，および，貸与額が適正なものであれば，経済的利益に対し課税しなくて差し支えないとされておりました。

その一方で，地方公共団体が地域の医師確保の重要性から行っている奨学金については，その医学生の将来の勤務先の違いによって，その学資金に係る債務免除益について給与課税されるか否かの判断に違いが生じるというアンバランスな状況が生じていました。すなわち，将来の勤務先がその地方公共団体が設置・運営する医療機関以外の医療機関である場合には，その奨学金に係る債務免除益は非課税とされる一方で，その勤務先がその地方公共団体が設置・運営する医療機関である場合には，当該債務免除益は「給与その他対価の性質を有するもの」として給与課税されていました。

このような経緯から，平成28年度税制改正において，課税対象となる学資金の範囲について，課税の潜脱を防止するという趣旨を踏まえつつ，真に課税の適正性・公平性を損なうおそれがあると思われるものに限定するために所要の改正が行われました。

具体的には，平成28年4月1日以後に支給する学資金のうち，「給与所得を有する者が，その使用者から通常の給与に加算して受けるもの」については，「給与その他対価の性質を有するもの」に該当しないものとして非課税所得とされることになりました。この「使用者から通常の給与に加算して受けるもの」には使用者からの奨学金に係る債務免除益も含まれます。ただし，以下の者に対して支給される学資金につきましては，その非課税の範囲から除かれています。

① 法人の役員
② 使用人（当該法人の役員を含む）の配偶者，親族等

そのため，医療法人の使用人については，医療法人からの使用人としての給与があり，その給与に加算する形で学資金の支給を受けている場合のその学資金のみならず，その医療法人から奨学金の支給を受けている学生が，将来医療法人の使用人となり，使用人としての給与を有することとなった場合の，その奨学金に係る債務免除益についても，給与として課税されないことになりま

す。

　他方，平成28年4月1日以後に上記①または②の者に対して支給する学資金には，非課税の取扱いはなく「給与その他対価の性質を有するもの」として給与課税されることとなっています（所基通9-15）。

　ただし，使用人（当該法人の役員を含む）の配偶者，親族等に対する学資金については，その配偶者等がその法人の使用人であり，その学資金の給付がその配偶者等のみを対象としているのでなければ，課税しないものとして取り扱って差し支えないこととされています（所基通9-16）。

6. 役員社宅，使用人社宅の現物給与

　社宅の家賃が一般家賃に比べて安いのが通常であるが，著しく安い場合や無料の場合には原則として，経済的利益を与えていることになるので，現物給与として，課税問題が生ずることになる。

（1） 使用人社宅の家賃相当額

　使用人社宅の家賃相当額は，自己所有，借上社宅の区別に関係なく，その建物及び敷地の固定資産税の課税評価額をもとに評価することになっている。

　　ⅰ　地代相当額
　　　　＝敷地の固定資産税課税標準額×0.22％
　　ⅱ　純家賃相当額
　　　　＝家屋の固定資産税課税標準額×0.2％＋12円×$\dfrac{\text{家屋の総床面積（m}^2\text{）}}{3.3\,\text{m}^2}$
　　ⅲ　家賃相当額（月額）ⅰ＋ⅱ

（2） 役員社宅の家賃相当額

　役員社宅の家賃相当額は，医療法人所有の社宅であるか，借上社宅であるかによって，次のように評価する。

　①　医療法人所有社宅
　　ⅰ　地代相当額（月額）

$= 敷地の固定資産税課税標準額 \times 6\% \times \dfrac{1}{12}$

ⅱ 純家賃相当額（月額）

$= 家屋の固定資産税課税標準額 \times 12\% \times \dfrac{1}{12}$

ⅲ 家賃相当額（月額）ⅰ＋ⅱ

なお，社宅が木造以外の場合には，12％を10％とおきかえて計算する。この場合，木造以外のものとは固定資産の耐用年数省令に定める耐用年数が30年を超えるものをいう。

② 借上社宅

医療法人が家主に支払う借上料の半額と①の計算額のうち，いずれか多い額を家賃相当額とする。

借上社宅とは，医療法人と家主とが直接賃貸借契約を締結しているものをいい，入居者が家主と賃貸借契約を締結し，医療法人がこの家賃を負担するものはこれに該当しない。後者の場合は，家賃がそのまま金銭給与と同様に課税されることになる。

③ 小規模の役員社宅

役員社宅であっても，その家屋の床面積が一定規模以下の社宅については，使用人社宅の評価算式と同様に計算する。

小規模な役員社宅とは，次に該当するものをいう。

・木造の場合には，床面積が132㎡以下
・木造以外の場合には，床面積が99㎡以下

土地や家屋の固定資産税課税標準額が改訂された場合には（原則として3年間は据え置かれる），改訂後の課税標準額をもととして，家賃相当額を計算しなければならない。

これに対し，使用人社宅の場合には，土地と家屋の課税標準額の増減額が20％以内にとどまっているときは，改訂する必要はない。

（3） 社宅家賃の現物給与

使用人社宅については，家賃相当額の半額以上を入居者より徴収している場

合には，その家賃相当額と徴収家賃との差額に経済的利益はないものとされ，現物給与として課税されることはない。

ただし，社宅の家賃相当額の半額未満の家賃しか徴収していない場合には，社宅の家賃相当額と徴収した家賃の差額が，現物給与として課税されることになる。

役員社宅については，小規模な役員社宅を含めて，家賃相当額の半額以上を徴収すれば現物給与課税を受けないという基準は適用されないので，その家賃相当額以上を家賃として徴収しない限り，現物給与として課税される。

―― 〈質問6〉 ――――――――――――――――――――――――
　当病院の社宅には，最近新築したものと10年前に建築したものとがありますが，それでも不足が生じているため，近隣の住居を賃借して間に合わせています。しかし，社宅の居住性にはあまり差が出ないよう配慮しており，徴収する家賃も区分ごとに同額としています。このような場合，家賃相当額以下の者もあり，課税しなければならないでしょうか。

〈答〉　社宅の家賃相当額は，固定資産税課税標準額を基礎として計算することになっていますので，社宅の新旧，構造，賃借場所等により社宅の利用価値を正しく示していない場合が生じます。

そこで，このような点を考慮して，個々の社宅については必ずしも家賃相当額（使用人社宅の場合はその半額）以上の家賃を徴収していなくとも，グループごとの社宅の家賃合計額がそれを下回らなければ，差額を現物給与として課税する必要はないという「プール計算」の特例があります。

プール計算は，役員社宅と使用人社宅とに区分して行います。図表3.6.3に例を示してみます。

個別計算では，使用人社宅のB・D，役員社宅のその他借上社宅が経済的利益があると判定されますが，プール計算によると，両社とも，徴収家賃合計額が家賃相当額（使用人社宅にあってはその2分の1）を上回りますので，すべてについて給与課税をする必要はありません。

ただし，プール計算の趣旨は社宅相互間のバランスのとれた家賃を徴収する

ことにありますから、社宅のうち家賃をまったく徴収していないものや豪華役員社宅がある場合には、それをプール計算に含めることは認められません。

図表 3.6.3　社宅家賃課税計算

1. 使用人社宅

区分		借上料	家賃相当額	課税されないための最低額	徴収家賃	課税関係	
						個別計算	プール計算
自己所有	A	—	5,000	2,500	4,500	ナシ	ナシ
	B	—	10,000	5,000	4,500	5,500	ナシ
借上社宅	C	25,000	8,000	4,000	4,500	ナシ	ナシ
	D	48,000	12,000	6,000	4,500	7,500	ナシ
合計		73,000	35,000	17,500	18,000	13,000	0

2. 役員社宅

区分		借上料	評価算式による価額	家賃相当額	徴収家賃	課税関係	
						個別計算	プール計算
小規模社宅	自己所有	—	15,000	15,000	30,000	ナシ	ナシ
	借上社宅	80,000	20,000	20,000	30,000	ナシ	ナシ
その他	自己所有	—	43,000	43,000	50,000	ナシ	ナシ
	借上社宅	150,000	45,000	75,000	50,000	25,000	ナシ
合計		230,000	123,000	153,000	160,000	25,000	0

―〈質問7〉――――――――――――――――――――
　豪華な役員社宅の賃貸料について、通達が改正されたと聞いてますが、その内容はどのようなものですか。

〈答〉　平成7年度税制改正大綱において、「役員社宅に係るいわゆるフリンジベネフィットについては、その実態を踏まえ、所要の課税の適性化を図る」と決定され、平成7年10月1日以降、改正通達が適用されることになりました。

　その内容は、社会通念上、一般の役員社宅と認められない豪華な役員社宅の賃貸料は、前記6.(2)の算式によらず時価により評価することとされました。

豪華社宅にあたるかどうかは，原則として家屋の床面積（公的使用部分は除く）が240㎡を超えるもので，内外装や設備の状況等を総合勘案して判断し，240㎡以下のものについても，プールや庭園等の個人的嗜好を著しく反映した設備を持つものは対象になります。

また，逆に，床面積が240㎡を超えていることのみをもって，豪華な役員社宅と認定することのないよう通達で明記しています。

家賃の算定方法は，他から借り入れて貸与している役員社宅の場合は，その支払賃借料，所有する役員社宅の場合は，その住宅を第三者に貸与した時に受けると認められる賃貸料で計算することになります。

第7節　その他の税金の特徴

1．利子配当等の源泉所得税

医療法人においては，預貯金，社債，株式，投資信託等を保有することにより，利子配当等の支払いを受けるが，支払を受ける際にはその利子配当等から所得税額が源泉徴収され，その差引後の金額の支払いを受けることになる。また，その源泉徴収された所得税額については，法人税の申告において所得税額控除を受けることになる。

これに対し，社会医療法人は，所得税法別表第一に掲げられた公共法人等に該当するので，一般の医療法人と異なり，支払を受ける利子配当等について所得税が非課税となっている。よって，社会医療法人の預金等に関しては，それが収益事業専用の口座を含め，金融機関に手続きをすることによって源泉徴収されないこととなる。なお，手続き懈怠により源泉徴収されてしまったものを法人税申告において所得税額控除を受けることはできない点に注意が必要である。

2. 取得又は保有不動産関係税

　不動産関係税には不動産取得税と固定資産税があるが，両者とも地方公共団体が納税額を計算し，納税者に通知する賦課課税方式がとられている。しかし，不動産取得税と固定資産税は，課税される段階が異なり，取得時点で課されるのが不動産取得税であるのに対し，保有時点で課されるのが固定資産税である。

　ここで，不動産取得税とは，不動産を有償無償の別，登記の有無にかかわらず，売買，贈与，建築等により取得した際に課される税金である。一方，固定資産税は，毎年1月1日現在に存在する不動産の所有者に対し課される税金である。

　これらの不動産取得税等は，納税額が損金に算入されることになるが，その納税額は，原則，賦課決定のあった日（納税通知書の到達日）の属する事業年度において損金経理することになる。ただし，納期の開始日の属する事業年度または実際に納付が行われた事業年度において損金経理することも認められている。

　これに対し，社会医療法人が取得する不動産の不動産取得税につき，以下の要件を満たすものは非課税となる。非課税の適用を受けるには，不動産取得税非課税申告書を提出することが必要である。

- ▶直接救急医療等確保事業に係る業務の用に供する不動産であること（救急医療等確保事業となっている病院又は診療所の施設）
- ▶上記に付随する有料駐車施設，飲食店，喫茶店及び物品販売施設は除く

　また，同様の要件を満たす保有資産についての固定資産税及び都市計画税についても非課税となる。非課税の適用を受けるためには，固定資産税非課税申告書を提出することが必要である。

図表 3.8.1　階層別会計情報の必要性

管理機関	会計情報報告	目的とする管理内容と意思決定
社団における社員総会，財団の理事会，評議員会	1. 次の事業年度の事業計画に基づく収支予算書 2. 同上の重要な変更事項 3. 年度末決算における事業報告書等	1. 承認または修正後承認による修正行為 2. 変更事項の承認または予算内容検討による修正ののち承認 3. 承認あるいは不承認の結果，責任追求による理事者役員の任免
社団，財団とも理事会もしくは理事	1. 月次決算における試算表 2. 月次資金繰表 3. 大まかな経営管理資料	1. 財政状態，運営状況，経営実態を把握し，経営計画その他の基礎とする 2. 資金的現状の判断と対策 3. 大まかな経営方針を決定する資料として利用し，経営行動実施の方針と具体的な人員，物財の配置，運用について決定する
院長，事務長，薬局長等	1. 管掌する部門に関連する報告 　例えば，薬剤購入一覧表，価格変化趨勢表等適宜に必要とする報告等	1. 管掌する部門で，理事会もしくは理事の方針を実施する 　例えば，薬剤納入業者の購入値段の比較分析，業者の決定ならびにその変更等

2. 収益の勘定科目

医業収益は，病院が提供した医療サービスの対価として実現した収益であるが，その内容を分類すると大きく3つに分けられる。

① 入院診療に係る収益：入院診療収益，室料差額収益，保険等査定減
② 外来診療に係る収益：外来診療収益，保険等査定減
③ その他の医療事業に係る収益：保健予防活動収益，受託検査・施設利用収益，その他の医業収益

それぞれの勘定科目の内容は，図表3.8.2の通りであるが医業収益には，保険種類別（社会保険，労災保険，自賠責保険等）の分類方法もあり，実務面からは，消費税問題も影響している。このため，医事部門からの収入計上システムは病院会計準則に完全対応する状態となっていないケースが多いようである。

図表 3.8.2　収益区分の勘定科目

別表　勘定科目の説明
　勘定科目は，日常の会計処理において利用される会計帳簿の記録計算単位である。したがって，最終的に作成される財務諸表の表示科目と必ずしも一致するものではない。なお，経営活動において行う様々な管理目的及び租税計算目的等のために，必要に応じて同一勘定科目をさらに細分類した補助科目を設定することもできる。

区　分	勘定科目	説　　　明
医 業 収 益	入院診療収益	入院患者の診療，療養に係る収益（医療保険，公費負担医療，公害医療，労災保険，自動車損害賠償責任保険，自費診療，介護保険等）
	室料差額収益	特定療養費の対象となる特別の療養環境の提供に係る収益
	外来診療収益	外来患者の診療，療養に係る収益（医療保険，公費負担医療，公害医療，労災保険，自動車損害賠償責任保険，自費診療等）
	保健予防活動収益	各種の健康診断，人間ドック，予防接種，妊産婦保健指導等保健予防活動に係る収益
	受託検査・施設利用収益	他の医療機関から検査の委託を受けた場合の検査収益及び医療設備器機を他の医療機関の利用に供した場合の収益
	その他の医業収益	文書料等上記に属さない医業収益（施設介護及び短期入所療養介護以外の介護報酬を含む）
	保険等査定減	社会保険診療報酬支払基金などの審査機関による審査減額
医業外収益	受取利息及び配当金	預貯金，公社債の利息，出資金等に係る分配金
	有価証券売却益	売買目的等で所有する有価証券を売却した場合の売却益
	運営費補助金収益	運営に係る補助金，負担金
	施設設備補助金収益	施設設備に係る補助金，負担金のうち，当該会計期間に配分された金額
	患者外給食収益	従業員等患者以外に提供した食事に対する収益
	その他の医業外収益	前記の科目に属さない医業外収益。ただし，金額が大きいものについては，独立の科目を設ける。
臨 時 収 益	固定資産売却益	固定資産の売却価額がその帳簿価額を超える差額
	その他の臨時収益	前記以外の臨時的に発生した収益

複雑な医業収益の内容を理解するために「経営管理の視点から知っておくべき医業収益の分類方式」を下記に挙げる。

[経営管理の視点から知っておくべき医業収益の分類方式]
1. 医業収益の分類について
    ▶病院の売上高＝医業収益の内容（機能）別大分類
        ┌ 入院診療に係る収益（売上高）
        │   入院料収益，入院診療収益，室料差額収益，保険等査定減
        ├ 外来診療に係る収益（売上高）
        │   外来診療収益，保険等査定減
        └ その他の医療事業に係る収益（売上高）
             保険予防活動収益，医療相談収益，受託・検査施設利用収益，その他の医業収益

    ▶保険等の種類による医業収益の分類
        ┌ 健康保険（社会保険，国民健康保険）
        ├ 労災保険
        ├ 自動車事故関係（強制自賠保険，任意自賠保険，自費）
        ├ 自費診療・自由診療（健康保険適用可能，健康保険適用不能）
        └ その他（医療行為に付随して発生する収益）

    ▶課税上の分類（消費税：国税及び地方税）
    ▶課税上の分類（事業税：道府県民税）
    ▶給付と負担による分類（保険診療）…7割給付／3割負担
        ┌ 給付（保険から給付される部分）
        └ 負担（本人等の負担する部分：公費負担も有り）

    ▶入金経路による分類
        ┌ 銀行口座に振り込まれる（主に保険の給付部分）
        └ 窓口で現金回収する（主に本人等の負担部分：但し，クレジットカード利用や振込みも有り）

    ▶回収側面から分類
        ┌ 医療サービス提供後，後日回収（請求書発行⇒未収⇒回収）
        └ 医療サービス提供後，即日回収（入金）
            ＊請求書の発行は，どの時点で行うか。特に入院の場合，退院時か月末か，月二回請求か。

2. 医業収益の会計・経理上の分類［フローサイドの分類］
   ① 入院・外来
   ② 保険等種類別
   ③ 窓口・振込別
   ④ 事業税課税・非課税
   ⑤ 消費税課税・非課税

3. 医業収益の中の「保険等査定減」について（売上の確定時期はいつか）
   ☆請求⇒審査⇒査定・返戻⇒再請求⇒回収⇒調査⇒返還

4. 未収化するかどうかによる医業収益の分類［ストックサイドの分類］
   ┌ 請求金額を一括管理する未収金
   └ 請求金額を個別（個人別，会社別等）管理する未収金
   　＊未収金の管理部門（残高の管理，回収の管理）はどこか。

［今後の留意事項］
▶負担割合の変更（引上げ）が窓口未収管理の重要性を大きく上昇させている。
▶今後，評価療養，選定療養の拡大や混合診療議論の方向によって増々窓口未収金は重要になる。
▶窓口において医療と介護の未収金一括請求の必要性が生じる。
▶オンラインによる請求が一般化する。
▶窓口未収金の回収不能が経営を圧迫し始めている。

3. 消費税の課税・非課税区分

（1） 課税・非課税分類

消費税法において課税対象とされる医療と非課税とされる医療を分類したものが図表 3.8.3 である。

図表 3.8.3　消費税で非課税とされる医療等

社会保険医療（療養の給付（現物給付））	
（患者の一部負担金を含む）	
特定療養費の支給に係る医療 　（特別の病室の提供，特別注文食品を含む給食の提供， 　　前歯の金合金または白金加金の支給） 【社会保険給付部分（患者の一部負担金を含む）】	差額ベッド代 歯科材料差額 給食の差額部分等 【患者の支払う差額部分】
特定療養費の支給に係る療養のうちの高度先進医療 【社会保険給付部分（患者の一部負担金を含む）】	【患者の支払う差額部分】
介護老人保健施設療養（療養費の支給，食費，通所者の入浴）	差額ベッド代
公費負担医療 　（国，地方公共団体から支払われる報酬，医療 　　機関が本人等から受け取る費用等）	特別の病室の提供，特別注文食品を含む給食の提供，前歯の金合金または白金加金の支給等については，健保点数表により算定される金額を超える部分は課税
自賠責（任意保険，実費を含む）	
労　　災	
公　　害	特別の病室の提供，特別注文食品を含む給食の提供の支給等については，公害点数表により算定される金額を超える部分は課税
療養費の支給に係る療養（現金給付）	
（付添看護，移送，治療用装具，緊急の一般診療）	
療養費の支給外	
予防接種・介護老人保健事業の健康診査・母子保健事業の健康診査等	
正常分娩	人工妊娠中絶
健康診断（健康診断書作成料を含む）	
その他の自由診療（美容整形，歯科自由診療（メタルボンド・金属床義歯等））	
柔道整復師，鍼灸師，マッサージ師の行う施術（療養費の支給に係るもの）	
療養費の支給外の施術	

　□……非課税とされるもの。

（2）課税対象取引とされる医療等

　医療法人の消費税申告実務において最も問題となる「収益に関する課税・非課税分類」について，以下個別的に説明を加える。

① 室料差額収益の取扱い

特別の病室の提供に対する保険外対価として徴収される差額室料は，健康保険・公費負担医療・自賠責・労災保険等の保険給付される医療の枠外にあるため，消費税の課税対象取引とされる。

この場合，特別の病室とは個室または2人部屋を指し，患者サイドの希望により収容した場合に限られる（治療上の必要から特別室へ収容された場合には，差額徴収自体が認められないので注意を要する）。

② 自賠責保険に係る収益の取扱い

自動車事故（ひき逃げ事故を含む）の被害者に係る療養については，そのすべてが非課税となる。したがって，当該療養に係る医療費の支払いが，強制加入である自動車損害賠償責任保険（共済），任意保険，加害者等が自身で支払う自費負担のいずれからなされたとしても非課税である。

［非課税とされる療養の範囲］

医療機関が被害者に対し必要と認めた療養に要する費用は，すべて非課税とされるため，健康保険等の場合には課税対象とされる衛生材料代・おむつ代・松葉杖の賃貸料・付添寝具料・付添賄料・電気料等も非課税とされる。また，医療費の計算に関して健康保険の診療報酬規定をベースとし，1点単価を20円または25円として算定した場合にもそのすべてが非課税となる。

［特別の病室に関する取扱い］

医療機関が療養上必要と認めた特別の病室（個室または2人部屋）への収容に関しては非課税となるが，自動車事故の被害者からの希望により特別の病室を提供した場合にはいわゆる差額徴収分は課税となる。

［自損事故の取扱い］

自らの運転による自損事故の受傷者は，自動車損害賠償保障法の規定による被害者に該当しないので，当該療養が自由診療として行われる場合には非課税とならない（ただし，通常は社会保険適用となるので結果としては非課税となる）。

［非課税証明手続き］

自動車事故の被害者を自由診療で治療する場合，診療録（カルテ）等に次の事項を記録することにより非課税であることを証明することとなる。

- イ 被害者（患者）の氏名・住所
- ロ 自動車事故の年月日・時間
- ハ 自動車事故の発生場所

③ **労災保険に係る収益の取扱い**

労働者災害補償保険法の規定に基づく療養の給付は，すべて非課税とされているが，療養上の必要性がないにもかかわらず患者サイドからの希望により特別の病室（個室または2人部屋）を提供した場合にはいわゆる差額徴収分は課税対象となる。

④ **助産に係る収益の取扱い**

助産に係る資産の譲渡等は，非課税とされている。非課税とされる具体的内容は次の通りである。

- イ 妊娠しているか否かの検査
- ロ 妊娠の判明以降の健診・入院
- ハ 分娩の介助
- ニ 出産後（2カ月以内）に行われる母体の回診検診
- ホ 新生児の入院

また，妊娠中の入院及び出産後の入院における室料差額ならびに特別給食費も非課税とされる。

なお，健康保険の対象となる死産，流産等の異常分娩は当然非課税であるが，人工妊娠中絶は"助産"に該当しないため課税対象となる。

⑤ **各種文書料の取扱い**

病院等の医療機関において発効される各種文書のうち，下記のものについては非課税とされている。

［非課税とされる文書料］
　　㋑　傷病手当金意見書交付料（健康保険法第99条）
　　㋺　結核予防法による公費負担申請に関する診断書料・協力料
　　㋩　労災保険の診断書料等
　　㋥　公務員を対象とする災害補償の支給対象とされている診断書等

したがって，通常発行される診断書に関する収益は課税対象である。

［課税される文書料］
　　㋑　健康保険関係――診断書，身体検査診断書，死亡診断書等
　　㋺　自賠責関係――診断書，診療報酬明細書，後遺障害診断書，医師の意見書
　　㋩　公害関係――公害認定申請診断書，傷害補償費主治医診断報告書等

⑥　介護老人保健施設で行われるサービスに係る収益の取扱い

　介護老人保健施設における収益のうち非課税とされる部分は，施設療養費及び食費ならびに通所者の入浴料であり，差額徴収されるベッド代等は課税される。

　介護老人保健施設で行われるサービスに係る収益について，課税・非課税の区分を行うと図表3.8.4の通りとなる。

図表3.8.4　介護老人保健施設の収益区分

⑦　健康診断，予防接種に係る収益の取扱い

　受託事業として行われる健康診断等の検診は，原則として公費負担とされているものでも課税対象となる。課税対象となる健康診断等を例示すると，次のようなものが掲げられる。

［課税対象とされる健康診断等］
　　イ　高齢者の医療の確保に関する法律による受託検診
　　ロ　政府管掌健保・健保組合・共済健保等の成人病予防の受託検診
　　ハ　保健所・市町村が行う1歳6カ月児及び3歳児の健康診査
　　ニ　母子保健法による妊婦・乳児の保健指導
　　ホ　B型肝炎ウィルス母子間感染予防
　　ヘ　先天性代謝異常検査
　　ト　原爆・結核の健康診断
　　チ　労働基準法による定期健診及び特殊健康診断
　　リ　患者サイドの希望による健康診断

　また，予防接種に関しては，任意の予防接種のみならず，予防接種法の規定に基づく予防接種（市町村からの委託による）であっても課税対象とされる。ただし，予防接種健康被害者に対する医療費や，発病予防目的でなされる破傷風，狂犬病，麻疹，血清注射などのように保険給付が認められているものについては，非課税となる。

⑧　医療特有の雑収入に係る収益の取扱い

　医療機関に特有の雑収入に関してもほとんどのものが課税対象とされるが，具体的例示は下記の通りである。
　［課税対象とされる雑収入］
　　イ　容器代・薬袋料
　　ロ　松葉杖使用料
　　ハ　テレビ等使用料
　　ニ　付添い布団代
　　ホ　オムツ代
　　ヘ　コインランドリー使用料
　　ト　駐車場利用料
　　チ　廃液処理料
　　リ　公衆電話基本手数料

ヌ 老人医療手数料
ル 団体生命保険事務手数料
ヲ 治験薬収入

以上，収益に関する課税・非課税分類の留意点を述べたが，病院会計準則に基づいた「勘定科目からみた消費税の取扱い」を図表3.8.5として掲載する。

図表3.8.5 勘定科目からみた消費税の取扱い

○…税額控除できる費用
×…税額控除できない費用
△…内容によって○か×か判断する

区　分	勘定科目	判　定	説　明
医業収益		(課税対象)	
	入院料収益	非課税	社会保険給付部分（患者の一部負担金を含む）
	入院診療収益	非課税	社会保険給付部分（患者の一部負担金を含む）
	室料差額収益	課　税	特別の病室の差額徴収額
	給食の差額収益	課　税	入院中の特別注文食品（差額部分の額）
	外来診療収益	非課税	社会保険給付部分（患者の一部負担金を含む）
	歯科材料差額	課　税	患者の支払う差額部分
	保健予防活動収益	課　税	各種の健康診断，予防接種等集団的保健予防活動にかかわる収益
	医療相談収益	課　税	人間ドック，妊産婦保健指導等個別保健予防活動にかかわる収益
	受託検査・施設利用収益	課　税	他の医療機関からの検査の委託をうけた場合の検査収益および医療設備器械を他の医療機関の利用に供した場合の収益
	公害，労災，自賠責収益	非課税	差額ベッド代，歯科材料差額等は課税
	その他の自由診療	課　税	美容整形等
	その他の医業収益	課　税	各種文書料（一部例外あり），消毒料，洗濯料，瓶代
医業費用		(税額控除)	
	◇給与費		賃金，給料，手当，賞与 ⇨ 不課税
	常勤職員給与		○通勤手当は原則課税仕入れ
			×住宅手当は課税仕入れに該当しない

区　分	勘定科目	判　定	説　明
医業費用	非常勤職員給与		
	退職給付費用	×	
	法定福利費	×	健康保険料・労働保険料等の法令に基づく事業主負担額
	◇材料費		
	医薬品費	○	投薬用薬品，注射用薬品，検査用試薬，造影剤，外用薬の費消額
	給食用材料費	○	患者給食のために使用した食品の費消額
	診療材料費	○	注射針，体温計等に消費する診療材料の費消額
	医療消耗器具備品費	○	
	◇経費		
	福利厚生費	△	○従業員旅行費，法定外福利費
			×寮・社宅の家賃・地代，生命保険料，慶弔金
			△宿舎，食堂，売店，従業員旅行，当直夜食の補助金
	旅費交通費	△	○業務上の国内旅費（給与とされるものを除く）
			×業務上の海外旅費
	職員被服費	○	従業員に支給または貸与する白衣等の費用
	通信費	△	○電信料，電話料，振込手数料，葉書，切手代
			×国際電信・電話料
	消耗品費	○	1年以内の医療用，事務用の用紙等の費消額
	消耗器具備品費	○	1年超使用でき減価償却をしないものの費消額
	車両費	△	○燃料，車両検査，修理費用
			×自動車税，重量税，自動車保険料
	会議費	○	院内管理のための会議の費用
	光熱水費	○	電気料，ガス料，水道料，プロパンガスの費用
	修繕費	○	有形固定資産の通常の修繕費
	賃借料	△	○建物等の賃借料，リース料
			×地代（一時的な使用料は○）
	保険料	×	火災保険料，病院賠償責任保険料，自賠責保険等

区 分	勘定科目	判 定	説 明
医業費用	交際費	△	○贈答品代，接待費（宴会・ゴルフ代等）
			×慶弔金，商品券，使途不明金
	諸会費	△	○対価性のある分担金，スポーツクラブの会費
			△各種団体に対する通常の会費，入会金
	租税公課	×	事業税，固定資産税，消費税
	雑費	△	○税理士等の報酬，広告宣伝費，支払荷造費
			×法令に基づく手数料，利子割引料，寄付金
	◇委託費 委託費	○	検査委託，歯科技工委託，寝具委託，洗濯委託，清掃委託，給食委託，各種器械保守委託の委託業務の対価としての費用
	◇研究研修費		
	研究材料費	○	研究材料（動物，飼料等を含む）の費用
	謝金	○	講師に対する謝礼金等の費用（給与等とされるものを除く）
	図書費	○	研究，研修用図書（定期刊行物を含む）購入
	旅費交通費	△	○業務上国内旅費（給与等とされるものを除く）
			×業務上の海外旅費
	研究雑費	○	印刷費，研修会費
	◇減価償却費	×	減価償却資産は，購入時に一括して課税仕入れ
	建物減価償却費		
	建物付属設備償却費		
	建築物設備償却費		
	医療用器械備品償却費		
	その他の器械備品償却費		
	無形有形固定資産償却費		
	◇役員報酬 役員報酬	×	賃金，賞与，退職金，自社年金は不課税，法定福利費は非課税

第8節　収益項目の会計と税務　209

区　分	勘定科目	判　定	説　　明
医業外収益		(課税対象)	
	◇受取利息配当金	非課税	預貯金の利息
		不課税	出資金に対する分配金
	◇有価証券売却益	非課税	一時的に所有する有価証券の売却収入が非課税売上*
	◇患者外給食収益	課　税	従業員、付添人などの給食収入
	◇その他の医業外収益	非課税	土地の貸付料、保険診療償却済未収入金回収額
		不課税	無償譲受け
		課　税	自由診療分償却済未収入金回収額
		不課税	医療事故保険金
		課　税	駐車場料、福利厚生施設運営収入、院内託児所料
医業外費用		(税額控除)	
	◇支払利息	×	長期借入金、短期借入金の支払利息
	◇有価証券売却損	○	一時的に所有する有価証券売却損に係る売却額が非課税売上*
	◇患者外給食用材料費	○	従業員、付添人等の給食のために要した費消額
	◇診療費減免	×	保険患者に対する無料診療等の免除額
		○	自由患者に対する無料診療等の免除額（売上に係る対価の返還等に該当する）
	◇貸倒損失	△	○自由診療の貸倒金は貸倒れに係る税額控除
特別利益		(課税対象)	
	◇固定資産売却益	課　税	建物、器具、備品等譲渡益に係る売却額
		非課税	土地の売却額
	◇補助金・負担金	不課税	国、地方公共団体、系統機関などからの補助金、負担金等の交付金は原則不課税
	◇その他の特別利益	非課税	投資有価証券の売却額が非課税売上*
		不課税	法人税還付の臨時利益
特別損失		(税額控除)	
	◇固定資産売却損	△	○土地以外の固定資産の売却損に係る売却額が課税売上
			×土地の売却損に係る売却額が非課税売上
	◇その他の特別損失	×	投資有価証券の売却損に係る売却額が非課税売上*

区　分	勘定科目	判　定	説　　明
特別損失		×	圧縮記帳損，火災損失等の臨時損失

＊課税売上割合を算出する場合には，売上額の5％相当額を非課税売上として総売上高に加えることとなります。

引当金・準備金等	繰　戻	貸倒引当金	不課税
		専従者給与	×
	繰入額	貸倒引当金	×
		退職給付引当金	×

(3) 介護報酬の課税・非課税区分

介護保険が適用される介護サービスのうち，非課税とされるものは次のようなものがある。

【居宅介護サービス】
　① 訪問介護（ホームヘルパーの訪問）
　② 訪問入浴介護（入浴チームの訪問）
　③ 訪問看護（看護師等の訪問）
　④ 訪問リハビリテーション（リハビリの専門職の訪問）
　⑤ 居宅療養管理指導（医師，歯科医師，薬剤師等による指導）
　⑥ 通所介護（日帰り介護施設等への通所，機能訓練，食事，入浴等）
　⑦ 通所リハビリテーション（介護老人保健施設等への入所）
　⑧ 短期入所生活介護（特別養護老人ホーム等への短期入所）
　⑨ 短期入所療養介護（介護老人保健施設等への短期入所）
　⑩ 特定施設入所者生活介護（有料老人ホーム等での介護）

【居宅介護支援サービス】
　居宅介護支援（介護サービス計画の作成）

【施設介護サービス】
　① 介護老人福祉施設（特別養護老人ホーム）
　② 介護老人保健施設（老人保健施設）
　③ 介護療養型医療施設（介護職員が手厚く配置された病院等）

【地域密着型介護サービス】
　① 夜間対応型訪問介護
　② 認知症対応型通所介護
　③ 小規模多機能型居宅介護

④　認知症対応型共同生活介護
　　⑤　地域密着型特定施設入居者生活介護
　　⑥　地域密着型介護老人福祉施設入所者生活介護
【介護予防サービス】
　　①　介護予防訪問介護
　　②　介護予防訪問入浴介護
　　③　介護予防訪問看護
　　④　介護予防訪問リハビリテーション
　　⑤　介護予防居宅療養管理指導
　　⑥　介護予防通所介護
　　⑦　介護予防通所リハビリテーション
　　⑧　介護予防短期入所生活介護
　　⑨　介護予防短期入所療養介護
　　⑩　介護予防特定施設入居者生活介護

　社会保険診療同様，介護保険サービスも原則的には非課税とされているが，医療における消費税の課税・非課税と同じように課・非区分の判断は複雑なものとなっている。特に留意すべき点は，医療サービスと異なり介護保険では利用者負担金で処理される上乗せ分と横だし分のサービスも非課税取引とされる点である。また，福祉サービスの中の「福祉用具貸与・販売」は原則的には消費税課税取引であり，身体障害者用物品に該当する場合のみ非課税となる点である。
　　消費税法別表第一第 7 号イ〔非課税となる介護保険に係る資産の譲渡等〕
　　介護保険法（平成 9 年法律第 123 号）の規定に基づく居宅介護サービス費の支給に係る居宅サービス（訪問介護，訪問入浴介護その他の政令で定めるものに限る），施設介護サービス費の支給に係る施設サービス（政令で定めるものを除く）その他これらに類するものとして政令で定めるもの

　具体的には，介護保険サービスの課税・非課税の区分を行う場合，下記の法律等に従って判断することとなる。

1. 消費税法第6条第1項（非課税）
2. 消費税法別表第一第6号，第7号，第10号
3. 消費税法施行令第14条の2（居宅サービスの範囲等）
4. 消費税法施行令第14条の4（身体障害者用物品の範囲）
5. 消費税法基本通達6-6-1（医療関係の非課税範囲）
6. 消費税法基本通達6-7-1～4（介護保険関係の非課税範囲）
7. 消費税法基本通達6-10-1～4（身体障害者用物品の範囲）
8. 「介護保険法の施行に伴う消費税の取扱いについて」
   （平成12年8月9日厚生省老人保健福祉局事務連絡）
9. その他の財務省，厚生労働省告示

以下に医療法人において一般的に該当する介護サービスの消費税［課税・非課税一覧表］を居宅サービスと施設サービスに分けて掲載する（図表3.8.6～7参照）。

図表3.8.6 居宅サービスにおける利用料の課税・非課税判断

内　　容	訪問看護	通所リハビリ	短期入所療養介護
（介護保険対象分） 居宅サービス利用料	非課税	非課税	非課税
（介護保険対象外） 居宅サービス利用料	非課税	非課税	非課税
交通費 （通常の事業実施地域外の地域で行うために要したもの）	課　税		
送迎費用 （通常の事業実施地域外の地域で行うために要したもの）		課　税	課　税
特別な居宅の費用			課　税
通常時間を超えるサービス利用料		非課税	非課税
食材料費		非課税	非課税
美理容代		非課税	非課税
おむつ代		非課税	非課税
日用生活品代		非課税	非課税
教養娯楽費		非課税	非課税

図表 3.8.7　施設サービスにおける利用料の課税・非課税判断

内容	介護老人保健施設	介護療養型医療施設	医療型療養病床
介護費	非課税	非課税	非課税
食費	非課税	非課税	非課税
室料差額	課税	課税	課税
特別な食費	課税	課税	課税
美理容代	非課税	非課税	課税
（日常生活費）			
日用生活品代	非課税	非課税	課税
教養娯楽費	非課税	非課税	課税
健康管理費	非課税	非課税	課税
預り金の出納管理に係る費用	非課税	非課税	課税
私物の洗濯代	非課税	非課税	課税
（実費）			
行事費	課税	課税	課税
個人専用品の電気代	課税	課税	課税
診断書料	課税	課税	課税
要介護認定申請代行費用	課税	課税	課税
その他の費用	課税	課税	課税

＊介護老人保健施設及び介護療養型医療施設は，介護保険適用施設サービス。
＊医療型療養病床は，医療保険適用病院施設。

4. 税務調査の着眼点

　医療収入の大部分は，すでに述べたように，健康保険支払基金等よりの銀行振込によるため，収入計上は確実に行われる。
　この他の自費患者分，自賠責保険分，労災保険分等は，銀行を経由するものもあるが，いずれも自由診療分として，収入除外が行われやすいのである。
　実際に行われている税務調査方法は，次のようである。
　①　相手方資料せんによって，帳簿上の有無を確かめる。
　自費患者，保険会社等が支払った年月日，金額等を記載した資料せんをもとにそれが帳簿に記入され収入計上されているかどうかを確かめる。
　②　自由診療分のカルテ抜取りによる収入計上の有無の検査

その事業年度に診療した自由診療のカルテを抜き取り，その年月日に従って，帳簿に収入計上されているかどうかを確かめる。収入除外した自由診療収入が，この方法で検出されることが多い。

カルテの記載内容の他人への漏洩を防ぐため，税務官署の調査官の要求があった場合でも，秘密保持の点から提出しなくともよいとする説もあるが，カルテの診療内容ではなく，その収入額の計上有無の検査であるから，それが税務官吏の質問検査権の行使とみて，差し支えない限りはこれを見せたほうがよいであろう。

③ 外科，整形外科，産婦人科等の診療科目のうちそれぞれの主たる診療科によって，その地域での社会保険診療収入と自由診療収入との割合がほぼ一定しているので，これと比較して，収入除外の有無を確かめる。

その地域でのこれらの比較割合とかけ離れている場合，特別な事情があるほかは収入除外となっていることが多い。

④ 診療報酬点数総計と請求点数総計との差額とこれらの窓口収入金額とを比較して，窓口収入分の収入除外の有無を確かめる。

診療報酬点数は，その保険により収入すべき，すべての金額に換算できるので，これから保険機関へ請求した金額を控除すれば，これらの保険による診療の窓口収入分の金額が明らかとなる。すなわち，

Σ診療報酬総点数合計 $-\Sigma$保険機関へ請求した請求点数合計
　＝窓口収入点数合計推定（老人医療公費負担分も含む）

社会保険等は1点＝10円であるから，窓口収入金額推定がただちに換算可能となる。

実際の窓口収入金額計上額が，この推定額より少ないと，収入除外として問題になりやすい。

⑤ 帳簿上，特に当期増加した仮受金，借入金等の資金出所を調査し，収入除外分の受入れでないかどうかを確かめる。

収入は除外したが，銀行借入金の返済，営業資金の不足により，再び個人名の借入金，仮受金として投入することがあるので，その資金の源泉を調査するのである。

特に，理事者の同族関係者より個人名義借入金，仮受金などは，契約書も整備されておらず，利息も計上されていないようなものなど，簿外収入の変形とみなされやすいものがあるし，また事実そのような場合が多いのである。

⑥　入院室料差額収入について，現況を調査し，年間平均差額ベッド利用率を算出してこれを乗じ，帳簿計上額の正確性を確かめる。

病院の事情によって，差額ベッドでも差額を徴収せず収容する場合があるが，この点を伝票その他で明らかにしておかないと収入除外として問題になることがある。

⑦　リベート関係，添付薬品のたな卸除外の有無，現金，器具備品受入れの帳簿計上の有無を調査する。

期末月の仕入分についての納品状況を納品書等で調査し，たな卸数量，金額の正確性を検査する。

仕入先によって，リベートあるいは仕入割戻し金額をカードその他で明らかにし，一定額蓄積してからそれと同額の物品と取り換えることができるようなものもある。

これらは，相手取引先の資料せんによるほか，仕入実務担当者への質問，他の医療機関の購入状況との比較などから確かめるのである。

⑧　取引銀行の法人名義預金口座以外の主宰者および同族関係者の預金の実態を調べ，架空口座その他より，収入除外入金がされているかどうかを確かめる。

収入除外となったものが現金で保管されていることなどはめずらしく，別口座で銀行預金されることが多い。

このような預金も，通常取引している銀行が正規の入金分を受け取りにきたときに，同じ係員に預入れを依頼するか，あるいは預金を預け入れにいった際に別口座分も預け入れることが多いので，銀行の伝票の前後にこれらの名義，すなわち法人名義のものと別口座名義のものが重なることが多いので，年間預け入れ日の数日分を選び，その前後の伝票を調査すれば，別口座の隠ぺいを発見しうるのである。

また，銀行借入金と関連し，他と比較して非常によい条件の借入れ―低利

息，長期間，無担保，歩積み両建ての軽少なこと――などの場合は，簿外のウラ預金がある場合が多いのである。

このほか，事務室内での電話帳を調べて，法人取引以外の銀行名が記入されていれば，簿外取引銀行であることもあり，マッチ，カレンダーなども取引の有無を調べる根拠となりやすい。

⑨　往診料，嘱託料等の計上の有無を調べる。

その地域社会において，保険診療，規定報酬以外に慣習として車代その他で包み金をするところがかなりあり，その担当医師の収入となっている場合が多いが，税法上は法人収入として計上したのち，手当その他の一種として，源泉税その他の徴収後，経費計上することを要するので，その実際取扱上苦慮することもあるのである。

その地域の他の医療機関の実情と照らし合わせて実際の状況を推定されるということもある。

⑩　衛生材料その他日用品の売店での販売および赤電話，ガス，テレビ等の貸与収入の有無を確かめる。

病床数の多い病院は，患者や付添人の便宜のために，院内に売店を設置しているものが多く，その従事者は法人の給与支給勤務者であるが，収益と費用との差額利益をまったく計上していない場合がある。また，これらを従業員の親睦団体等に請け負わせて独立させ，経理しているところもあるが，経理が法人の一部とみられるものは，法人のものとして決算上は処理しなければならない。

薬剤のリベート，給食のリベート，割戻し等を親睦団体宛に収受させて，これを従業員の福利厚生費用に使用することを認めている場合でも，決算に際しては，その余剰資金は規定またはその他の仮預け資産として処理し，すでに福利厚生費として費消したものでも，（借方）福利厚生費，（貸方）雑収入として処理しておかなければならない。

これらの処理が行われているかどうか，調査の対象とされるのである。損金経理されて正しく処理されていないときは，原則的には，雑収入が所得増として更正されることになるであろう。

⑪ 社宅，寮等の賃貸料収入，保育所利用料，及び付添人，従業員の給食代金収入が帳簿上計上されているかどうか及び適時に計上されているかどうかを調べる。

これらは，付添人の給食費を別として，主として内部の振替計算によることが多いので，とかく会計処理が忘失されやすい。

故意にこれらを不正計算して収入除外とし，個人利得とすることもあるが，普通は正しく計算することを忘失したことによって問題となるのである。

これらは，給与額の増額と雑収入の増額となるが，源泉所得税の増加となるものである。

役員にあっては，役員給与として損金になる給与か，あるいは非定額給与としての損金を否認される給与となるか，いずれかの問題に帰着するのであり，事実，この項目の調査で源泉所得税の追徴と，法人税の追徴を受けることが多いのである。

〈質問1〉

医薬品購入の割戻しとして，従業員の親睦会にカラーテレビ1台の贈答を受けましたが，親睦会宛なので，法人の収益に計上していません。今後とも，このような場合は収益に計上する必要はありませんか。

〈答〉 贈られた先がたとえ親睦会であっても，贈答の起因は病院の薬剤購入にあります。したがって，このような場合でも時価をもって評価し，雑収入に計上することになるでしょう。

1台の取得価額10万円以上のカラーテレビは，什器備品として償却することになります。

〈質問2〉

法人の使用人が組織している親睦会があり，薬剤の現金リベート，給食関係の雑収入等はこれらにまかせています。

病院でこれらを全部取り上げると，かえってオモテに出さないこともありますが，仲間同士でこれを管理するとごくわずかなものでも表面化し，結局，使用人の福祉に貢献するのでこの方法はよいと思っていますが，税法上認められ

ますか。

〈答〉 薬剤の仕入あるいは給食材料の仕入等に関して発生する雑収入は，本来病院に帰属するものですから，いったん法人の収益に計上することになります。例えば，

現　　金　20,000　　雑 収 入　20,000

これを，そのまま親睦会に渡したときに，

福利厚生費　20,000　　現　　金　20,000

として処理します。

決算期に，この2万円全部がまだ使用されず，親睦会の手元に残っていることがあっても，その親睦会の経理がきちんと帳簿上明確であり，法人の経理の一部とみられるときは，将来，福利厚生関係に使用されることが明らかですから，これを仮払金とすればその処理はそのまま認められます。

── 〈質問3〉 ──────────────────
　薬剤の仕入割戻しの一部として海外旅行に招待されましたが，その処理はどうすればよいのでしょうか。

〈答〉 薬剤販売会社あるいは製薬会社が，販売政策の一環として一定額以上の商品購入に対し海外旅行の招待などを行うときは，その対象が個人であっても，その招待の起因が法人の仕入にある以上，その費用相当額を法人の収益に計上しなければならないでしょう。その招待を受けた者が使用人であるときは，その本人に対する給与となり，源泉税の対象となります。役員の場合は，法人税，源泉税ともに課税対象になります。

第9節　費用項目の会計と税務

1. 費用の勘定科目

病院会計準則では，費用区分における勘定科目について次のように説明している（図表 3.9.1）。

図表 3.9.1　費用区分の勘定科目

別表　勘定科目の説明
勘定科目は，日常の会計処理において利用される会計帳簿の記録計算単位である。したがって，最終的に作成される財務諸表の表示科目と必ずしも一致するものではない。なお，経営活動において行う様々な管理目的及び租税計算目的等のために，必要に応じて同一勘定科目をさらに細分類した補助科目を設定することもできる。

区　分	勘定科目	説　　明
医業費用	（材料費） 医薬品費	（ア）投薬用薬品の費消額 （イ）注射用薬品（血液，プラズマを含む）の費消額 （ウ）外用薬，検査用試薬，造影剤など前記の項目に属さない薬品の費消額
	診療材料費	カテーテル，縫合糸，酸素，ギブス粉，レントゲンフィルム，など1回ごとに消費する診療材料の費消額
	医療消耗器具備品費	診療，検査，看護，給食などの医療用の器械，器具及び放射性同位元素のうち，固定資産の計上基準額に満たないもの，または1年内に消費するもの
	給食用材料費	患者給食のために使用した食品の費消額
	（給与費） 給　　料	病院で直接業務に従事する役員・従業員に対する給料，手当
	賞　　与	病院で直接業務に従事する従業員に対する確定済賞与のうち，当該会計期間に係る部分の金額
	賞与引当金繰入額	病院で直接業務に従事する従業員に対する翌会計期間に確定する賞与の当該会計期間に係る部分の見積額

区　分	勘定科目	説　明
医業費用	退職給付費用	病院で直接業務に従事する従業員に対する退職一時金，退職年金等将来の退職給付のうち，当該会計期間の負担に属する金額（役員であることに起因する部分を除く）
	法定福利費	病院で直接業務に従事する役員・従業員に対する健康保険法，厚生年金保険法，雇用保険法，労働者災害補償保険法，各種の組合法などの法令に基づく事業主負担額
	（委託費）	
	検査委託費	外部に委託した検査業務の対価としての費用
	給食委託費	外部に委託した給食業務の対価としての費用
	寝具委託費	外部に委託した寝具整備業務の対価としての費用
	医事委託費	外部に委託した医事業務の対価としての費用
	清掃委託費	外部に委託した清掃業務の対価としての費用
	保守委託費	外部に委託した施設設備に係る保守業務の対価としての費用。ただし，器機保守料に該当するものは除く。
	その他の委託費	外部に委託した上記以外の業務の対価としての費用。ただし，金額の大きいものについては，独立の科目を設ける。
	（設備関係費）	
	減価償却費	固定資産の計画的・規則的な取得原価の配分額
	器機賃借料	固定資産に計上を要しない器機等のリース，レンタル料
	地代家賃	土地，建物などの賃借料
	修繕費	有形固定資産に損傷，摩滅，汚損などが生じたとき，原状回復に要した通常の修繕のための費用
	固定資産税等	固定資産税，都市計画税等の固定資産の保有に係る租税公課。ただし，車両関係費に該当するものを除く。
	器機保守料	器機の保守契約に係る費用
	器機設備保険料	施設設備に係る火災保険料等の費用。ただし，車両関係費に該当するものは除く。
	車両関係費	救急車，検診車，巡回用自動車，乗用車，船舶などの燃料，車両検査，自動車損害賠償責任保険，自動車税等の費用
	（研究研修費）	
	研究費	研究材料（動物，飼料などを含む），研究図書等の研究活動に係る費用

区　分	勘定科目	説　　明
医業費用	研修費	講習会参加に係る会費，旅費交通費，研修会開催のために招聘した講師に対する謝金等職員研修に係る費用
	（経費）	
	福利厚生費	福利施設負担額，厚生費など従業員の福利厚生のために要する法定外福利費 （ア）看護宿舎，食堂，売店など福利施設を利用する場合における事業主負担額 （イ）診療，健康診断などを行った場合の減免額，その他衛生，保健，慰安，修養，教育訓練などに要する費用，団体生命保険料及び慶弔に際して一定の基準により支給される金品などの現物給与 ただし，金額の大きいものについては，独立の科目を設ける。
	旅費交通費	業務のための出張旅費。ただし，研究，研修のための旅費を除く。
	職員被服費	従業員に支給又は貸与する白衣，予防衣，診察衣，作業衣などの購入，洗濯等の費用
	通信費	電信電話料，インターネット接続料，郵便料金など通信のための費用
	広告宣伝費	機関誌，広報誌などの印刷製本費，電飾広告等の広告宣伝に係る費用
	消耗品費	カルテ，検査伝票，会計伝票などの医療用，事務用の用紙，帳簿，電球，洗剤など1年内に消費するものの費消額。ただし，材料費に属するものを除く。
	消耗器具備品費	事務用その他の器械，器具のうち，固定資産の計上基準額に満たないもの，または1年内に消費するもの
	会議費	運営諸会議など院内管理のための会議の費用
	水道光熱費	電気，ガス，水道，重油などの費用。ただし，車両関係費に該当するものは除く。
	保険料	生命保険料，病院責任賠償保険料など保険契約に基づく費用。ただし，福利厚生費，器機設備保険料，車両関係費に該当するものを除く。
	交際費	接待費及び慶弔など交際に要する費用
	諸会費	各種団体に対する会費，分担金などの費用
	租税公課	印紙税，登録免許税，事業所税などの租税及び町会費などの公共的課金としての費用。ただし，固定資産税等，車両関係費，法人税・住民税及び事業税負担額，課税仕入れに係る消費税及び地方消費税相当部分に該当するものは除く。

区　分	勘定科目	説　明
医業費用	医業貸倒損失	医業未収金の徴収不能額のうち，貸倒引当金で補填されない部分の金額
	貸倒引当金繰入額	当該会計期間に発生した医業未収金のうち，徴収不能と見積もられる部分の金額
	雑　費	振込手数料，院内託児所費，学生に対して学費，教材費などを負担した場合の看護師養成費など経費のうち前記に属さない費用。ただし，金額の大きいものについては独立の科目を設ける。
	控除対象外消費税等負担額	病院の負担に属する控除対象外の消費税及び地方消費税。ただし，資産に係る控除対象外消費税に該当するものは除く。
	本部費配賦額	本部会計を設けた場合の，一定の配賦基準で配賦された本部の費用
医業外費用	支払利息	長期借入金，短期借入金の支払利息
	有価証券売却損	売買目的等で所有する有価証券を売却した場合の売却損
	患者外給食用材料費	従業員等患者以外に提供した食事に対する材料費。ただし，給食業務を委託している場合には，患者外給食委託費とする。
	診療費減免額	患者に無料又は低額な料金で診療を行う場合の割引額など
	医業外貸倒損失	医業未収金以外の債権の回収不能額のうち，貸倒引当金で補填されない部分の金額
	貸倒引当金医業外繰入額	当該会計期間に発生した医業未収金以外の債権の発生額のうち，回収不能と見積もられる部分の金額
	その他の医業外費用	前記の科目に属さない医業外費用。ただし，金額が大きいものについては，独立の科目を設ける。
臨時費用	固定資産売却損	固定資産の売却価額がその帳簿価額に不足する差額
	固定資産除却損	固定資産を廃棄した場合の帳簿価額及び撤去費用
	資産に係る控除対象外消費税等負担額	病院の負担に属する控除対象外の消費税及び地方消費税のうち資産取得部分から発生した金額のうち多額な部分
	災害損失	火災，出水等の災害に係る廃棄損と復旧に関する支出の合計額
	その他の臨時費用	前記以外の臨時的に発生した費用

2. 役員給与

　従来役員に支給する給与について、定期的な給与は報酬として、不当に高額でない限り損金に算入され、臨時的な給与は賞与として損金に算入されないことになっていた。このように法人が役員に対して支給する給与の損金扱いは、定期的給与か臨時的給与かによって判断されていた。

　しかし、平成18年5月に施行された会社法では、役員賞与は役員報酬とともに職務執行の対価として一本化され、賞与についても従来の利益処分ではなく、費用経理されることになった。これにより会計処理上は、役員報酬・賞与はすべて費用化できることになるので、法人税法上損金不算入とする扱いを従来の「臨時的なものか否か」から「同額もしくは事前の定めによるものか否か」に区別することになった。

　　＊役員の意義及び範囲―役員とは、医療法人の理事、監事及び清算人並びに医療法人の使用人（職制上使用人としての地位のみを有する者に限る）以外の者で、その医療法人の経営に従事している相談役・顧問等をいう（法法2①十五、令7）

〈質問1〉

　役員報酬・賞与について、損金算入できる範囲の見直しが行われたそうですが、その内容を教えてください。

　〈答〉　会社法の施行に伴い、法人税法においても役員報酬・賞与が一本化され、役員給与となり、次に掲げる給与に該当しないものは損金に算入されません。

　①　定期同額給与

　支給時期が1カ月以下の一定期間ごと、かつその支給額が同額である給与。また債務免除による利益その他の経済的利益の額が毎月おおむね一定であるものも含まれます。

　②　事前確定届給与

　役員の職務につき、所定の時期（主に賞与の支給時）に確定額を支給する旨の定めを所轄税務署長に届出をしている給与。

　③　利益連動給与

証券取引法の対象法人が，業務執行役員に対し支給する給与のうち，一定の要件を満たすもの。医療法人では対象外。
④ 支給する給与の額が不当に高額なものでないこと。
⑤ 事実を隠ぺいし，または仮装して給与の支給をしないこと。

―〈質問2〉――――――――――――――――――――――――――――
　3月決算法人ですが，役員報酬は5月に開催される定時社員総会において増額・改定され，4月まで遡及して6月に一括支給しました。この経理処理は問題ありませんか。

〈答〉　従来の取扱いでは，役員報酬の増額決議は，5月に開催される定時社員総会において決議されていることから，決議のあった事業年度の期首まで遡及する場合にまで賞与として取り扱うことは妥当でないことから，過大とならない限り損金算入が認められていました。

　平成18年度改正により，法人の役員に対する給与のうち，損金算入されるものは，定期同額給与，事前確定届出給与及び利益連動給与の3つに限定されております。ご質問の増額改定部分は，事前確定届出給与及び利益連動給与には該当しないのは明らかです。そこで，定期同額給与については，支給時期が1カ月以下の一定期間ごと，かつ支給時期ごとに同額であることとされており，この支給には下記の改定前後で同額支給される場合も含まれます。

① 通常改定：会計期間開始から3カ月を経過する日までに改定された場合のその前後で支給額が同額であるそれぞれの給与。
② 臨時改定：法人の役員の職制上の地位の変更や職務の内容の重大な変更により定期給与を改定。
③ 業務悪化改定：法人の経営が著しく悪化したこと。その他これに類する理由により定期給与を改定。

　以上のように，増額改定分の遡及支給は定期同額給与には該当しないことになりますので，損金算入できません。

　ただし，この増額部分については，6月から12カ月間に等分に分割して支給することによって，定期同額給与の要件が満たされ損金算入とすることがで

きます。

> **〈質問3〉**
> 理事長兼務の病院長の報酬を引き上げたいと思いますが，損金に認められる金額はどのような点を注意して決めればよいのでしょうか。

〈答〉 医療法において医療法人は，剰余分の配当を禁止されていますので，これに抵触するような役員給与の支給は禁じられています。しかし，特定医療法人の役職員の給与については，年間給与1人当たり3,600万円以内という金額制限があるものの，その他の医療法人にはこれらの制限がありません。社会医療法人にあっては，役員の報酬について不当に高額なものとならないような支給基準の定めがあります。他の医療法人については，このような金額制限や支給基準の定めは従前はなかったものの，厚生労働省医政局長通知「医療法人の機関について」（医政発0325第3号）において，その運営に透明性を確保するように求められることとなりました。具体的には，役員の報酬等（報酬，賞与その他の職務執行の対価として医療法人から受ける財産上の利益をいう）は，定款又は寄附行為にその額を定めていないときは，最高意思決定機関である社員総会又は評議員会の決議によって定めることとされています。なお，役員の報酬等は総額を定めることで足り，各人別の報酬等については，理事は理事会において，監事は監事の協議によって定めることができます。また，報酬等の総額を超えない限り，毎会計年度の社員総会又は評議員会における決議をしなくても構わないこととされています。

一方，法人税法上では，役員給与について不相当に高額な部分は損金に算入されません。

理事長あるいは常務理事等としての法人の役員と，病院長，医長等を兼務している場合でも，その支出する給与は，病院長等病院職制上の職位に対する部分（使用人として職務）の比重が大きくとも，法人税法上は，役員としての比重に重点をおきます。

役員である病院長，医長等に支払う給与は，役員であるために法人税法上の

規制を受け，いくつかの条件によって不相当に高額であるかどうか判定して，それ以内の額のみを損金として認め，不相当に高額と認定された部分は，損金性を否認され，過大役員給与として法人税が課税されます。

その判定基準は，法人税法施行令第70条で定められており，次のような内容で総合判定のうえ決められます。

① 当該役員の職務の内容

これは，まず，

・職務の内容，理事長，常務理事，理事，監事等の区分であるとか

・職務に従事する程度，常勤であるか，非常勤であるか

・役員の経験年数とか

・法人の業種，規模，所在地

などによる判定です。

② その内国法人の収益及び使用人に対する給与の支払いの状況

法人の決算内容が悪く，あまり課税所得が出ていないなどの場合，特にそれが数年度連続しているようなときは，損金としての給与を高く取りすぎていると判定されることもあるということと，使用に対する給料が比較的低く，これと比べて役員の給与が高すぎるのではないか，と懸念されるような場合，不相当に高額であると判定されることもあるわけです。

③ その内国法人と同種の事業を営む法人で，その事業規模が類似するものの役員に対する給与の支給状況に照らして，当該役員の職務に対する対価として相当であると認められる金額を超える場合，その超える部分の金額

つまり，おおむね同地域で，同じ程度の規模の医療法人が，理事長兼病院長に支給している給与と比較して，だいたい，見合っているかどうかということも，その当該役員の給与の損金性認定の基準になります。

したがって，その月給が約300万円であったとすると，同じ程度の規模の法人が200万円を役員給与として支給していると，100万円は，不相当に高額ではないか，と認定される可能性もあります。

以上の①，②，③については，一応判定基準の概念は，はっきりしているようですが，具体的な運用の面では，必ずしも明確ではなく，特に著しい影響が

あると認められるほかは，実際に否認されていることは少ないようで，税務調査の際，多少高いようだから以後少し低くすることを勧告されるといったケースが多いように見受けられます。

④ 総会の議決により，役員給与の限度額を定めているときは，その限度額を超えて支給されたその超える部分の金額

これは，金額的にもはっきりしていますので，過大な役員給与として損金性を否認されるケースの最も多いものです。

したがって，総会において，役員に対する支給限度額を増額してから支給しないと，他の判定基準からみてもたとえ低いものであってもその超過分は否認されます。

総会の議決によるものは総会の議決によって改定しなければなりません。明確な責任なしに理事会で改定を行っても改定したとはなりません。

以上，説明したように，交際費の損金算入の限度額計算のように金額的に具体的な明示はありませんので，以上の諸条件を勘案して定められるべきです。

参考までに申し上げますと，医療法人の規模・収益状況にもよりますが病院を開設する医療法人では，理事長兼病院長の場合，月額200万～300万円程度が一般的のようです。また，大病院及び高所得病院では月額400万～600万円ぐらいまで認められているようです。

〈質問4〉

当法人では，理事長兼院長が最も多く働いています。使用人医師に賞与を支給していますが，月の給与もあまり差がなくなっており，著しく不平等となっています。院長の賞与は絶対に支給できないものでしょうか。

〈答〉 医療法人は，医療法第54条によって剰余金の分配が禁止されています。したがって，当然決算後の剰余金処分として配当したり，あるいは役員賞与を支出することは違法となります。

しかし，医師としての勤務に対して，他の使用人と同じように支給されるものは損益計算書に計上されているものに限り法人税法上は損金として認められなくとも，医療法上は必ずしも違法ではないと考えられます。

そこで、平成18年度の改正で、所定の期日までに役員賞与の支給時期・支給額等を記載した書類を税務署長に届け出て、届出の通りに支給した場合には、その支給額は損金に算入できるようになりました。ただし、届出額は確定額なので、上回っても下回っても原則として支給額全額が損金不算入となりますので、注意が必要です。

なお、届出期限は社員総会の決議の日（役員の職務執行開始日が同日以後の場合には、その開始日から）から1カ月を経過する日か、会計期間開始後4カ月を経過する日とのいずれか早い日までとなります。

―〈質問5〉――
　非常勤役員に対する報酬限度は、1回どのくらいまで認められますか。

〈答〉　役員で非常勤の場合も、〈質問3〉において説明したように、まず何よりも職務の内容によって判定されます。

非常勤でも、法人運営について、毎月数回出勤し、業務に参画するような場合は、それに応じて毎月相当額を支給しても損金として認められます。

これを立証するための出勤記録、職務内容の記録などで客観的に説明がつくようになっていないと、その判定において税務当局と紛争を起こす事例もありますので留意すべきでしょう。

ただし、年に数回役員会に出席する非常勤役員に対し、出席のつど、その役割に応じて支給するような場合は、支給額が相当な範囲内であっても、定期同額給与に該当しないので注意が必要です。

―〈質問6〉――
　理事長である副院長が、自動車で往診の帰途、自転車とぶつかり人身事故を起こしましたが、就業時間中であるためその損害賠償金や交通違反の罰金を法人が支払いました。これらは損金になりますか。

〈答〉　法人の役員又は使用人が他人に損害を与えた場合は、行為者たる役員等が個人的に損害賠償を行う責任があり、これを法人が負担した場合には、原

則としてそれらの者に給与を支給したものと同じ扱いになります。

しかしながら，役員等の行為が法人の業務遂行上中のものであれば，法人の保有者責任の考え方により，法人にも賠償責任があると言えます。

そこで，法人の従事者が就業時間中に起こした人身事故等で，当人に故意または重過失がなかった場合による損害賠償金を法人が負担したときは，その金額を給与以外の損金として取り扱われます。ただし，罰金を負担した場合はこれは損金不算入となります。

また，就業時間外で，明らかに法人業務と関係なく起こした事故の場合，その損害賠償金を法人が負担した場合には，その役員等に損害賠償相当額の求償権が生じます。

なお，その債権について，その役員等の支払能力からみて求償できない事情にある場合には貸倒れとして処理することができます。

もっとも，貸倒れ処理した金額のうちその役員等の支払能力からみて回収可能と認められる金額については，臨時的な給与として取り扱われます。

したがって，資産に計上しなければ，役員給与とされ，経理が認められません。

3. 使用人給与

医療法人が，その職員たる使用人に対し支払う賃金・給与・賞与及び退職金については，原則としてその全額について損金算入が認められている。これは法人と使用人との間の雇用契約に基づき支払われる役務提供の対価として考えられるからである。

しかし，法人がその役員と特殊の関係にある使用人（特殊関係使用人）に対して支給する給与のうち，不相当に高額な部分の金額については，損金の額に算入しないこととされた。この給与には退職金はもちろん，債務免除益，その他の経済的利益も含まれている（法法36）。

特殊関係使用人とは，次の者とされている。

① 役員の親族

② 役員と事実上婚姻関係と同様の関係にある者
③ ①及び②以外の者で役員から生計の支援を受けている者
④ ②及び③の者と生計を一にしているこれらの者の親族

また，上記の場合の不相当に高額かどうかは，職務の内容，法人の収益状況，他の使用人の給与，類似法人の比較，業務従事期間等で判断される。

―― 〈質問1〉 ――
　役員の配偶者，子弟で，他の使用人と同じく，病院に常勤して職務に従事している者に対して，勤務評定の結果，他の使用人に比較して多く支給することになりましたが，これは全額損金として認められますか。

〈答〉　役員の親族等の特殊関係使用人に対する給与のうち，不相当に高額な部分は損金に算入されません。

　不相当か否かは，使用人の職務の内容，他の使用人に対する支給の状況，法人の収益，類似法人との比較等により判断します。

　したがって，他の使用人と同じ基準で評定して，賞与を多く支給することに該当するときは，役員の配偶者，子弟ということにかかわりなく支給した全額が損金となります。

　役員の子弟等であっても，客観的基準に照らして相当のものであればいっこうに差し支えありません。

―― 〈質問2〉 ――
　当法人では，事務長と薬局長をほぼ同格の待遇としていますが，事務長は理事を兼任しています。
　使用人の冬季賞与は12月中に支払いますが，事務長の賞与は資金繰りの関係上，翌年の1月に支払いました。なお，事務長の賞与は未払計上し薬局長と同額でした。

〈答〉　薬局長は単なる使用人であり，特殊関係使用人に該当しなければ，その給与について全額損金算入が認められます。

　事務長については，使用人としての職位を与えられながら，役員も兼ねる使

用人兼務役員です。法人税においては，これらの両面性を勘案し，使用人兼務役員に支給される給与のうち，役員給与部分は役員と同様の扱いとなり，使用人給与に相当する部分については，役員給与から除外されています（法法34①かっこ書き）。したがって使用人分給与は原則として全額損金に算入されます。

しかし，過大部分や，他の使用人の賞与の支給時期と異なる時期に支給したものは，損金算入されません。したがって事務長の使用人分の賞与として適正額であっても，支給時期が他の使用人の支給時期と同時でなければ損金不算入となります。

　　＊使用人兼務役員の意義及び範囲─使用人兼務役員とは，役員のうち部長・課長・事務長・薬局長その他法人の使用人としての職制上の地位を有し，かつ，常時使用人としての役職に従事するものをいう（法法34⑤）。ただし，理事長，専務理事，常務理事，清算人その他これらに準ずる役員ならびに監事は使用人兼務役員から除かれる。

──〈質問3〉──────────────────────
　当法人は，設立者の病院長が理事長ですが，老齢になったので，使用人である整形外科医長を副院長とし，あわせて常務理事としました。この場合，副院長の賞与は損金になりますか。

〈答〉　法人税法では，役員について，使用人兼務役員になるものと使用人兼務役員にならないものに区別して考えています。

医療法人の場合は，法人税法第34条第5項，同施行令第71条の規定によって，理事長，副理事長，常務理事，監事等は，実質的に，使用人職務を兼務していても使用人兼務役員とは認められませんので，その者に対する賞与は事前確定届出給与の手続きをしない限り全額損金不算入となります。

それゆえ，使用人から昇格し，常務理事に就任してからはその賞与支給額は損金とならなくなります。

ただし，常務理事に昇進した直後の賞与については，使用人（又は使用人兼務役員）であった期間で相当であると認められる賞与は，使用人分の賞与と認めます。

使用人兼務役員とみなされる条件は，ただ単に平理事であるというだけでは不十分で，その法人の使用人としての職制上の地位を有することと，かつ，常

時使用人としての職務に従事していることが必要です。

ですから，常務理事ではなく，普通の理事で副院長の職位を有し，従来と同様に常勤して従事しているのであれば使用人兼務役員とみなされますので，一定の条件に該当する金額は損金とみなされます。

〈質問4〉

当法人は，業績が良好だったこともあり，使用人に対して特別賞与を未払計上する予定です。支給日は都合により6月中旬となりますが，3月中に各人に対し支給額を通知してあります。この特別賞与は3月期決算において損金として認められるでしょうか。

〈答〉 賞与引当金の廃止に伴い使用人賞与の損金算入時期についての規定が新設されました（法令72の3）。

同規定によりご質問の未払賞与は，当3月期決算において損金算入することは認められません。賞与を税務上認められる形式で未払いに計上するためには，下記の要件をすべて満たすことが必要となります。

① その支給額を，各人別に，かつ，同時期に支給を受けるすべての使用人に対して通知していること。

② ①の通知をした金額を当該通知をしたすべての使用人に対し当該通知をした日の属する事業年度終了の日の翌日から1カ月以内に支払っていること。

③ その支給につき①の通知をした日の属する事業年度において損金経理していること。

したがって，ご質問の場合，各人別に支給額を通知し，賞与の支給を4月中に行えば未払計上を認められる余地があります。

ただし，通知をしたすべての使用人に対して賞与を支給しなければならないため，通知日から賞与の支給日までに退職した職員に対しても賞与を支給することになるとともに，賞与に関する賃金規定（就業規則）において，賞与支給日現在に在職する者を支給対象者と規定している場合には，賃金規定と実際支給に不整合が生じることになります。このため，場合によっては就業規則の変

更も考慮することが必要となります。

〈質問5〉
　個人病院当時から勤務している者に支給する退職金の課税上の取扱いについて，教えてください。

〈答〉　個人事業を引き継いで設立された法人が，個人事業当時から引き続き在職する使用人に退職金を支給した場合には，個人事業主負担分と法人負担分を合理的に区分し，法人負担分を退職した事業年度の損金の額に算入するのが原則ですが，その退職が法人設立後相当期間を経過している場合には，全額を損金の額に算入して差し支えないこととされています（法基通9-2-39）。

　なお，この場合の相当期間については，一般的には所得税の減額更正ができる期間との関連で5年程度と考えられます。また，ここでいう「使用人」とは個人事業主は含まれないから，法人設立後，個人事業主であった者が個人事業の期間として法人から退職金を支給された場合には，この取扱いは適用されません。

〈質問6〉
　当病院は人員不足ぎみで募集に力を入れていますが，思うように人材を確保できません。そこで，給与水準を引き上げると，税制上の特典があるということですが，どのような内容でしょうか。

〈答〉　政府は，長引く円高・デフレ不況から脱却し，雇用や所得の拡大を目指すこととし，そのための取り組みの一環として平成25年度税制改正において所得拡大促進税が創設されました。この制度は，個人の所得水準を底上げする観点から，国内雇用者に対して給与の支給額を一定基準以上増加させた場合，その増加額の10％（注）の税額控除を可能とするものです。
　注）　税制改正により，中小企業は10％～22％，大企業は12％に拡充される見込みです。

　青色申告書を提出する法人が，平成25年4月1日から平成30年3月31日までに開始する各事業年度に適用できます。
　その要件として，以下が必要になります。

① 雇用者給与等支給増加額が基準雇用者給与等支給額の5％以上であること。
② 雇用者給与等支給額が比較雇用者給与等支給額以上であること。
③ 平均給与等支給額が比較平均給与等支給額以上であること。
　　ただし，税制改正により大企業は，以下の算式の割合が2％以上であることの要件が付加される見込み。

　　　（平均給与等支給額－比較平均給与等支給額）÷比較平均給与等支給額

　＊国内雇用者とは，法人の使用人のうち国内の事業所に勤務する雇用者をいい，雇用保険一般被保険者でない者も含みます。ただし，役員の特殊関係者や使用人兼務役員は除きます。
　＊雇用者給与等支給額とは，国内雇用者に対して支給する俸給，給料，賃金，賞与で損金算入される金額をいいます。退職金等は含まれません。
　＊基準雇用者給与等支給額とは，平成25年4月1日以降に開始する各事業年度のうち，最も古い事業年度の前事業年度の雇用者給与等支給額をいいます。3月決算法人の場合，24年度が該当します。
　＊平均給与等支給額とは，雇用者給与等支給額から日々雇い入れられる者の給与額を控除し適用事業年度の月別支給対象者で除した金額をいいます。
　＊比較平均給与等支給額とは，適用事業年度の前年度の雇用者給与等支給額をいいます。

　要約すると，平成24年度（24年4月1日から25年3月31日）の国内の職員給与を基準とし，25年度・26年度は2％以上，27年度は3％以上，28年度・29年度は3％以上（大企業は28年度は4％以上，29年度は5％以上）の給与が増加し，それぞれの事業年度の給与総額と平均給与額が前年を超える事業年度の場合に，法人税額の10％（中小企業者は20％）を限度として税額控除ができます（措法42の12の4）。

4．役員の退職給与

　役員退職給与とは，役員の退職によって支給される一切の給与（経済的利益も含む）をいい，役員給与と同様に事実を隠ぺいし仮装して経理したり，不相当に高額な部分は損金として取り扱われないこととなっている（法令70）。
　不相当に高額かどうかの判断は，次の事項を総合的に勘案して行われる。
▶当該役員の法人の業務に従事した期間

▶その退職の事情
▶その法人の同種の事業を営む法人で，事業規模が類似するものの役員に対する退職給与の支給状況等

したがって，上記項目に照らし，その退職した役員に対する退職給与として相当であると認められる金額を超える場合においては，その超える金額が不相当に高額なものとして損金算入を否認される。

使用人兼務役員に対する退職給与についても，役員分と使用人分に区分せずその合計額で不相当に高額であるかどうかの判定を行う。

これまでの税務上の取扱いは，損金経理が要求され，その損金算入時期は通達等で詳細に規定されていたが，会社法の施行に伴い，在職中における職務執行の対価として支給されるものであれば，役員退職金も発生した期間の費用として会計処理されることとなったので，損金経理要件は廃止された。

したがって，社員総会で役員退職金の支給を決議して，これまで引き当てていた役員退職引当金を取り崩して支給する場合も，

　　　　　（役員退職引当金）　／　（預　　金）

と引当金を取り崩す仕訳をし，法人税申告書上で同額減算する方法も認められることとなった。

―〈質問1〉―
　法人の資金繰りが悪かったので，2年前に退職した役員に退職金を支給していませんが，本年度は資金繰りに余裕が出そうなので，この際，退職金をさかのぼって支給したいと思っています。損金は認められますか。

〈答〉　役員退職金の損金算入時期は，原則として社員総会でその額が具体的に確定した事業年度とされています。しかし，役員であるという理由で資金繰りがつくまでは支給されないことも十分あり得ることから，原則的取扱いのみしか認めないとすることは，役員退職金も役員給与と同じく在職中の職務執行の後払いとして支給されるものと認識されている以上，実態に反するというべきであります。

そこで法人が役員退職金を実際に支給した事業年度に損金経理した場合に

は，税務上もこれを退職金として認めることとされています。

〈質問2〉

使用人の事務長が，理事に就任するに際して，使用人であった期間に応じて計算し，退職金を未払計上した場合，損金に認められるのでしょうか。また理事兼副院長が常務理事に昇進した場合，退職金の支給は可能でしょうか。

〈答〉 役員に昇格するに際して，法人の定める退職金規定に基づき，使用人としての期間に対応する退職金を支給したときは，退職という事実は存在しなくとも，雇用契約を解消して委任関係になったと考えられるので，損金算入が認められています。

しかし，退職金を支給せずに未払金計上することは，退職給与引当金を認めることと同じ結果となりますので，損金算入が否定されます。

次に使用人兼務役員である副院長が常務理事になったからといっても，役員としての地位の変動があっただけであり，たとえ使用人としての職務に対する退職金の額として計算されている場合でも，その支給した金額はその役員に対する給与（退職給与を除く）とされ，原則として，損金に算入されません。

ただし，退職金が次のすべてに該当するときは，特段課税上の弊害もないことから，使用人としての退職金として取り扱われます。

① 使用人から使用人兼務役員に昇格し，使用人であった期間が相当あり，かつ使用人であった期間に対応する退職金を支給していないこと。
② 退職金の額が使用人としての退職給与規定に基づき，使用人及び使用人兼務役員であった期間を通算して，職務に対する退職金として計算されており，かつ退職金として相当であると認められる金額（法基通9-2-37）。

〈質問3〉

当法人は，役員に対し，事業家保険（全額積立型）を設定していますが，この会計処理について
　㋑　保険料を支払った場合
　㋺　役員が死亡し，保険給付があった場合
それぞれについて，会計処理の方法を教えてください。

〈答〉 役員に対し，保険金受取人を法人とする事業家保険を設定したとき，保険料支払額はただちに損金にはできず，資産の投資の部に計上されることになります。

そして，保険給付を受ける事実が発生したときに，その保険給付金はいったん法人の収益として医業外収益に計上し，あらかじめ総会等において定められている役員に対する退職金の規定等により，死亡退職金として支給すべき金額を退職給与金として損金に計上され，かつ，事業家保険料として資産の投資の部に計上されている当該部分を損金に計上することになります。

すなわち，

1. すでにかけた当該事業家保険料　　5,000,000
2. 保険給付金　　　　　　　　　　18,000,000
3. 死亡退職金　　　　　　　　　　15,000,000

とすると

　　益金　保険給付金　　　　　　　18,000,000
　　損金　退職給与金　　　　　　　15,000,000
　　損金　事業家保険料繰入損　　　 5,000,000

となります。

ただし，退職給与金は，前述したように不相当に高額な場合制限がありますので，生命保険会社と保険契約高を高額に契約し，その給付を受けることとなっても損金になるものは不相当に高額にならない限度の退職金に限りますから，それを超えるものは法人の課税所得を構成することになります。

〈質問4〉

病院の創立者であり，病院長であった法人相談役が去る12月中旬死去しました。

当法人の功労者であるため，法人で病院葬を執行することになりましたが，その費用は損金として認められますか。また，この場合の香典等は法人の雑収入にしなければなりませんか。

〈答〉 役員等（相談役等も含まれる）が死亡した場合，故人の経歴，法人における地位，法人の規模等に照らして，社会通念上常識的にみて病院葬を行う

ことが相当と認められるときは法人の費用で病院葬を行うことができます。これは損金に算入できます。

また，香典は遺族に対する弔意を表すものですから，法人の収益とせず，遺族に帰属させてもなんら問題はありません。

したがって，雑収入に計上するには及びません。

〈質問5〉

役員の死亡に際し，退職金と別に弔慰金を支出しましたが，これは退職金に含めなければなりませんか。

〈答〉 退職給与とは，その支出の名義のいかんにかかわらず，退職により支払われる一切の給与をいいますが，役員の遺族に支給する弔慰金が退職金と明らかに区分され，社会通念上相当な金額である限り，支出した事業年度の損金に算入されます。

社会通念上相当な額とは，死亡した役員の社会的地位，法人の規模等を勘案して判定することになりますが，相続税の取扱いの中で次に掲げる金額までは相続財産とならない弔慰金の規定がありますので，法人税の取扱いも同様に考えて差し支えないものと思われます。

① 業務上の死亡の場合，普通給与の3年分
② 業務上の死亡でない場合，普通給与の6カ月分

〈質問6〉

理事長（病院長兼務）が老齢になったので，理事長および病院長職を理事である子息に譲り，当人は理事の相談役となりました。

病院長のとき月給300万円で，相談役になってからは月給50万円ですが，この場合，退職金を支給して差し支えありませんか。

〈答〉 退職給与は退職した者に対する臨時の給与をいいますが，役員としての地位又は職務が激変し実質的に退職したと同様の事情があると認められる場合は，役員退職金として取り扱うこととされています。

① 常勤役員が非常勤役員になったこと

② 理事が監事になったこと
③ 分掌変更後の報酬が50％以上減少したこと

そこで理事長の退職，相談役の就任を承認された総会の属する年度に，理事長（病院長）としての退職金として処理することができます。

報酬の支給に著しく差があり，実際の退職として認められますので，これに該当します。

ただし，名目上の退職で，経営上の発言権も従来と同様であるような場合は，退職金支給は損金算入を否認されるでしょう。

また，この退職金を未払計上したり，長期分割払いとした場合は，損金算入を否定されますから注意が必要です。

5. 交際費

法人の事業活動に必要な交際費は，費用計上されるべきものである。しかし，交際費が毎年巨額にのぼりその冗費性が問題になり，その支出を抑制するため損金として認めないこととされてきた（措法61の4）。

法人税法上の交際費の範囲は，社会通念上よりかなり広く設定されている。すなわち，交際費，接待費，機密費，その他の費用で，法人がその得意先，仕入先その他の事業に関する者（間接の利害関係者及び役員，従業員，株主等も含む）に対する接待，供応，慰安，贈答その他これに類する行為のために支出するものをいい，寄付金，広告宣伝費，福利厚生費等の性格を有するものは除かれる。

接待飲食費とは，飲食その他これに類する行為のために要する費用（社内接待費を除く）で，資本金1億円超の法人であってもその額の50％を損金に算入できることが認められた（図表3.9.2参照）。

図表 3.9.2　交際費の損金不算入額

期末資本金	損金不算入額
1億円超	接待飲食費の50%
1億円以下	接待飲食費の50% 又は年間800万円を超える金額

(注) 期末資本金 ─┬─ 持分の定めのある社団医療法人 ………… 出資金額
　　　　　　　　├─ 財団医療法人　　　　　　　　　　　⎫
　　　　　　　　├─ 持分の定めのない社団医療法人　　　⎬ … 期末純資産額×60/100
　　　　　　　　│　　　　　　　　　　　　　　　　　　⎭　＝期末資本金とみなす額
　　　　　　　　└─ 社会医療法人 …………… 期末資本金× 収益事業に係る資産の額／総資産の額

純資産の金額＝(総資産の帳簿価額)－(総負債の帳簿価額)－(当期損益)

〈質問1〉

大学の先生方に贈答する金品は，どのくらいの金額まで損金に認められますか。

〈答〉　法人税法上の交際費は，交際費，接待費，機密費その他の費用で，法人が得意先，仕入先，その他事業に関係のある者等に対する接待，供応，慰安，贈答，その他これらに類する行為のために支出するものです。

したがって，まず第一に，金額的限度よりも，

・支出金額の費途が明らかなこと
・法人業務に関係のある支出であること

を要します。

領収証を入手するということは，その支出を証明することであり，これがなくとも支出した事実が明らかにできるときはよいのです。

領収証があっても，法人業務に関係のない支出のものなどは損金に認められません。

盆・暮の贈答品については，贈答先の社会的地位，当法人との関係などを考慮すればおのずから常識的に決まってくると考えます。

したがって，税法上，特に限度は金額的に決められていませんが，一応の常識的水準が基準になるでしょう。

── 〈質問2〉 ──────────────────────────────
　多少酒が出ても，1人当たり5,000円ぐらいの支出は会議費として処理できると聞きましたが，ホテルのレストランで幹部会を開き，その金額の範囲なら損金に認められますか。
────────────────────────────────────

〈答〉　平成18年度改正により，「飲食その他これに類する行為のために要する費用」であって，その金額が1人当たり5,000円以下である費用（専ら法人の役員もしくは従業員又はこれらの親族に対する接待のために支払うものは除く）は，交際費の範囲から除外されました。

　また，会議費については，1人当たり5,000円以下かどうかにより，税務上の交際費に該当するかどうかの判定は行いません。

　次に会議費としての要件は，通達において
　① 会議に際して
　② 社内または通常会議を行う場所において
　③ 通常供与される昼食程度を超えない飲食物等の接待費用
が示されています。

　①と②は要件に該当しますので③について検討しますと，昼食程度を超えないものとは，社会通念上，レストランや食堂で提供される通常の昼食と認められるものであり，ビール1本が添えられたところで，通常供与される昼食程度を超えるとは考えられません。

　また，会議費かどうかの判断に当たっては，1人当たり5,000円を超える場合であっても，その内容を重視しますので，会議費として処理して差し支えありません。

── 〈質問3〉 ──────────────────────────────
　当法人の理事長は院長も兼務していますが，外部との交際も広く，その社会的地位を保つために毎月10万円を報酬以外に支出しています。これを報酬として給与に含めると，労働組合等との関係上問題があるので，やむをえず機密費名目で支出しています。
　これは損金として認められますか。
────────────────────────────────────

〈答〉 例えば、理事長の毎月の報酬を250万円支給しているが、役員報酬限度額（社員総会で認められた）が260万円であり、他の基準から総合勘案しても、毎月260万円で不相当に高額と認められない場合には、理事長に対する毎月の機密費が10万円で、ほぼ定期的に定額に支給されるのであればこれは定期同額給与とみなされます。

したがって、源泉税の対象にはなりますが、法人税の課税対象にはなりません。

報酬支給限度額≧現金支給額＋機密費支給額（定期・定額）

$$2,600,000 \geq \begin{cases} 2,500,000 \\ 100,000 \end{cases}$$

となります。

しかし、この機密費が毎月定額でなく、6万円であったり12万円であったりしており、支給時期も毎月6日だったり15日だったりしている場合は、以上のように支給限度額以内であっても定期同額給与に該当しません。

この場合は、法人税所得計算上、損金になりません。

また、総会で決めた報酬支給限度額が、毎月の現金支給総額の250万円であるときは、機密費の毎月支給額10万円はこれを超えることになるので、定時・定額払いであっても形式基準による不相当に高額な部分として損金に算入されません。

〈質問4〉
ロータリークラブに加入しており、会議参加のため海外出張しましたが、その出張費を全額否認されてしまいました。法人の損金として認められないものですか。

〈答〉 ロータリークラブは、個人事業主や会社経営者が会員となり、その活動の目的は社会連帯の高揚や社会奉仕にあり、その入会金や会費は大半が定期的に会合する際の会食費に使われているのが実情です。

そこで、通達において、入会金や経常経費として法人が負担した場合は、交際費として処理することが明らかにされています。

また，経常会費以外の費用については，その費用が法人の業務の執行上必要なものであると認められる場合には交際費とし，会員たる特定の役員の負担とすべきものであると認められる場合は，役員に対する給与とされます。

　質問の場合では，おそらく業務の遂行上必要なものでなく，個人的なものと判定されたものと考えられます。

〈質問5〉

　当法人は理事長の個人名義でゴルフクラブに入会していますが，資金は法人で支出しました。

　理事長は，院長として法人経営の大黒柱であり，ゴルフは，接待のため法人業務上必要と考えています。経費として損金に認められませんか。

〈答〉　無記名式の法人会員制度があるにもかかわらず，個人会員として入会し，その入会金を法人が負担したときは，その支出した入会金は理事長に対する給与とされます。

　無記名式の法人会員制度がない場合に個人名義で入会したときは，実質的にその役員または使用人の負担するものと認められるときは当人の給与とされますが，法人が資産に計上しているときは，その入会が法人の業務上必要なものである限り法人の経費として認められます。

　したがって，資産に計上しなければ，役員給与とされ定期同額給与に該当しませんので損金経理が認められません。

〈質問6〉

　本年度，理事長が数回海外旅行を行っていますが，おおむね半分は現地の病院または医療機関の見学に費やしています。

　観光ビザは，損金としてどの程度認められるでしょうか。

〈答〉　法人が，役員または使用人を海外渡航させる場合，法人の業務遂行上必要と認められる部分を損金に算入することができます。

▶観光渡航の許可を得て行う旅行（実質的にみて明らかに法人の業務の遂行上必要と認められるものを除く）

▶旅行あっせんを行う者等が行う団体旅行に応募する旅行
▶同業者団体その他これに準ずる団体が主催して行う団体旅行で主として観光目的と認められるもの

これらは，原則として，法人の業務遂行上必要な海外渡航には該当しないものとされています。

しかし，海外期間中における旅行先，行った仕事の内容などから，法人の業務に直接関連があると認められるときは，その分の直接に要した費用は損金の額に算入できます。

損金算入できる金額の計算に関しては，平成 12 年 10 月 11 日付けで公表された法令解釈通達「海外渡航費の取扱いについて」の中で業務従事割合から算出する具体的計算方法が明示されています。

〈質問 7〉

いわゆる使途不明金については，通常の法人税に加え，40％の追加課税が行われると聞きましたが，内容はどのようなものですか。

〈答〉 ゼネコン汚職をきっかけに，使途不明金が賄賂やヤミ献金などの温床になっているとの批判が高まり，税制面での対応が図られるべきであるとの世論を受け，平成 6 年 4 月 1 日以後に支出した使途秘匿金は 40％の追加課税を受けるというものです。

使途秘匿金とは，法人が支出した金銭や資産のうち，その相手方の氏名・名称や住所，その理由を領収証，請求書等の帳簿書類に掲載していないものをいいます。

また，相手方の氏名等が記載されていない支出であっても「相当な理由」がある場合には使途秘匿金にはなりません。例えば，小口の金品の贈与（テレフォンカードの配付や広告用資産の贈与）や不特定多数の者との取引のように，相手方の住所・氏名までいちいち記載しないのが通例となっているものです。ただし，相手方に迷惑がかかるとか，取引が継続しなくなるといった理由では認められません。

6. 寄附金

　寄附金は原則として損金に算入されるが，寄附金はその性質上，直接には反対給付の伴わない支出であるため，法人の事業活動に必要なものかどうかの判定が極めて困難である。したがって，寄附金を無制限に損金計上を認めた場合には，本来課税されるべきはずの所得が寄附として流出し，課税の公平を欠くことになる。

　このようなことから，公的な寄附金や公益性の強い寄附金を除き，一定の限度計算により損金に算入されないこととされている（法法37）。

　法人税法上の寄附金であるかどうかは，神社の祭礼等の寄贈金，公益法人や政治団体への拠出金，災害義援金等の支出の他，資産の譲渡または経済的利益の供与をした場合の時価との差額も贈与とみなされ，寄附金とされている。

　寄附金の損金算入限度額は次の通りである。

① 持分の定めのある医療法人
　（社団医療法人，出資額限度法人）

(A) $\left[\left(\begin{array}{c} \text{事業年度の} \\ \text{所 得 金 額} \end{array} + \begin{array}{c} \text{損金経理} \\ \text{の寄附金} \end{array} \right) \times \dfrac{2.5}{100} \\ \left(\text{資本金等の額} \right) \times \dfrac{\text{月数}}{12} \times \dfrac{2.5}{1{,}000} \right]$ 合計 $\times \dfrac{1}{4}$ ……（一般限度額）

(B) 公益の増進に著しく寄与する法人等に対する限度額

　① 公益の増進に著しく寄与する法人等に対する寄附金 …………

　② $\left[\left(\begin{array}{c} \text{事業年度の} \\ \text{所 得 金 額} \end{array} + \begin{array}{c} \text{損金経理} \\ \text{の寄附金} \end{array} \right) \times \dfrac{6.25}{100} \\ \left(\text{資本金等の額} \right) \times \dfrac{\text{月数}}{12} \times \dfrac{3.75}{1{,}000} \right]$ 合計 $\times \dfrac{1}{2}$ … 低い方
　（公益増進法人限度額）

(C) 国または地方公共団体への寄附金，指定寄附金額 ………

　｝合計額（限度額）

② 持分の定めのない医療法人
  （財団医療法人，特定医療法人，基金拠出型医療法人，社団医療法人）

(A) $\left(\begin{array}{c}\text{事業年度の}\\\text{所 得 金 額}\end{array}+\begin{array}{c}\text{損金経理}\\\text{の寄附金}\end{array}\right) \times \dfrac{1.25}{100}$（一般限度額）……………

(B) 公益の増進に著しく寄与する法人等に対する限度額
  ① 公益の増進に著しく寄与する法人等に対する寄附金………
  ② $\left(\begin{array}{c}\text{事業年度の}\\\text{所 得 金 額}\end{array}+\begin{array}{c}\text{損金経理}\\\text{の寄附金}\end{array}\right) \times \dfrac{6.25}{100}$（公益増進法人限度額）…

  （①②低い方）

(C) 国または地方公共団体への寄附金，指定寄附金額…………

合計額（限度額）

③ 社会医療法人

(A) $\left(\begin{array}{c}\text{事業年度の}\\\text{所 得 金 額}\end{array}+\begin{array}{c}\text{損金経理}\\\text{の寄附金}\end{array}\right) \times \dfrac{50}{100}$（一般限度額）……………

  ・上記金額が年200万円に満たない場合には200万円
  ・公益増進法人に対する寄附金は一般限度額に含める

(B) 国または地方公共団体への寄附金，指定寄附金額……………

合計額（限度額）

〈質問1〉

当法人の病院には，国立大学病院から医師を派遣してもらっています。今回大学から奨学寄附の要請がありました。税務上どのような処理をすればよいのでしょうか。

〈答〉 国又は地方公共団体に対する寄附金は，寄附をした者がその設備を専属的に利用する等の特別の利益が及ぶと認められる場合を除き，全額を損金に算入することができます。また，指定寄附金としては，この他公益を目的とする事業を行う法人に対して支払う寄附金で広く一般に募集され，教育科学の振興，文化の向上等公益の増進に寄与し，緊急を要するものとして，財務大臣が審査し指定したものがあり，次のような団体に対する寄附があります（法法37③）。

・私立学校法人
・日本私立学校振興・共済事業団
・共同募金会
・日本赤十字社
・独立行政法人日本学生支援機構

そこで，寄附申込書等に奨学寄附金の使途や目的や指定寄附金に該当する旨の記載を確認してください。

―――〈質問2〉―――
　公益法人に対し，毎年寄附を行っています。一般の寄附金と異なる取扱いがされると聞きましたが，ご教示ください。

〈答〉　公益の増進に著しく寄与する法人（特定公益増進法人）とは，次のような団体があります（法令77）。
・独立行政法人（例えば，国立病院）
・地方独立行政法人（例えば，自治体病院）
・日本赤十字社他
・公益社団法人及び公益財団法人
・社会福祉法人
・更正保護法人
・学校法人のうち一定のもの

特定公益増進法人の主たる目的に関連する寄附金については，一般の寄附金限度額とは別枠の特例を設けています（計算式は245ページ参照）。

7.　税務調査の着眼点

（1）　人件費

　人件費関係の調査は，特に役員報酬の額が不相当に高額なものに該当しないかどうか，使用人兼務役員の支給賞与額が損金算入の限度を超えていないかどうか，人件費の架空水増計上がないかどうか，を重点的に行うのである。
　役員給与については，後述することとして，人件費の架空水増し等について

は，以下の調査手法により次の⒤〜ⓥの事項が調査される。

給与支給者の実存性を確認するため，職員名簿を入手し，これをチェックリストとして，①出勤簿，②タイムカード，③履歴書，④勤務計画表，⑤各種書類のサイン，⑥社会保険加入状況，⑦労働保険加入状況，⑧交通費支給状況，⑨食費支給状況，⑩互助会加入状況，⑪職員健康診断参加状況，⑫資格者については免許証の確認を行い，定型的でない職員を抽出し，当該職員の業務従事状況を詳細に検証するという方式で行われる。

また，この際支給された給与の支払い状況（本人への支払いが事実であるか等）や現金支払いの有無（日払いの有無）も確認されるとともに，場合によっては本人への照会も実施される。

以上の手続により，イレギュラーな職員がすべて表面化し，名義借りの対象となっている資格者等については給与計上そのものを仮装・架空処理を理由に否認することがある。

⒤ 出勤簿，タイム・カードを調べ，これに記録がないもの，また記録があってもタイム・カードなどの出勤時刻，退社時刻が同一のもので明らかに同一人が押捺しているとみられるものを調べて，架空人員の検出をする。

ⅱ すでに退職した者を利用し，それ以後常勤しているように仮装して給与を支給していないかどうかを確かめる。

ⅲ 医療法規上，必要な職種の定員数をそろえるために，医師，薬剤師，看護師等の名義を借り受け，これを実在するように仮装する手段として，これに給与を支給したようにしていなかどうかを調べる。

ⅳ 上記と同じように，親戚，友人などから依頼されて，社会保険等に加入させるため架空な支出していないかどうかを調べる。

ⓥ 非常勤医師に対する報酬支給のとき，源泉税を控除しないで支給することが多いので，正しく徴収してあるかどうかを確かめる。非常勤として勤務する医師は，税込額ではなく手取額で報酬を決めるものが多い。その慣習は，一種独特であるが，医療法人の病院は税務調査を常に受けるので，この問題の処理に非常に苦慮するのである。

（2） 薬剤，診療材料

　薬剤，診療材料関係の調査は，一般の会社などと同じように，次の点を重点にする。

- ⅰ　収入除外の目的のために，これに直接必要な仕入分を除外していないかどうか。

　　歯科医師における「金地金」等の仕入除外は，最も多く発見される不正計算の事例である。

- ⅱ　証憑などを調べ架空計上を行っているかどうか。個人の開業医にあっては小規模であるため，実際の経費率を算出するよりも租税特別措置法第26条の特例経費率適用のほうが有利である。そのため，申告等も帳簿に記入しないで白色等で行っているので，これらの開業医を親戚，知人に有していることを利用して，そこで使用される薬剤，診療材料の納品書，請求書を自己の法人宛に発行させ，これを小切手等で支払い，あとで裏取引で現物をその開業医に流し，その支払資金を現金で受け取ってこれを簿外にする方法ができるので，薬品費等の費用比率を調べてこれらの不正が行われているかどうかその有無を確かめる。

- ⅲ　期末に近い月に，大量仕入を行いこれを外部へ流出したり，そのほとんどを費消したことにしてたな卸を除外したりしていないかどうかを確かめる。

- ⅳ　たな卸在庫について，添付薬剤が無代価のまま受け入れてあるので，その在庫品を期末に評価せず，たな卸除外となっていないかどうかを調べる。

- ⅴ　仕入の二重計上，仕入単価の過大計上等によって買掛金が水増しされていないかどうかを検証する。

（3） 修 繕 費

資本的支出が損金処理されていないかどうかを調べる。

- ⅰ　修繕費に経理されたもので，明らかに損金として認められるものを除き，その見積書，設計図，契約書，請求書等を調べて，資本的支出かどうかを判断する。

ⅱ 断片的に記帳して一見少額にみえる記帳額についても，その他の資材が消耗品費等で処理されていないかどうか，また，これに伴う労賃などが雑給等で処理されていないかどうかをよくみる。

ⅲ 固定資産の購入が，断片的に支払われ請求書等で修繕費とされていないかどうかを調べる。

ⅳ 調査の着眼点として，期中固定資産の増加があり，また特に修繕費，消耗品費などが増加しているときは，上記のように資本的支出が損金処理されていないかどうかを注意する。

(4) 交際費

ⅰ 事業の性質，業務上関係のない支出額で個人的費用とみられるものが，交際費として処理されていないかどうかを調べる。

ⅱ 支出額を立証する領収証その他により，それが事実かどうかを確かめる。

ⅲ 大口の支払い，金額に端数のないもの，あるいは同じ金額の支払いが頻発している場合には，私消されている可能性もあるので，その受取人の確認，支出目的などを調査する。

ⅳ 他の費目中に交際費に属するものが混入していなかどうか，例えば，福利厚生費中に従業員に酒食をもてなしたものあるいは会議費等で酒類の出された高額な食事等がないかどうか，慶弔費的なものが雑費等に入っていないかどうかを確かめる。

ⅴ 交際費損金算入限度額の計算の適否をみる。

(5) 旅　費

ⅰ 出張の事実がないのに架空計上して私消したり，あるいは過大に水増しして別途目的に私消することがあるので，出張目的，年月日記録，通信記録等と照らし合わせてよく確かめる。

ⅱ 学会等へ出席していないのに，学会開催の事実を利用して架空旅費を計上し，これを別途目的，例えば非常勤医師の給与等へ流用していなかどうかを確かめる。

⑾　旅費規定は作成されているか，またその実際はどうかを調査する。

以上の費用の計上についての留意点のほか，資産・負債項目との関連からも調べるのである。

第10節　資産項目の会計と税務

1. 資産の勘定科目

　資産に関する取扱いをみると，資産は流動資産，固定資産に分類されている。従来，資産の部に設けられていた繰延資産については設定しないこととされている。

　資産の勘定科目は，一般の企業会計とほとんど同じであるが，近年企業会計は，投資情報重視型に改定されていることから，他の民間非営利法人の会計基準でも取り入れられている範囲に限定することで，医療法人に適合するものとなっている。なお，四病協医療法人会計基準は，「前文・本文・注解」のみの構成となっており，具体的な財務諸表様式や勘定科目を明示していない。また，同会計基準前文においても「本会計基準のみならず，施設又は事業の基準も考慮しなければならない。各々の医療法人が遵守すべき会計の基準としては，これらの会計基準（明文化されていない部分については，一般に公正妥当と認められる会計の基準を含む）の総合的な解釈の結果として具体的な処理方法を決定した経理規程を作成することが必要である。」とされている。したがって，ここでは，医療法人会計基準省令において適用が義務付けられている社会医療法人債発行法人である社会医療法人が従うべき「社会医療法人財務諸表規則」において明示されている勘定科目の内容を図表3.10.1に掲載する。

図表 3.10.1　資産の勘定科目

> 別表　勘定科目の説明
> 　勘定科目は，日常の会計処理において利用される会計帳簿の記録計算単位である。したがって，最終的に作成される財務諸表の表示科目と必ずしも一致するものではない。なお，経営活動において行う様々な管理目的及び租税計算目的等のために，必要に応じて同一勘定科目をさらに細分類した補助科目を設定することもできる。

区　分	勘定科目	説　　　　明
資産の部		
流動資産	現金及び預金	現金，他人振出当座小切手，送金小切手，郵便振替小切手，送金為替手形，預金手形（預金小切手），郵便為替証書，郵便振替貯金払出証書，期限到来公社債利札，官庁支払命令書等の現金と同じ性質をもつ貨幣代用物及び小口現金など　当座預金，普通預金，通知預金，定期預金，定期積立，郵便貯金，郵便振替貯金，外貨預金，金銭信託その他金融機関に対する各種掛金など（ただし，契約期間が1年内に到来しないものは「その他の資産」に含める。）
	医業未収金	医業収益に対する未収入金（手形債権を含む。）
	有価証券	短期間で換金可能な証券投資信託等の有価証券，貸借対照表日から1年内に満期の到来する債券
	たな卸資産	医薬品，診療材料，給食材料，医療用消耗器具備品，その他の消耗品及び消耗器具備品等
	前渡金	諸材料，燃料の購入代金の前渡額，修繕代金の前渡額，その他これに類する前渡額
	前払費用	火災保険料，賃借料，支払利息など時の経過に依存する継続的な役務の享受取引に対する前払分のうち未経過の金額（ただし，貸借対照表日から1年内を超えて費用化されるものは除く。）
	繰延税金資産	税効果会計適用に伴う繰延税金資産のうち，流動資産又は流動負債に属する特定の資産又は負債に関連して計上されるもの及びそれ以外に計上されるものの中で貸借対照表日から1年内に取り崩されると認められるもの
	その他の流動資産	上記以外の未収収益，短期貸付金，役職員等に対する短期債権又はその他の資産のうち，貸借対照表日から1年以内に回収又は費用となると認められるもので資産の総額の1％を超えるものがある場合には，適当な名称を付して別掲するものとする

区　分	勘定科目	説　　明
固定資産	（有形固定資産）	
	建物	建物及び電気，空調，冷暖房，昇降機，給排水など建物に附属する設備
	構築物	貯水池，門，塀，舗装道路，緑化施設など建物以外の工作物及び土木設備であって土地に定着したもの
	医療用器械備品	治療，検査，看護など医療用の器械，器具，備品など（ファイナンス・リース契約によるものを含む。）
	その他の器械備品	その他上記に属さない器械，器具，備品など（ファイナンス・リース契約によるものを含む。）
	車両及び船舶	救急車，検診車，巡回用自動車，乗用車，船舶など（ファイナンス・リース契約によるものを含む。）
	土地	事業活動のために使用している土地
	建設仮勘定	有形固定資産の建設，拡張，改造などの工事が完了し稼働するまでに発生する請負前渡金，建設用材料部品の買入代金など
	その他の有形固定資産	上記以外の有形固定資産で資産の総額の1％を超えるものがある場合には，適当な名称を付して別掲するものとする
	（無形固定資産）	
	借地権	建物の所有を目的とする地上権及び賃借権などの借地法上の借地権で対価をもって取得したもの
	ソフトウェア	コンピュータソフトウェアに係る費用で，外部から購入した場合の取得に要した費用又は制作費用のうち研究開発費に該当しないもの
	その他の無形固定資産	上記以外の無形固定資産で資産の総額の1％を超えるものがある場合には，適当な名称を付して別掲するものとする
	（その他の資産）	
	有価証券	満期保有目的の債券等，流動資産の区分に記載されない有価証券
	長期貸付金	金銭消費貸借賃借契約等に基づき開設主体の外部に対する貸付取引のうち，貸借対照表日から1年を超えて受取期限の到来するもの
	役職員等長期貸付金	役員，評議員及び職員に対する貸付金のうち当初の契約において1年を超えて受取期限の到来するもの
	長期前払費用	時の経過に依存する継続的な役務の享受取引に対する前払分で，貸借対照表日から1年を超えて費用化されるもの
	繰延税金資産	税効果会計適用に伴う繰延税金資産のうち，固定資産又は固定負債に属する特定の資産又は負債に関連して計上されるもの及びそれ以外に計上されるものの中で貸借対照表日から1年を超えて取り崩されると認められるもの

区　分	勘定科目	説　　　明
固定資産	その他の固定資産	上記以外のその他の資産のうち，貸借対照表日から1年内に期限の到来しない預金又はその他の資産で資産の総額の1％を超えるものがある場合には，適当な名称を付して別掲するものとする

資産について，とくに留意すべき点は以下2.～6.の通りである。

2. 医業未収金

　医業未収金は，医業収益に対する未収額を処理する勘定である。

　これには毎月請求する支払基金等に対する保険支払者への請求金額のほか，自費患者に対する診療請求額，入院室料差額等の請求額が入るものである。

　しかし，医業外収益として処理されることとなっている付添人の給食収入，テレビ，ガス等の賃貸料などは，医業収益以外の未収金であるから原則としては未収金勘定で処理されるべきであろうが，計算の便宜上，少額であるときは医業未収金で処理したほうがよいように思われる。

　すでに請求書を提出してある分のほか，診療が終了し，当然請求権利のあるもので，事務上未整理となっているものは，期末日現在，カルテ等より算出して医業未収金勘定に加算計上しなければならない。

　請求提出もれのレセプトなども同様である。

　特に，現金主義計上を行って期末に未収金計上を行っている場合には，遠隔地の労災，生保，自賠責保険，自費，付添人給食収入などがもれやすいものであるから注意すべきである。

　なお，自費診療などでの未収入金残額，社会保険診療などでの自己負担額等の未収入金残額が，長期にわたって残留するときは，法人税法での通達で定められているように，以後1ヵ年以上診療が行われていないとき及び遠隔地であるため集金費用が多く要するものなどについては備忘価額1円を残して，貸倒損失として計上することができる。

　そのときは，爾後の入金状況等のてん末を明らかにするためその債権額，貸

倒処理額，その後の回収状況等を明らかにする明細を人別に作成しておくことを要する。

──〈質問1〉──
　自費診療分の未収分で，長期間にわたり入金不能になっているものがあり，すでに数年間分で大分多くなっています。これらは貸倒損失として処理できませんか。

〈答〉　診療代等の未収で最後に入金したときから1年以上全然取引がない場合には，備忘価額1円を残して貸倒損失を計上することができます。
　また，遠方の患者で，同一地域の未収分を合わせても取立費用のほうが多くなるような場合，督促しても支払いがないときは同じく貸倒損失として損金に算入できます。
　ただし，以上の場合はいずれも備忘帳をつくり，帳簿価額に1円を残して，各人別に明細を作成し，その後の回収状況等を明らかにしておくことがよいでしょう。

──〈質問2〉──
　自費診療の未収について，請求しても行方がわからず，請求書が戻ってくるものがありますが，これらはどう処理すべきでしょうか。

〈答〉　未収先が，死亡，失踪，行方不明，刑の執行その他これに準ずる事情によって回収の見込みがない場合，全額が回収できないことが明らかになった事業年度に貸倒損失として損金経理したものについては，これを認めることになっています。

──〈質問3〉──
　平成10年度税制改正において，税法上の貸倒引当金の設定に関して改正が行われたといわれましたが，その内容を教えてください。

〈答〉　昭和43年4月より，青色・白色いずれの法人でも貸倒引当金の設定

が認められてきましたが，平成10年度税制改正により法定繰入率が廃止されるとともに，債権償却特別勘定の取扱いが貸倒引当金に含められました。このため，貸倒引当金制度は，期末貸金を個別に評価する貸金と一括して評価するその他の貸金とに区別し，両者の方式により計算された繰入限度額を合計した金額をもって貸倒引当金の繰入限度額とすることに改められました。

　それぞれの方式の繰入限度額は，以下のように計算されることになります。

イ．個別評価する債権の繰入限度額

　　従前の債権償却特別勘定の繰入基準に相当する基準で回収不能見込額を計算した金額

ロ．一括評価する債権の繰入限度額

　　一般未収債権等の帳簿価額の合計額に過去3年間の貸倒実績率を乗じて計算した金額

ただし，出資金額が1億円以下の医療法人社団及び医療法人財団，その他持分の定めのない医療法人については特例として法定繰入率 $\left(\dfrac{6}{1,000}\right)$ により貸倒見込額を計算することができます。

したがって，出資金額1億円超の医療法人では，平成15年4月1日以降開始する事業年度から一定の要件を満たした回収不能見込額および実際の貸倒実績率をもって繰入限度額を計算することになるため，現実的に回収不能となる見込のない債務者である国，地方公共団体，社保支払基金，国保連合会に対する医業未収金に関しては，貸倒引当金（徴収不能引当金）の設定ができなくなります。

〈質問4〉

　法人の出入業者で甲という建設会社が，来年の病院増築を見越して，資金繰りのために資金を前貸ししてほしいというたっての希望で，長年のつきあいから500万円を貸したところ，昨年12月に倒産してしまいました。

　その後，返済を要求しましたが，債権者会議などができ，早急には返済が無理であるといっています。どうすればよいでしょうか。

〈答〉 おそらく，手形が不渡りとなり，手形交換所において銀行取引停止処分を受けたものと考えられます。

　従来，銀行取引停止の場合は債権償却特別勘定への繰入れが認められていましたが，平成10年度の税制改正において債権償却特別勘定制度に代えて個別評価による貸倒引当金の設定が法制化されました。その内容はほとんど従前の債権償却特別勘定制度と同様ですが，貸倒引当金の制度の中に含められたため，毎期洗い替えが必要となります。

　具体的な処理としては，銀行取引停止処分は個別評価による貸倒引当金の設定事由（特定事実に基づく1/2繰入れ）に該当するため，期末において一括して評価する貸倒引当金とは別に，500万円の1/2を繰り入れます。

　　貸倒引当金繰入　2,500,000　　貸倒引当金　　2,500,000
　　　（徴収不能引当金繰入）　　　（徴収不能引当金）

　翌期末において戻入れ処理を行うとともに，状況変化がなければ同額を繰り入れることになります。

　　貸倒引当金　　　2,500,000　　貸倒引当金戻入　2,500,000
　　貸倒引当金繰入　2,500,000　　貸倒引当金　　　2,500,000

3. 薬品診療材料

　比較的規模の大きな病院においても，麻薬等の法律上経常的受払記録作成を義務づけられているもの以外の薬品・診療材料等のたな卸資産について継続記録による受払表を作成しているケースは少ないといえる（この慣習と医療事業には製品や仕掛品といった，たな卸資産が存在しないこととが病院における原価計算制度の発達を阻害してきたのであるが）。このため，期末時点の実地たな卸手続きは在庫金額を確定する重要な手続きである。

　病院規模の医療施設では，医薬品等のたな卸資産は複数の場所に保管されている。中心的な在庫保管場所である中央薬剤管理室（庫）以外に，各病棟，手術室，外来診察室，検査室，X線室等に現場在庫が存在している。適正な在庫金額を把握するためには事務系以外の現場各部門の人手が必要となるため誤計

上が発生しやすく注意する必要がある。実地たな卸の精度を高めるとともに，現場スタッフの在庫に対する認識を習慣づけるためにも半期または四半期での実地たな卸が望まれる。

4. 建物・構築物

（1） 固定資産と減価償却

　医療技術の進歩やより快適な環境を求める患者のニーズにより，医療機関の設備投資は多額なものとなっている。このため，設備取得にともない発生する固定資産をめぐる税務について十分な理解と適切な対応が求められる。
　固定資産をめぐる税務は，①取得価額の決定，②資本的支出と修繕費の区分，③耐用年数の設定，④減価償却等，極めて広範な内容となっている。特に資本的支出と修繕費の区分は従来より課税上の問題となることが多く，実質判定を基礎としながらも形式基準による取扱いも一部容認されることとなっている。

① 減価償却制度の抜本的見直し

　病院建物や医療器械に投資した金額は，その期に費用化されず，一定の方法により各事業年度の費用として配分する会計上の手続きが減価償却である。
　法人税法上，損金とされる金額は，法人が償却費として損金経理した金額のうち，償却限度額の範囲内の金額であり，償却限度額の計算について，償却方法，耐用年数等の詳細な規定を設けている。
　減価償却制度について，最近の顕著な技術革新に伴う減価償却資産の陳腐化や，国際競争力を強化するため，課税の整合性を整え，我が国の経済の成長力を強化する観点から，減価償却制度の抜本的見直しが行われた。

(イ) 償却可能限度額及び残存価額の廃止
　平成19年4月1日以後に取得する減価償却資産について，償却可能限度額（取得価額の95％）及び残存価額（廃棄時の処分見込価額）を廃止し，1円

（備忘価額）まで償却できることとされた。

従来の定額法による償却費は，取得価額に0.9（残存価額10%を残すため）と償却率を乗じて計算していたが，新規取得資産については「0.9」を乗じることなく，償却率（1/耐用年数）を乗じることで計算する。

また定率法による償却率は，定額法の償却率を2.0倍（平成24年4月1日以後に取得）した数とし，定率法により計算した償却費が一定の金額（償却保証額）を下回ることになる事業年度から，償却方法を定率法から定額法に切り替えて計算することで耐用年数経過時点に，1円まで償却できることとする。

<small>＊平成19年4月1日から平成24年3月31日までに取得した償却資産の定率法による償却額は，定率法の償却率を2.5倍した率とする。</small>

(ロ) 平成19年3月31日以前に取得した資産

従前は取得価額の95%までしか償却ができなかったが，残存価額及び償却可能限度額の撤廃を受けて，この残存簿価5%分を5年で均等償却することが認められることとなった。また，残存簿価が5%以上ある資産については，従前と同様に旧定額法や旧定率法で償却を継続することになる。

② 特別償却及び税額控除

政策減税の一種といわれる特別償却及び税額控除制度は，その内容が地域，産業，設備などごとにいくつか設けられるとともに，最近では毎年内容変更が行われているため，税法改正に留意することが必要である。なお，現在，医療法人が適用しうる特別償却及び税額控除制度は，次の通りである。

(イ) 高度・先進医療に資する医療用機器の特別償却（措法45の2）

(ロ) 中小企業者が機械等を取得した場合の特別償却又は税額控除（措法42条の6）

（2）建　物

固定資産の計上については，取得原価主義によるべきこととされており，実務においては多くの医療法人においては税法基準に従って処理されている。

建物については，建物の主体部分と付属設備部分を補助簿等で明確に区分し，それぞれの耐用年数に従って償却すべきことはもちろんであるが，病院と診療所，助産所は耐用年数を異にする。

「減価償却資産の耐用年数等に関する省令」，いわゆる，法定の耐用年数によれば，医療法第1条の5第1項に規定する病院，すなわち患者20人以上の収容施設を有する病院と，これ以外の診療所，助産所とでは耐用年数が違うのである。ただし，「耐用年数の適用等に関する取扱通達」2-1-6にて「病院用」のものに含めることができるとされているので「病院用」の耐用年数で償却することができる。その耐用年数は図表3.10.2の通りである。

なお，精神病院で患者の作業療法の一環として設備されている家畜の畜舎などで，

- 牛馬飼育用の畜舎
- 酪農用の畜舎（簡易な構造で通常建物と認められないものは除く）
- 養鶏用の鶏舎（隔壁により鶏舎の内部と外部がしゃ断されている構造のものに限る）
- その他その構造，規模等からみて通常建物と認められるもの

は，建物としての「と蓄場用のもの」の耐用年数を使用することになっている（耐通2-1-8）。

これらに該当しない飼育小屋のようなものは，構築物の「飼育場」の耐用年数を適用することとなっている。

図表 3.10.2　耐用年数比較表

種類	構造または用途	細目	耐用年数（年）
建物	1. 鉄骨鉄筋コンクリート造，または鉄筋コンクリート造のもの	病院用のもの 住宅用，寄宿舎，宿泊所用のもの	39 47
	2. れんが造，石造またはブロック造のもの	病院用のもの 住宅用，寄宿舎，宿泊所用のもの	36 38
	3. 金属造のもの（骨格材の肉厚が4 mm を超えるもの）	病院用のもの 住宅用，寄宿舎，宿泊所用のもの	29 34
	4. 金属造のもの（骨格材の肉厚が3 mm 超〜4 mm 以下のもの）	病院用のもの 住宅用，寄宿舎，宿泊所用のもの	24 27
	5. 金属造のもの（骨格材の肉厚が3 mm 以下のもの）	病院用のもの 住宅用，寄宿舎，宿泊所用のもの	17 19
	6. 木造または合成樹脂造のもの	病院用のもの 住宅用，寄宿舎，宿泊所用のもの	17 22
	7. 木骨モルタル造のもの	病院用のもの 住宅用，寄宿舎，宿泊所用のもの	15 20
	8. 簡易建物	主要柱 10 cm 角以下のもので，土居，杉皮，ルーフィングぶき，またはトタンぶきのもの 掘立造のもの	10 7
建物附属設備	1. 電気設備	蓄電池電源設備 その他のもの	6 15
	2. 給排水または衛生設備およびガス設備		15
	3. 冷房，暖房，通風またはボイラー設備	冷房設備（冷凍機の出力が 22 kW 以下のもの） その他のもの	13 15
	4. 昇降機設備	エレベーター エスカレーター	17 15
	5. 消火または災害報知設備および格納式避難設備		8
	6. エヤーカーテンまたはドアー自動開閉設備		12
	7. アーケードまたは日よけ設備	主として金属製のもの その他のもの	15 8
	8. 可動間仕切り		15
	9. 店用簡易装備設備および簡易間仕切り		3
	10. 前掲以外のものおよび前掲の区分によらないもの	主として金属製のもの その他のもの	18 10

（3） 構 築 物

門はへいの構造に従い，その耐用年数で償却することになっており，病院の庭などは池を設け植樹してあっても，庭園の耐用年数を適用することができる。

──〈質問1〉──────────────────────────
　当法人は，以前，鉄筋コンクリート造の病院を建設し，取得価額を区分しないで39年の耐用年数で償却してきましたが，今度，これを付属設備のそれぞれに区分して償却してもよいでしょうか。
────────────────────────────────

〈答〉　耐用年数を定めている省令によって，建物は，建物とその付属設備についてそれぞれ耐用年数が定められています。

本来，取得した時期にそれぞれに区分して取得価額を算定して償却するのが原則ですが，適用の誤りを直し，本来の耐用年数に応じて区分，償却することは認められます。この場合，当初の取得価額の割合によって適正な帳簿価額の計算を行うことになります。

その取得価額は，当初の見積書等によってそれぞれ計算し，共通費である仮設費用，経費等は，それぞれの金額比によって配分するなど，原価計算の配賦方法と同じように計算することになります。

建物附属設備は，図表3.10.2（前掲）のように分かれています。

病院の修繕の場合にも，資本的支出とみられる場合が多いので，それぞれの区分ごとに金額を明確にしておくことが必要です。

──〈質問2〉──────────────────────────
　病院の隣接地を購入，その旧家を取り壊して病院を増設することにしましたが，その取り壊し費用は損金に認められますか。
────────────────────────────────

〈答〉　土地とその上にある建物を取得して，おおむね1年以内に取り壊しに着手するなど，当初から土地利用が目的であるような場合には，その建物の帳簿価額及び取り壊し費用は損金に算入することは認められません。

これらは，その土地あるいは借地権の取得価額に算入することになります。

すなわち，

1. 当初取得価額
    - 土地あるいは借地権　　20,000,000
    - 家　屋　　　　　　　　 8,000,000
2. 取り壊し費用　　　　　　　 1,000,000
3. 家屋の廃材価額　　　　　　　 500,000

▶取得した当初の処理

| （土地（借地権）） | 20,000,000 | （現　金） | 28,000,000 |
| （建　物） | 8,000,000 | | |

▶取り壊しに着手してからの処理

（土地（借地権））	8,500,000	（建　物）	8,000,000
（貯蔵品）	500,000	（現　金）	1,000,000
	〈廃材時価〉		〈取り壊し費用支出〉

として，土地（借地権）の取得価額に算入されます。

これが1年以上経過しており，旧家屋を使用していたなどの事実があって，明らかに土地利用が目的で取得したものと認められないときは，上記の処理は，

（建物除却損）	7,500,000	（建　物）	8,000,000
（建物除却損）	1,000,000	（現　金）	1,000,000
	〈取り壊し費用〉		
（貯蔵品）	500,000		
	〈廃材時価〉		

として損金に算入することができます。

――〈質問3〉――――――――――――――――――――――――

取得価額30万円未満のものは，医療法人ではどの範囲まで損金にしても認めてもらえますか。

〈答〉　少額減価償却資産の取得価額基準が10万円未満となりました。ただし，取得価額が20万円未満の減価償却資産については，事業年度ごとに一括して3年間で償却できる方法（一括償却資産の損金算入制度）が創設され，法人の選択により採用することができることになりました。

具体的には，次の通りとなります。

イ　対象資産

　取得価額が20万円未満の減価償却資産が対象となります。ただし，取得価額が10万円未満の減価償却資産で少額減価償却資産の取得価額の損金算入の適用を受けるものは対象外となります。

ロ　損金算入額

$$一括償却対象額 \times \frac{当該事業年度の月数}{36}$$

ハ　計算例

	取得価額が10万円以上20万円未満の減価償却資産の取得価額の合計
H.×1.4.1～×2.3.31	3,000,000
H.×2.4.1～×3.3.31	3,600,000
H.×3.4.1～×4.3.31	4,500,000

H.×1.4.1～×2.3.31の損金算入額
　　3,000,000×12/36＝1,000,000

H.×2.4.1～×3.3.31の損金算入額
　　3,000,000×12/36＝1,000,000
　　3,600,000×12/36＝1,200,000
　　　　　　　計　2,200,000

H.×3.4.1～×4.3.31の損金算入額
　　3,000,000×12/36＝1,000,000
　　3,600,000×12/36＝1,200,000
　　4,500,000×12/36＝1,500,000
　　　　　　　計　3,700,000

　ただし，時限立法ですが，活力ある中小法人の経営基盤を強化し事務負担の軽減を配慮した制度として，青色申告法人である中小企業者＊が，平成15年4月1日から平成30年3月31日までに取得した30万円未満の減価償却資産は，1年間300万円を限度として損金に算入することができます（措法67の5）。

　　＊中小企業者とは，出資の金額が1億円以下の医療法人社団又は医療法人財団及び特定・社会医療法人等出資を有しない法人のうち常時使用する従業員が1,000人以下の法人。

〈質問4〉

今年度，隣接地の借地権と建物を3,000万円で購入しましたが，契約書上，総額で購入したので別に区分していません。どのように区分すればよいですか。

〈答〉　借地権と建物を一括して購入した場合，その帳簿価額の按分は購入時価によることになります。

しかし，その購入時価が明らかでない場合には，相続税評価額や固定資産税の課税標準額などを基準にして算出することになります。

土地と建物とを区分せずに総額で購入したような場合には，土地を路線価や，公示価格を参考にして評価し，残額で建物を評価するなどの合理的な按分方法で行うことになります。

〈質問5〉

医師用社宅として，2DKのマンションを1,500万円で購入しましたが，これは9階建の借地権付の3階の一室です。

マンション価格と借地権は，10：1の割合というので，

　　借地権　　1,500,000円
　　建　物　　13,500,000円

として経理し，建物は減価償却を行うつもりです。この割合は10：1で区分してもよいですか。

〈答〉　借地権部分の金額が購入代価のおおむね10％以下ですので，全部建物価額として計算することが認められています。

すなわち，

　　建物等購入代価　　　　　借地権代価
　　15,000,000×10％ ＝1,500,000 ≧ 1,500,000

ですから，この場合，全額を建物1,500万円として減価償却することができます。

〈質問6〉

病院で，総額2,000万円で借地権付建物を購入しましたが，建物部分の多いほうが償却が余計にできるので，借地権800万円，建物1,200万円として区分して契約しました。

これは，このまま認められますか。

〈答〉　借地権800万円，建物1,200万円，合計2,000万円として契約購入し

ても、質問4のように購入時価から勘案して、建物のなかになお500万円が借地権として認められる場合には、借地権は（8,000,000円＋5,000,000）となり、

　借地権　　　13,000,000
　建　物　　　 7,000,000

ということになります。

〈質問7〉
　従来、東側にあった木造モルタル造の病院を、西側に移築し、東側に新たに鉄骨造で病院を新築することになりました。
　この移築に要した費用は、修繕費として損金処理して差し支えありませんか。

〈答〉　ただ場所を移設したものならば、移築費用は損金の額に算入することができます。移築するに際して、旧建物の資材を70％以上使用したときは、若干新資材を使用してもその移築費用は修繕費として処理することができます。

〈質問8〉
　土地は理事長個人の所有のまま、借地権代価の譲渡をせず、更地価額の6％の地代を医療法人から受け取る契約を検討しています。ところが、県当局は固定資産税を納付する程度の低い賃貸料にしなければ、医療法人の設立を認めないというのです。どうしたらよいでしょうか。

〈答〉　医療法人が理事長から土地を賃借した場合、通常借地権利金を支払う慣行があるにもかかわらず権利金を支払わなかったときには、権利金に相当する額の贈与を受けたものとされます。

　しかし、将来医療法人が無償で土地を返還することを契約し、ただちに連名をもって税務署長に届け出た場合は、相当の地代に満たない賃料を設定しても権利金の贈与があったものとはみなさないで、その満たない額の地代を医療法人に贈与したものと取り扱います。

　この場合、医療法人側においては支払地代が少ないことにより自動的にそれだけ所得が大きくなっているので、贈与された分所得が増加することはありま

せんし，個人についても地代の認定課税が行われませんので，受け取った賃貸料を収入として申告すればよいことになります。

したがって，無償返還の届出書を提出することをお勧めします。

―〈質問9〉――
当法人は，病院敷地を法人関係者以外の第三者から借地しており，今度，更新料を支出しましたが，これは損金として認められますか。

〈答〉 法人が，借地権の更新料を支払った場合は，借地権の帳簿価額に加算し，その更新料に対応する直前の帳簿価額を，その年度の損金に算入することになっています。

その算式は，

$$更新直前の借地権の帳簿価額 \times \frac{支払った更新料}{更新時の借地権の時価}$$

すなわち，

借地権帳簿価額　　　10,000,000
更　新　料　　　　　 2,000,000
更新のときの借地権時価 50,000,000

とすると，

$$10,000,000 \times \frac{2,000,000}{50,000,000}$$

損金算入額は 400,000 です。

―〈質問10〉――
すでに建設してから15年を経過する木造建物を借地権とともに購入しました。

購入価額は，
　借地権　　　15,000,000円
　建　物　　　 3,000,000円
でしたが，
① これをそのまま使用する場合と
② 170万円をかけて改築した場合と
③ その建物を現在価値で再取得するのに600万円かかると思われるときに，400万円かけて改築する場合とに区分したとき

その耐用年数は、それぞれ何年になりますか。

〈答〉 木造建物の用途細目を病院とみて、
①の場合は、残存耐用年数の見積が困難なときは簡便法により、
　（法定耐用年数－経過年数）＋（経過年数×20％）
　（17年－15年）＋（15年×20％）＝5年
ということになり、5年の耐用年数で償却することになります。

この場合、計算の1年未満の端数は最終的に切り捨てることになります。

また、経過年数の全部を経過している場合は、法定耐用年数の20％が、その耐用年数となります。

すなわち、上記の例で17年以上経過した建物では、17年×20％＝3.4年、つまり3年となります。

②の場合には、改良等の費用が170万円で、その資産の取得価額の50％相当額（150万円）を超え再取得価額の50％（300万円）以下であるので簡便法の計算によることができません。

この場合には、
　A…中古資産当初の取得価額　　　　3,000,000円
　B…　〃　　の改良等の費用　　　　1,700,000円
　C…　〃　　の前述の簡便法による残存耐用年数　　　5年
　D…中古資産にかかる法定耐用年数　　　　　　　　17年

$$残存耐用年数 = (A+B) \div \left(\frac{A}{C} + \frac{B}{D}\right) = (3,000,000円 + 1,700,000円) \div \left(\frac{3,000,000円}{5年} + \frac{1,700,000円}{17年}\right) = 6.7年$$

つまり6年です。

③の場合は、新品同様の再取得価額600万円の2分の1相当額を超える400万円の改良費等を支出するのであるから、残存耐用年数による償却は認められず、法定耐用年数の17年で償却することになります。

―――〈質問11〉―――
病院の隣接地にある民間アパートを、全部従業員寮として使用するために、居住者に立退料を支払い、これを賃借することになりました。この立退料はど

の科目で損金処理すべきですか。

〈答〉 建物を賃借するために支払った立退料は，賃借に際して支払った権利金などと同じく，繰延資産として償却することになります。

したがって，その支払い時の損金とならず，その期間対応分だけ損金経理します。

通常，償却期間は5年ですが，契約期間が5年未満で契約更新の際，再度権利金を要することが明らかなものは，その賃借期間によることになります。

〔例〕 支払った権利金　2,000,000
　　　支払った立退料　2,000,000
　　　賃借時期　××. 10. 2（決算月　3月）

$$(2,000,000 + 2,000,000) \times \frac{6}{5 \times 12} = 400,000$$

当年度（××.3期）の
　償却額　権利金償却　200,000
　　　　　立退料　〃　200,000
　　　　　　計　　　　400,000

── 〈質問12〉 ──
建物等を修繕した場合，資本的支出として建物の帳簿価額に加算すべきか，修繕費として損金経理すべきか，判断しかねることがあります。具体的区分について例示してください。

〈答〉 修繕費と資本的支出の区分は，支出金額の多少によらず，その実質によって判定すべきものとされていますが，具体的にはかなり難しいといわなければなりません。

価値の増加あるいは耐用年数の延長がある場合には，資本的支出とされることになっていますが，旧通達で例示的にあげていた修繕費として認められるものは，次の通りです。
▶家屋または壁の塗り替え
▶家屋の床の毀損部分の取り替え
▶家屋の畳の表替え

▶破損した瓦の取り替え
▶毀損したガラスの取り替えまたは障子・襖の張り替え
▶ベルトの取り替え
▶自動車のタイヤの取り替え

一般的に、維持補修的性格のものは、修繕費、部分的に命数の短いもの、または少額のものは修繕費、固定資産の主要部分をなすところの取り替えなどは、資本的支出となるでしょう。

―― 〈質問13〉―――――――――――――――――――――
　病院建築後8年が経ち、病室の壁紙が汚れ張り替えることになりました。従来の壁紙はすでに製造中止で、防水性の高い新製品しかありません。このような修理は損金となりますか。
――――――――――――――――――――――――――――

〈答〉　法定耐用年数は、減価償却資産について通常考えられる維持修繕を繰り返しながら、本来の用途により通常予定される効果を挙げることができる年数に、経済的な陳腐化をも考慮して定められています。

ところが、減価償却資産について修理あるいは改良を加えるため支出した金額があるときは、これを修繕費として一時の損金とすることができるか、資本的支出として取得価額に含めなければならないかという問題が生じてきます。

税務上、使用可能期間を延長させる部分、または価額の増加をもたらす部分については資本的支出の金額となります。これらを判断する場合、通常の管理、修理するものとしたときに予測される使用可能期間や、資産価値を超えるものとされています（法令132）。

壁紙の張り替えは通常の修理と考えられますし、新製品に代えたからといって、次回の修繕までの期間が延びるだけであり、使用期間の延長や価値の増加が明らかにあるとは言えないので、修繕費として処理しても構いません。

―― 〈質問14〉―――――――――――――――――――――
　原発事故による電力不足により、節電対策として蛍光灯からLED照明に取り替えようと思っています。病院全体で総額1,000万円程度かかりますが、修繕費として処理してもよいでしょうか。
――――――――――――――――――――――――――――

〈答〉 資本的支出とは，固定資産の修理・改良のため支出した金額のうち，資産価値を高め又は耐久性を増すこととなる部分とされています。一方，修繕費は，通常の維持管理や原状回復費用とされています。

蛍光灯をLEDに取り替えることで，節電効果や使用可能期間が向上しますが，電気設備としての価値が高まったとはいえなく，ただ照明器具の取り替え間隔が長くなったと考えられることから修繕費に該当します。

また，資本的支出の判定で実質判断する場合，資産価値や耐久性を要素として判断しますので，金額の多寡は関係ありません。

―― 〈質問15〉 ――
修繕費は，いかなる場合でも実質的判定をしなければならないでしょうか。少ない金額のとき非常に面倒ですが。

〈答〉 少額支出といって，1つの計画で修理・改良が同一固定資産について，20万円未満のものを修繕費に計上した場合は認められます。

これは，例えば1つの修繕で改良部分も含めて全額100万円であって，これを20万円ずつ細かくして支払っても認められません。

1つの計画で20万円未満ですから，誤解のないようにしてください。

それから，形式的区分基準といって，1つの修理・改良（明らかな資本的支出を除く）で次のいずれかに該当するとき，修繕費として損金経理した場合は認められます。

① 60万円未満
② 前期末取得価額のおおむね10％相当額以下（個々の資産面，送配管等は合理的区分ごと）
　〔例〕 冷暖房設備（取得価額1,500万円，現在帳簿価額300万円）について，修繕費が120万円かかった。
　　　㋑ 取得価額 15,000,000×10％ ＝1,500,000
　　　㋺ 支出額 1,200,00＜1,500,000

したがって，形式的区分基準に該当するので修繕費として認められます。

―〈質問16〉
当法人は，病棟の洗面所，厨房部分を全面的に改修しました。多少，資本的支出部分があると思われますが，全部資本的支出部分とはいいきれません。従来，修理支出額を資本的支出で処理してきましたが，一部分だけでも修繕費に認められないでしょうか。

〈答〉　①　形式的区分基準に該当しないもので，

　　イ　支出金額の30％相当額
　　ロ　前期末取得価額の10％相当額

のいずれか少ない金額を修繕費計上し，残額を資本的支出に計上する，

　　②　継続して以上のように処理すること，

の各要件に合致すれば，その処理は認められます。

〔例〕　洗面所・厨房部分　取得価額　30,000,000
　　　過去の資本的支出　取得価額　5,000,000
　　　上記の現在の帳簿価額合計　22,000,000
　　　今回支出額　10,000,000

　イ　10,000,000×30％　＝3,000,000
　ロ　30,000,000＋5,000,000＝35,000,000
　　　35,000,000×10％　＝3,500,000
　　　3,000,000＜3,500,000　であるため

修繕費　3,000,000円

資本的支出 10,000,000－3,000,000＝7,000,000 として処理すれば，それは認められます。

5. 医療機器

医用機器は，減価償却資産の耐用年数等に関する省令では，器具及び備品のうちに含まれている。

その耐用年数は，本省令で規定された次表に包括される（図表3.10.3参照）。

図表 3.10.3

	細目	耐用年数(年)
医療機器	消毒殺菌用機器	4
	手術機器	5
	血液透析又は血しょう交換用機器	7
	ハバードタンクその他の作動部分を有する機能回復訓練機器	6
	調剤機器	6
	歯科診療用ユニット	7
	光学検査機器	
	ファイバースコープ	6
	その他のもの	8
	その他のもの	
	レントゲンその他の電子装置を使用する機器	
	移動式のもの,救急医療用のもの及び自動血液分析器	4
	その他のもの	6
	その他のもの	
	陶磁器製又はガラス製のもの	3
	主として金属製のもの	10
	その他のもの	5

〈質問1〉
　高度・先進医療を行う医療法人の特別償却は、どのような機器が対象になるのでしょうか。

〈答〉　昭和54年4月の税制改正で、医療用機器の特別償却制度が実現し、その後数次の改正が行われ、以下の内容で適用されることとなった（措法45の2）。なお、特別償却率は12％です。
　適用要件は、以下のような内容です。
▶青色申告者
▶医療保健業を営むもの（リース業は対象外）
▶平成29年3月31日までの間、一台又は一基の取得価額が500万円以上
　＊税制改正により、平成31年3月31日まで延長見込み

▶新しく取得して事業用に供した場合
▶償却不足額は1年間繰越しが認められる
▶償却計算の明細書を別に添付

なお，このほか普通償却が取得価額を対象にできることはもちろんです。

別表

項	機　　械　　等
1	主にがんの検査，治療，療養のために用いられる機械等のうち次に掲げるもの
	一　核医学診断用検出器回転型SPECT装置
	二　核医学診断用リング型SPECT装置
	三　核医学診断用ポジトロンCT装置
	四　骨放射線吸収測定装置
	五　骨放射線吸収測定装置用放射線源
	六　RI動態機能検査装置
	七　放射性医薬品合成設備
	八　核医学診断用直線型スキャナ
	九　核医学装置用手持型検出器
	十　甲状腺摂取率測定用核医学装置
	十一　核医学装置ワークステーション
	十二　X線CT組合せ型ポジトロンCT装置
	十三　ポジトロンCT組合せ型SPECT装置
	十四　診断用核医学装置及び関連装置吸収補正向け密封線源
	十五　肺換気機能検査用テクネガス発生装置
	十六　X線CT組合せ型SPECT装置
	十七　超電導磁石式乳房用MR装置
	十八　超電導磁石式全身用MR装置
	十九　超電導磁石式頭部・四肢用MR装置
	二十　超電導磁石式循環器用MR装置
	二十一　永久磁石式頭部・四肢用MR装置
	二十二　永久磁石式全身用MR装置
	二十三　永久磁石式乳房用MR装置
	二十四　永久磁石式循環器用MR装置
	二十五　MR装置用高周波コイル
	二十六　MR装置ワークステーション
	二十七　移動型超音波画像診断装置
	二十八　汎用超音波画像診断装置

項	機　械　等
1	二十九　超音波装置用コンピュータ
	三十　超音波装置オペレータ用コンソール
	三十一　超音波頭部用画像診断装置
	三十二　産婦人科用超音波画像診断装置
	三十三　乳房用超音波画像診断装置
	三十四　循環器用超音波画像診断装置
	三十五　膀胱用超音波画像診断装置
	三十六　眼科用超音波画像診断装置
	三十七　超音波式角膜厚さ計
	三十八　超音波増幅器
	三十九　超音波眼軸長測定装置
	四十　眼科用超音波画像診断・眼軸長測定装置
	四十一　超音波式角膜厚さ計・眼軸長測定装置
	四十二　超音波装置用シンクロナイザ
	四十三　超音波プローブポジショニングユニット
	四十四　ビデオ軟性気管支鏡
	四十五　ビデオ軟性胃内視鏡
	四十六　ビデオ軟性Ｓ字結腸鏡
	四十七　ビデオ軟性膀胱尿道鏡
	四十八　ビデオ軟性喉頭鏡
	四十九　内視鏡ビデオ画像システム
	五十　ビデオ軟性十二指腸鏡
	五十一　ビデオ軟性大腸鏡
	五十二　ビデオ軟性腹腔鏡
	五十三　ビデオ硬性腹腔鏡
	五十四　ビデオ軟性小腸鏡
	五十五　ビデオ軟性胆道鏡
	五十六　ビデオ軟性腎盂鏡
	五十七　ビデオ軟性食道鏡
	五十八　ビデオ軟性尿管鏡
	五十九　ビデオ軟性咽頭鏡
	六十　ビデオ軟性尿管腎盂鏡
	六十一　ビデオ軟性胃十二指腸鏡
	六十二　ビデオ軟性脊髄鏡

項	機　械　等
1	六十三　ビデオ軟性挿管用喉頭鏡
	六十四　ビデオ硬性挿管用喉頭鏡
	六十五　ビデオ軟性口腔鏡
	六十六　ビデオ軟性腰椎鏡
	六十七　ビデオ軟性上顎洞鏡
	六十八　ビデオ軟性涙道鏡
	六十九　ビデオ軟性乳管鏡
	七十　　ビデオ軟性形成外科用内視鏡
	七十一　ビデオ軟性脊椎鏡
	七十二　ビデオ軟性耳内視鏡
	七十三　ビデオ軟性卵管鏡
	七十四　ビデオ軟性関節鏡
	七十五　ビデオ軟性縦隔鏡
	七十六　ビデオ軟性尿道鏡
	七十七　ビデオ軟性鼻咽喉鏡
	七十八　ビデオ軟性鼻腔鏡
	七十九　ビデオ軟性副鼻腔鏡
	八十　　ビデオ軟性胸腔鏡
	八十一　ビデオ軟性血管鏡
	八十二　ビデオ軟性子宮鏡
	八十三　ビデオ軟性神経内視鏡
	八十四　ビデオ軟性膵管鏡
	八十五　ビデオ軟性動脈鏡
	八十六　ビデオ軟性鼻咽頭鏡
	八十七　ビデオ軟性膀胱鏡
	八十八　ビデオ軟性クルドスコープ
	八十九　内視鏡ビデオ画像プロセッサ
	九十　　送気送水機能付内視鏡用光源・プロセッサ装置
	九十一　超音波内視鏡観測システム
	九十二　超音波軟性胃十二指腸鏡
	九十三　超音波軟性十二指腸鏡
	九十四　超音波軟性大腸鏡
	九十五　超音波軟性気管支鏡
	九十六　送気送水機能付外部電源式内視鏡用光源装置

項	機　械　等
1	九十七　送気送水機能付バッテリー式内視鏡用光源装置
	九十八　内視鏡用電気手術器
	九十九　内視鏡用モニタ・シールド付電気手術器
	百　　自動染色装置
	百一　軟性腹腔鏡
	百二　硬性腹腔鏡
	百三　腹腔鏡キット
	百四　超音波硬性腹腔鏡
	百五　超音波軟性腹腔鏡
	百六　バルーン小腸内視鏡システム
	百七　腹腔鏡用ガス気腹装置
	百八　非中心循環系アフターローディング式ブラキセラピー装置
	百九　定位放射線治療用放射性核種システム
	百十　定位放射線治療用加速器システム
	百十一　線形加速器システム
	百十二　粒子線治療装置
	百十三　放射線治療シミュレータ
	百十四　放射線治療装置用シンクロナイザ
	百十五　高周波式ハイパサーミアシステム
	百十六　クリオスタットミクロトーム
	百十七　回転式ミクロトーム
	百十八　滑走式ミクロトーム
	百十九　検体前処理装置
2	主に心臓疾患の検査，治療，療養のために用いられる機械等のうち次に掲げるもの
	一　人工心肺用システム
	二　体外循環装置用遠心ポンプ駆動装置
	三　アテローム切除アブレーション式血管形成術用カテーテル駆動装置
	四　補助循環用バルーンポンプ駆動装置
	五　補助人工心臓駆動装置
	六　OCT画像診断装置
	七　心臓運動負荷モニタリングシステム
	八　運動負荷試験用コンピュータ
	九　体外循環用血液学的パラメータモニタ
	十　体外循環用血液学的パラメータモニタ測定セル

項	機　械　等
2	十一　ヘパリン使用体外循環用血液学的パラメータモニタ向け測定セル
3	主に糖尿病等の生活習慣病の検査，治療，療養のために用いられる機械等のうち次に掲げるもの 　一　眼科用レーザ光凝固装置 　二　眼科用パルスレーザ手術装置 　三　眼科用 PDT レーザ装置 　四　眼科用レーザ光凝固・パルスレーザ手術装置 　五　眼科用レーザ角膜手術装置 　六　眼撮影装置 　七　瞳孔計機能付き角膜トポグラフィーシステム 　八　白内障・硝子体手術装置
4	主に脳血管疾患又は精神疾患の検査，治療，療養のために用いられる機械等のうち次に掲げるもの 　一　患者モニタシステム 　二　セントラルモニタ 　三　解析機能付きセントラルモニタ 　四　不整脈モニタリングシステム 　五　誘発反応測定装置 　六　脳波計 　七　マップ脳波計 　八　長時間脳波解析装置 　九　機能検査オキシメータ
5	主に歯科疾患の検査，治療，療養のために用いられる機械等のうち次に掲げるもの 　一　歯科用ユニット 　二　歯科用オプション追加型ユニット 　三　エルビウム・ヤグレーザ 　四　ネオジミウム・ヤグレーザ 　五　ダイオードレーザ 　六　デジタル式歯科用パノラマ X 線診断装置 　七　デジタル式歯科用パノラマ・断層撮影 X 線診断装置 　八　チェアサイド型歯科用コンピュータ支援設計・製造ユニット 　九　アーム型 X 線 CT 診断装置 　十　罹患象牙質除去機能付レーザ 　十一　歯科矯正用ユニット

第 10 節　資産項目の会計と税務　279

項	機　械　等
5	十二　歯科小児用ユニット
	十三　可搬型手術用顕微鏡（歯科医療の用に供するものに限る。）
	十四　歯科技工室設置型コンピュータ支援設計・製造ユニット
6	異常分娩における母胎の救急救命，新生児医療，救急医療，難病，感染症疾患その他高度な医療における検査，治療，療養のために用いられる機械等のうち次に掲げるもの
	一　全身用 X 線 CT 診断装置（4 列未満を除く。）
	二　部位限定 X 線 CT 診断装置（4 列未満を除く。）
	三　人体回転型全身用 X 線 CT 診断装置（4 列未満を除く。）
	四　人工腎臓装置
	五　個人用透析装置
	六　多人数用透析液供給装置
	七　透析用監視装置
	八　多用途透析装置
	九　多用途血液処理用装置
	十　超音波手術器
	十一　据置型デジタル式汎用 X 線診断装置
	十二　移動型アナログ式汎用 X 線診断装置
	十三　移動型アナログ式汎用一体型 X 線診断装置
	十四　ポータブルアナログ式汎用一体型 X 線診断装置
	十五　据置型アナログ式汎用 X 線診断装置
	十六　据置型アナログ式汎用一体型 X 線診断装置
	十七　移動型デジタル式汎用 X 線診断装置
	十八　移動型デジタル式汎用一体型 X 線診断装置
	十九　据置型アナログ式汎用 X 線透視診断装置
	二十　移動型アナログ式汎用一体型 X 線透視診断装置
	二十一　移動型デジタル式汎用一体型 X 線透視診断装置
	二十二　据置型デジタル式汎用 X 線透視診断装置
	二十三　据置型デジタル式循環器用 X 線透視診断装置
	二十四　据置型アナログ式乳房用 X 線診断装置
	二十五　据置型デジタル式乳房用 X 線診断装置
	二十六　据置型デジタル式泌尿器・婦人科用 X 線透視診断装置
	二十七　据置型アナログ式泌尿器・婦人科用 X 線透視診断装置
	二十八　腹部集団検診用 X 線診断装置
	二十九　胸部集団検診用 X 線診断装置

項	機　械　等
6	三十　胸・腹部集団検診用X線診断装置
	三十一　歯科集団検診用パノラマX線撮影装置
	三十二　単一エネルギー骨X線吸収測定装置
	三十三　単一エネルギー骨X線吸収測定一体型装置
	三十四　二重エネルギー骨X線吸収測定装置
	三十五　二重エネルギー骨X線吸収測定一体型装置
	三十六　X線CT組合せ型循環器X線診断装置
	三十七　コンピューテッドラジオグラフ
	三十八　X線平面検出器出力読取式デジタルラジオグラフ
	三十九　X線平面検出器
	四十　麻酔システム
	四十一　閉鎖循環式麻酔システム
	四十二　混合ガス麻酔器
	四十三　医用ガス調整器
	四十四　ポータブル麻酔ガス送入ユニット
	四十五　吸入無痛法ユニット
	四十六　電気麻酔用刺激装置
	四十七　麻酔ガス送入ユニット
	四十八　高周波処置用能動器具
	四十九　汎用血液ガス分析装置
	五十　レーザー処置用能動器具
	五十一　パルスホルミウム・ヤグレーザ
	五十二　血球計数装置
	五十三　ディスクリート方式臨床化学自動分析装置
	五十四　免疫発光測定装置
	五十五　体内式衝撃波結石破砕装置
	五十六　体内挿入式レーザ結石破砕装置
	五十七　体内挿入式超音波結石破砕装置
	五十八　体内挿入式電気水圧衝撃波結石破砕装置
	五十九　圧縮波結石破砕装置
	六十　微小火薬挿入式結石破砕装置
	六十一　体内式結石破砕治療用単回使用超音波トランスデューサアセンブリ
	六十二　腎臓ウォータージェットカテーテルシステム
	六十三　体内挿入式結石穿孔破砕装置

項	機　　　械　　　等
6	六十四　X線透視型体内挿入式結石機械破砕装置 六十五　体外式結石破砕装置 六十六　高周波病変プローブ 六十七　高周波病変ジェネレータ 六十八　汎用画像診断装置ワークステーション 六十九　中心静脈留置型経皮的体温調節装置システム 七十　　血液照射装置 七十一　睡眠評価装置 七十二　新生児モニタ 七十三　胎児心臓モニタ 七十四　汎用人工呼吸器 七十五　高頻度人工呼吸器 七十六　陰圧人工呼吸器 七十七　成人用人工呼吸器 七十八　新生児・小児用人工呼吸器

──〈質問2〉────────────────────────
　個々の具体的な医療機器についての耐用年数が知りたいのですが，教えてください。

〈答〉　耐用年数は，減価償却資産の耐用年数等に関する省令で決められています。図表3.10.3を参照してください。

──〈質問3〉────────────────────────
　電子カルテの導入を考えていますが，税法上の特典はあるのでしょうか。

〈答〉　医療のIT化は国家戦略の柱ともなっており，今後一層進んでいくことは間違いありません。また，中小企業の設備投資を促進するため，これまでの中小企業者の機械等の特別償却制度を大幅に拡充した税制が創設されました。

＜適用要件＞
▶中小企業者（出資金1億円以下の社団医療法人，出資を有しない医療法人のうち常時使用する従業員が1,000人以下）
▶青色申告法人
▶平成10年6月1日から平成29年3月31日までの間に取得し事業の用に供した場合（税制改正により，対象資産から器具備品を除外した上で，平成31年3月31日まで延長見込み）
▶1台または当該事業年度の取得価額の合計額が120万円以上の電子計算機
▶1台の取得価額120万円以上のインターネットに接続されたデジタル複合機
▶1のソフトウェアまたは当該事業年度に事業の用に供したものの取得価額の合計額が70万円以上のもの

電子カルテは電子計算機やソフトウェアの集合体であり，次に掲げる仕様を満たしたものであれば特別償却ができます。

　イ　電子計算機（計数型の電子計算機：主記憶装置にプログラムを任意に設定できる機構を有するものに限る）のうち，処理語長が16ビット以上で，かつ，設置時における記憶容量（検査用ビットを除く）が16メガバイト以上の記憶装置を有するものに限るものとし，これと同時に設置する附属の入出力装置（入力用キーボード，ディジタイザー，タブレット，光学式読取装置，音声入力装置，表示装置，プリンター又はプロッターに限る），補助記憶装置，通信制御装置，伝送用装置（無線用のもの又は電源装置を含む。）

　ソフトウェアのうち，次のものは除かれます。
　　㋑　複写して販売するための原本
　　㋺　開発研究用に使用されるもの
　　㋩　ISO/IEC15408非認証のもの

▶特別償却限度額　取得価額の30％

また，特定中小企業者*に該当する医療法人については，上記の特別償却に代えて法人税額の特別控除の制度が選択適用できます。

　法人税額控除……取得価額の7％　ただし法人税額の20％が限度

＊特定中小企業者とは，中小企業等のうち出資の金額が3,000万円以下の法人と農業協同組合等をいう。

〈質問4〉
平成28年7月1日に中小企業等経営強化法が施行されました。今後，生産性向上に取り組む法人が取得した固定資産に対して税制上の優遇措置が予定されているそうですが，どのようなものとなるのでしょうか。

〈答〉 中小企業者（〈質問3〉「適用要件」参照）に該当する医療法人で中小企業等経営強化法の経営力向上計画の認定を受けたものが，平成29年4月1日から平成31年3月31日までの間に取得した「特定経営力向上設備等」については，特別償却または法人税額控除の適用を受けることができることとなります。

	特別償却	税額控除＊
資本金3千万円以下	即時償却	10%
資本金3千万円超1億円以下	即時償却	7%

＊税額控除については，法人税額の20％が限度です。

特定経営力向上設備等とは，経営力向上設備等のうち経営力向上に著しく資する一定のもので，その医療法人の認定を受けた経営力向上計画に記載されたものをいいます。
ここで，経営力向上設備等とは，次の①または②の設備をいいます。
① 生産性向上設備
次のイ及びロの要件を満たす機械装置，工具（測定工具及び検査工具に限る），器具備品，建物附属設備及びソフトウェア（設備の稼働状況等に係る情報取集機能及び分析・指示機能を有するものに限る）をいいます。ただし，ソフトウェア及び旧モデルのないものは，次のイの要件を満たすものとします。
　イ　販売が開始されてから，機械装置：10年以内，工具：5年以内，器具備品：6年以内，建物附属設備：14年以内，ソフトウェア：5年以内のものであること。
　ロ　旧モデル比で経営力の向上に資するものの指標（生産効率，エネルギ

ー効率,精度等)が年平均1%以上向上するものであること。
② 収益力強化設備
　その投資計画における年平均の投資利益率が5%以上となることが見込まれるものであることにつき経済産業大臣の確認を受けた投資計画に記載された機械装置,工具,器具備品,建物附属設備及びソフトウェアのことです。
　なお,特定経営力向上設備等については,その種類ごとに取得価額要件があります。

機　械　装　置	1台又は1基の取得価額が160万円以上
工具及び器具備品	1台又は1基の取得価額が30万円以上
建 物 附 属 設 備	一の取得価額が60万円以上
ソ フ ト ウ ェ ア	一の取得価額が70万円以上

――〈質問5〉――――――――――――――――――――――――――
　当病院でも電子カルテや院内イントラネット等の導入を行い,医療情報システム再構築を行うことになりました。ところで,コンピュータの耐用年数やソフトウェアの取扱いが変更されたと聞きましたが,全体としての整理がついていませんのでご教示ください。

〈答〉　平成12年及び13年の税制改正でコンピュータのソフトウェアとハードウェア(電子計算機)に関して大きな改正がありました。
　まず,平成12年度改正でコンピュータ・ソフトウェアの資産区分及び償却方法が変更されました。
　従来,繰延資産として処理されていましたが,平成12年4月1日取得分から減価償却資産たる無形固定資産となりました。このため,少額資産基準が20万円未満から10万円未満に変わり(中小法人の30万円未満損金算入の特例あり),減価償却資産なので一括償却資産に該当する場合には3年間均等償却の適用を受けられることになります。
　無形固定資産としての償却方法は自社利用の場合,残存価額ゼロで5年間の均等償却です。

次に、平成13年度改正で電子計算機の耐用年数が短縮され、平成13年4月1日以降開始事業年度から従来の「6年」から「パソコン 4年」「その他のコンピュータ 5年」となりました。また、LAN構築されたシステムに関しては、従来、サーバー、端末、接続周辺機器を"一の資産"とみなして「電子計算機」の法定耐用年数を適用することとされていましたが、耐用年数通達の改正により「"一の資産"として償却することも、LAN設備を構成する個々の減価償却資産ごとにそれぞれの耐用年数による償却によること」も可能となりました。

個別に適用する場合の法定耐用年数を参考として掲載します。

個々の減価償却資産	耐用年数	「種類」「構造又は用途」「細目」
サーバー	5年	「器具備品」「事務機器及び通信機器」「電子計算機」
ネットワークオペレーションシステム、アプリケーションシステム	5年	「無形固定資産」「ソフトウェア」「その他のもの」
ハブ、ルーター、リピーター、LANボード	10年	「器具備品」「事務機器及び通信機器」「電話設備その他の通信機器」「その他のもの」
端末機	4年	「器具備品」「事務機器及び通信機器」「電子計算機」
プリンター	5年	「器具備品」「事務機器及び通信機器」「その他の事務機器」
ツイストペアケーブル、同軸ケーブル	18年	「建物附属設備」「前掲のもの以外のもの及び前掲の区分によらないもの」「主として金属製のもの」
光ケーブル	10年	「建物附属設備」「前掲のもの以外のもの及び前掲の区分によらないもの」「その他のもの」

〈質問6〉

リース取引について税制改正があったとのことですが、どのような内容でしょうか。

〈答〉 リース取引はオペレーティングリースとファイナンスリースの2種類があり、前者は支払いリース料を費用とし、後者は売買したものとして会計処

理が行われてきました。しかし，ファイナンスリースのうち所有権移転外取引については，売買取引とせず，賃貸借取引として例外的に認められてきました。

　所有権移転ファイナンスリースと所有権移転外ファイナンスリースでは，経済的実質において何ら変わるものではなく，一方のみ例外的処理を認めることは合理性を欠くとの理由から，平成20年4月1日以後に締結する所有権移転外ファイナンスリース契約についても売買取引とみなされることになりました。

　ただし，リース資産につき賃貸借処理を行った場合には，リース料を損金経理した金額は，償却費（リース期間を償却期間とした定額法）として認められますので，結果的には従来の処理と同様です（法令131の2③）。

〈質問7〉
　今回医療機器を導入したいと思い，取得するかリースにするか悩んでいます。どのような点を注意して決定するのがよいかご教授ください。

〈答〉　通常行われていた医療機器のリース契約は，所有権移転外リース取引であり，〈質問6〉で説明した通り，平成20年4月1日以降は売買取引としリース期間定額法により償却することになります。

　例えば，
- ・医療機器の取得価額　　　　80,000,000
- ・医療機器のリース総額　　　90,000,000
- ・耐用年数　　　　　　　　　5年（定率法償却率0.4）
- ・リース期間　　　　　　　　60カ月

1年目の損金算入限度額は
　　リース取引の場合　　　90,000,000　×　12÷60　＝　18,000,000
　　取得した場合　　　　　80,000,000　×　　0.4　　＝　32,000,000

となります。したがって資金の目処がつけられれば，購入した方が得策といえます。また医療機器等の特別償却は認められていますが，特別税額控除制度は廃止されておりますので，その差はますます大きくなります。

　消費税については，決算上リース料として経費処理した場合についても，リ

ース取引は売買したものとしてリース取引開始年度にリース料総額に対する消費税額を仕入税額控除します。

しかしながら,事業者の経理事務を考慮し支払いリース料を費用処理する簡便性から,リース契約書において利息相当額が明示されていない場合には,賃借料として経理するつど仕入税額控除することも認められています。

6. 車両及び船舶

救急車,検診車といった医療用の車両が中心となっており,耐用年数は,以下のようになっている。

救急車	5年
レントゲン車	5年
寝台車	
小型(総排気量2ℓ以下のもの)	3年
その他のもの	4年
前掲以外の自動車*	
小型車(～0.66ℓ以下のもの)	4年
その他**	6年
二輪車または三輪車	3年
自転車	2年

＊運送事業用,貸自動車業用又は自転車教習所用のものを除く。
＊＊貨物自動車,報道通信用のものを除く。

7. 税務調査の着眼点

(1) 現　　金

① 収入の現金入金分は,収入除外の対象となりやすいが,調査時点の現金残を調べて,その記録の信憑性を確かめる。この現金実査の際,帳簿残より多い現金が金庫より発見されることなどよくあるケースである。

② 現金帳簿を実際と違えて作成しているところでは,現金過不足の処理が

不自然となることがあるので，質問して調べる。
③ 架空仕入，架空経費の支払いなど銀行を経由していない支払いを，現金出納帳を通じて行う場合がよくあるので，通常小切手支払いとなるようなものがなぜ現金支払いとなっているのか，その領収証，請求書その他証憑によって支払事実を確かめる。
④ 前にも述べたが，自由診療分のカルテ，入院室料差額のある患者のカルテより，収入日報等，出納帳入金記録の基礎になった伝票類と抜き取り照合し，一致するかどうかを確かめる。
⑤ 借入金，仮受金などの不正操作に使われやすい負債項目と関連づけてよく調べる。

（2） 預　金
① 別途架空名義，個人名義で正当な収入以外の収入で預入れの事実がないかどうかを確かめる。
② 事務室内にある三文印等を押捺し，銀行に持参して，それによる預金の有無を調査する。
③ 帳簿上現金引出しあるいは預入れ，または仮受金，借入金返済，借入れ等となっていても，銀行側帳簿の写しである当座勘定照合表などで，その記号より同一銀行店内の内部振替によっていたなどが発見されることがあるので，不審な項目に注意して調べる。

（3） 医業未収金
① 自費患者の特定のものに対する収入分などを除外しているかどうか。
② 診療を実施したもので，保険機関へは請求書未提出のものが，請求権のあるものとして正しく未収金に計上してあるかどうか。
③ 保険機関（支払機関）から返戻されたレセプトの再請求手続きが期末時点で完了していない分について，未収金計上が行われているかどうか。
④ 窓口未収分の未収金が期末に正しく計上されているか否か。
⑤ 貸倒償却したものが回収不能のものであったか，あるいは簿外で入金さ

れていないかなどを調べる。

（4） たな卸資産
① 実地たな卸数量，特に添付薬剤がたな卸数量から除外されていないかどうか。
② たな卸資産の評価が正しく行われているかどうかなどが問題となる。

（5） 固定資産
① 実際の取得価格を圧縮して計上していないか，特に収入除外によりプールされた資金が利用されていることがよくあるので，この関係をよく調べる。
② 実際の帳簿に記帳されていた固定資産は処分し，その代わりに購入した同種資産を簿外資金で購入していないかどうか。
③ 架空あるいは水増した借入金支払いや仮受金支払いによって，簿外の固定資産，例えば理事長の自宅建設資金などに流用されていないかどうか。
④ 減価償却は所定の方法で行われているかどうかを調査する。

（6） 仮払金，貸付金等
以下の3点を確かめる。
① 理事長の私消分，非常勤医師の簿外給与分などを一時仮払金等で処理し，架空仮受金，架空借入金などで相殺していないかどうか。
② 法人の資金を仮払金等で流用し，医業以外の他の事業あるいは資金貸付けをして，利息計上額との利ざやをとっていないか。
③ 仮払金，貸付金について，利息を正しく計上しているかどうか。

第11節　負債項目の会計と税務

1．負債の勘定科目

(1) 勘定科目の内容

負債は，流動負債と固定負債に分類されている。

負債の勘定科目についても，前節同様に「社会医療法人財務諸表規則」において明示されている勘定科目の内容を図表3.11.1に掲載する。

図表3.11.1　負債の勘定科目

別表　勘定科目の説明
　勘定科目は，日常の会計処理において利用される会計帳簿の記録計算単位である。したがって，最終的に作成される財務諸表の表示科目と必ずしも一致するものではない。なお，経営活動において行う様々な管理目的及び租税計算目的等のために，必要に応じて同一勘定科目をさらに細分類した補助科目を設定することもできる。

区　分	勘定科目	説　　明
負債の部		
流動負債	支払手形	手形上の債務で，支払期日が貸借対照表日後1年以内のもの（ただし，金融手形は「短期借入金」又は「長期借入金」に含める。建物取引等の購入取引によって生じた債務は「設備支払手形」として別掲する。）
	買掛金	医薬品，診療材料，給食用材料などたな卸資産に対する未払債務
	短期借入金	公庫，事業団，金融機関などの外部からの借入金で，返済期限が貸借対照表日後1年以内のもの（返済期限が1年以内となった長期借入金を含む。）
	未払金	器械，備品などの償却資産及び事業費用等に対する未払債務のうち，支払期限が貸借対照表日後1年以内のもの
	未払費用	賃金，支払利息，賃借料など時の経過に依存する継続的な役務給付取引において既に役務の給付を受けたが，貸借対照表日までに法的にその対価の支払債務が確定していないもの
	未払法人税等	法人税，住民税及び事業税の未払額

区　分	勘定科目	説　　明
流動負債	未払消費税等	消費税及び地方消費税の未払額
	繰延税金負債	税効果会計適用に伴う繰延税金負債のうち，流動資産又は流動負債に属する特定の資産又は負債に関連して計上されるもの及びそれ以外に計上されるものの中で貸借対照表日から1年以内に取り崩されると認められるもの
	前受金	事業収益の前受額，その他これに類する前受額
	預り金	入院預り金など従業員以外の者からの一時的な預り金
	前受収益	受取利息，賃貸料など時の経過に依存する継続的な役務提供取引に対する前受分のうち未経過分の金額
	○○引当金	支給対象期間に基づき定期に支給する従業員賞与に係る引当金など（引当金の設定目的を示す名称を付して掲記するものとする。）
	その他の流動負債	上記以外の流動負債のうち，役職員等からの短期借入金等の短期債務又はその他の負債で貸借対照表日から1年以内に支払い又は収益となると認められるもので負債及び純資産の合計額の1％を超えるものがある場合には，適当な名称を付して別掲するものとする
固定負債	社会医療法人債	社会医療法人が医療法の規定により発行する債券のうち，償還期限が貸借対照表日後1年を超えるもの
	長期借入金	公庫，事業団，金融機関などの外部からの借入金で，返済期限が貸借対照表日後1年を超えるもの
	繰延税金負債	税効果会計適用に伴う繰延税金負債のうち，固定資産又は固定負債に属する特定の資産又は負債に関連して計上されるもの及びそれ以外に計上されるものの中で貸借対照表日から1年超に取り崩されると認められるもの
	○○引当金	退職給付に係る会計基準に基づき，従業員が提供した労働用益に対して将来支払われる退職給付に備えて設定される引当金など（引当金の設定目的を示す名称を付して掲記するものとする。）
	その他の固定負債	上記以外の固定負債のうち，役職員等からの長期借入金又はその他の負債で貸借対照表日から1年を超えて支払い又は収益となると認められるもので負債及び純資産の合計額の1％を超えるものがある場合には，適当な名称を付して別掲するものとする

（2） 病院会計準則との相違点

病院会計準則との対比表は，以下の図表 3.11.2 の通りである。

図表 3.11.2 医療法人会計基準・病院会計準則対比表

医療法人会計基準	病院会計準則	説　　明
【流動負債】		
支払手形	支払手形	図表 3.11.1 参照
買掛金	買掛金	図表 3.11.1 参照
短期借入金	短期借入金	図表 3.11.1 参照
	役員従業員短期借入金	役員，従業員からの借入金のうち当初の契約において1年以内に返済期限が到来するもの
	他会計短期借入金	他会計，本部などからの借入金のうち当初の契約において1年以内に返済期限が到来するもの
未払金	未払金	図表 3.11.1 参照
未払費用	未払費用	図表 3.11.1 参照
未払法人税等		図表 3.11.1 参照
未払消費税等		図表 3.11.1 参照
繰延税金負債		図表 3.11.1 参照
前受金	前受金	図表 3.11.1 参照
預り金	預り金	図表 3.11.1 参照
	従業員預り金	源泉徴収税額及び社会保険料などの徴収税額等，従業員に関する一時的な預り金
前受収益	前受収益	図表 3.11.1 参照
○○引当金	賞与引当金	図表 3.11.1 参照
その他の流動負債	その他の流動負債	仮受金など前掲の科目に属さない債務等であって，1年以内に期限が到来するもの。ただし，金額の大きいものについては独立の勘定科目を設けて処理することが望ましい。
【固定負債】		
社会医療法人債		図表 3.11.1 参照
長期借入金	長期借入金	図表 3.11.1 参照
	役員従業員長期借入金	役員，従業員からの借入金のうち当初の契約において1年を超えて返済期限が到来するもの
	他会計長期借入金	他会計，本部などからの借入金のうち当初の契約において1年を超えて返済期限が到来するもの

	長期未払金	器械，備品など償却資産に対する未払債務（リース契約による債務を含む）のうち支払期間が1年を超えるもの
繰延税金負債		図表3.11.1参照
○○引当金	退職給付引当金	図表3.11.1参照
	長期前受補助金	償却資産の設備の取得に対して交付された補助金であり，取得した償却資産の毎期の減価償却費に対応する部分を取崩した後の未償却残高対応額
その他の固定負債	その他の固定負債	前掲の科目に属さない債務等であって，期間が1年を超えるもの。ただし，金額の大きいものについては独立の勘定科目を設けて処理することが望ましい。

以上のように医療法人会計基準と病院会計準則の勘定科目には違いがあるが，主な相違点は次の通りである。

① **役員従業員短期（長期）借入金，他会計短期（長期）借入金**

医療法人会計基準は，外部公表を前提とした医療法人全体の計算書類を作成するための基準である。他方，病院会計準則は，病院の財政状態及び運営状況を適正に把握し，病院の経営体質の強化，改善向上を目的とするもので，病院単位での財務諸表の作成を求めている。その意味で病院会計準則は，施設会計としての性格を有するといえる。その性格から，「借入金」を「役員従業員借入金」，「他会計借入金」に区分して掲記することとしている。

② **長期前受補助金**

病院会計準則では補助金の取扱いとして，土地等の非償却資産の取得に充てられるものを除き，これを負債の部に記載することとしている。その記載を行った上で，減価償却資産の取得に対して交付された補助金については，その減価償却資産の償却にあわせて配分するものとされている。そのため，病院会計準則では，独立した科目として「長期前受補助金」を掲記している。

③ 繰延税金負債

　税効果会計は，会計上の収益費用と税法上の益金損金の計上の違い（差異）を調整し，その違いにより生じる税金を期間配分することで，適切な期間損益計算を行うものである。この差異には，その性質の違いから永久差異と一時差異がある。永久差異は，交際費のように会計上は費用となるが，税務上損金不算入となった部分については，将来にわたっても損金になることはないため，永久に差異が解消しないものであり，この永久差異については調整を行わない。これに対し，一時的な計上の違いにより生じる一時差異は，将来において解消されると見込まれるものについて調整を行うことになる。

　すなわち，ある事業年度において会計上費用としたものを税務上損金としない場合には，その分課税所得が増加し，それに伴い法人税等も増加することになる。その後将来に税務上の損金となった時点では，その分課税所得が少なくなることから当然に法人税等も少なくなる。このことは，将来の事業年度において負担する法人税等を，一時差異が生じた事業年度において負担していることになるため，法人税等の前払いと同じ効果があるといえる。したがって，その一時差異に対する法人税等相当額を「繰延税金資産」として繰り延べることになる。その逆に，会計上収益としたものを税務上益金としない場合には，「繰延税金負債」が計上されることになる。

　この「繰延税金資産」と「繰延税金負債」については，四病協医療法人会計基準の注解1において重要性の原則の適用例として「税効果会計の適用に当たり，一時差異等の金額に重要性がない場合には，繰延税金資産又は繰延税金負債を計上しないことができる。」として，重要性がある場合には，その表示を求めている。しかし，病院会計準則は，施設基準であるため，財務諸表様式においてその表示を求めていない。

2. 退職給付引当金

（1） 退職給付引当金と退職給付制度の概要

　退職一時金や退職年金などのいわゆる退職給付は，労働の対価として支払わ

れる賃金の後払いであるという考え方から，その発生は勤務期間を通じた労働の提供に伴って発生するものと捉えられる。このような捉え方に立てば，退職給付は，支払いの時点で一時にその発生を認識するのではなく，勤務期間を通じて退職給付の支払いの原因が生じた時点においてその発生を認識することで，適切な期間損益の計算が可能になる。そして，その支払いに備えるために，債務は確定していないものの債務性があるものとして退職給付引当金を認識する。

退職給付制度については，その仕組みの違いから「確定拠出制度」と「確定給付制度」がある。どちらの制度を採用しているかは，法人における退職金規程等によって定められているが，法人によっては，退職給付制度がない法人や両方の制度が併存している法人もある。

「確定拠出制度」とは，文字通り「拠出額」を確定する退職給付制度であり，具体的には，退職一時金や退職年金の支払の原資となる資金を労働者の勤務期間を通じて拠出し，労働者本人は，退職時以降に勤務期間を通じて拠出された当該資金とその運用の果実を受け取る制度である。したがって，法人に拠出額以上の追加的な負担は発生しないことから，適切に資金を拠出している限り負債は発生せず，退職給付引当金を計上する必要はない。

一方，「確定給付制度」とは，退職一時金や退職年金の「給付額」が確定している制度であり，退職一時金や退職年金の給付額が確定する時点，つまり退職時又は年金の受取時まで法人の負担総額は確定しない。したがって，給付見込額のうち，すでに発生したと考えられる部分について退職給付引当金を見積もり負債の部に計上することになる。

（2） 適用時差異の取扱い

従来，退職給付引当金を計上していない若しくは医療法人会計基準に定めた計算方法以外の方法で計算した額を計上している医療法人にあっては，医療法人会計基準を適用するに当たり，本来，貸借対照表に「退職給付引当金」として計上されているべき金額（医療法人会計基準に基づき計算した金額）と実際に計上されている金額に差異（適用時差異）が生じる。適用時差異は，本来は

医療法人会計基準を適用した際に一括して費用処理すると同時に退職給付引当金を計上することになるが、医療法人によっては当該金額が多額になり一括で費用処理することによる財務的影響が大きいことが想定されることから、運用指針において「通常の会計処理とは区分して、本会計基準適用後15年以内の一定の年数又は従業員の平均残存勤務年数のいずれか短い年数にわたり定額法により費用処理することができる。」としている。そして、適用時差異の会計処理方法は、重要な会計方針の引当金の計上基準の退職給付引当金の箇所に付記し、貸借対照表に計上されていない適用時差異の未処理残高は、医療法人の財政状態又は損益の状況を明らかにするために必要な事項として注記することになる。

（3） 退職給付引当金の計算方法

退職給付引当金は、退職給付に係る見積債務額から年金資産額等を控除したものを計上することとし、具体的な計算は、「退職給付に関する会計基準（平成10年6月16日企業会計審議会）」に基づいて行うものとされ、基本的に企業会計における実務上の取扱いと同様である（運用指針12）。

ただし、医療法人においては、簡便法により退職給付に係る負債を計算できる法人の範囲について、前々会計年度末の負債総額が200億円未満の法人が含まれている。これは、前々会計年度末の負債総額が200億円以上の医療法人が簡便法によって退職給付に係る負債を計算することが一律に禁止されるという意味ではなく、原則的な方法による計算をすべきか判定が必要となることを意味している。

「退職給付に関する会計基準の適用指針」において「簡便法を適用できる小規模企業等とは、原則として従業員300人未満の企業をいうが、従業員数が300人以上の企業であっても年齢や勤務期間に偏りがあるなどにより、原則法による計算の結果に一定の高い水準の信頼性が得られないと判断される場合には、簡便法によることができる。なお、この場合の従業員数とは退職給付債務の計算対象となる従業員数を意味し、複数の退職給付制度を有する事業主にあっては制度ごとに判断する。」とされ、従業員数が少ない場合はもちろん、そ

れ以外の場合であっても「原則法による計算の結果に一定の高い水準の信頼性が得られないと判断される場合」も原則法を適用しないこととしている。これは，原則法による計算は，将来の退職金等の支出額の予測のために，退職率，死亡率，退職事由及び支給方法の発生確率，さらには予想昇給率といった一定の統計データに基づき計算するため，ある程度の規模以上で同質な集団に対してはじめて信頼性のある計算が可能となるからであり，対象となる集団の状態によっては，必ずしも原則法によって信頼性のある計算ができない場合があるからである。そして，医療法人は一般企業と異なり多くの専門職の集団であり，また年齢や勤務期間に偏りがあることも考えられることから，負債総額が200億円以上であることのみをもって原則法を適用するのではなく，原則法によるべきかの判定を適切に行ったうえで，原則法により，むしろ信頼性のある計算結果を得られないと判断される場合には簡便法により計算することになる。

　簡便法による退職給付に係る見積債務の計算方法は，退職一時金については期末自己都合要支給額を退職給付債務とする方法の他，期末自己都合要支給額に一定の昇給率及び割引率を加味して計算する方法などがある。また，年金制度については，年金財政計算上の数理債務をもって退職給付債務とする方法の他，在籍する従業員については退職一時金と同様の方法により計算した額を退職給付債務とし，年金受給者及び待機者については年金財政計算上の数理債務の額を退職給付債務とする方法などがある。

　医療法人においては，退職一時金の制度を採用し簡便法を適用するケースが多いと推察されることから，以下，〈退職一時金を前提とした簡便法による会計処理及び税務上の取扱い〉を例示する。

〈退職一時金制度の場合の会計処理及び税務上の取扱い〉

【例1】非積立型の場合（外部機関に積み立てている年金資産がない場合）
(1) 前提条件（単位：万円）

前期末	自己都合要支給額	2,000
当期中	退職金支給額	150
当期末	自己都合要支給額	2,500

①期首退職給付引当金　2,000
②期末退職給付引当金　2,500

(2) 会計処理

	会計処理			
	借　方		貸　方	
退職金支給時	退職給付引当金	150	現金預金	150
決算整理	退職給付費用＊	650	退職給付引当金	650

＊期末退職給付引当金 －（期首退職給付引当金 － 当期退職給付支払額）
∴　2,500 －（2,000 － 150）＝ 650

(3) 税務上の取扱い
①別表4

区　分		総額	処　分	
			留保	社外流出
加算	退職給付費用否認	650	650	
減算	退職給与認容	150	150	

②別表5(1)

Ⅰ　利益積立金額の計算に関する明細書				
区　分	期首現在利益積立金額	当期の増減		翌期首現在利益積立金額
		減	増	
退職給付引当金	2,000	150	650	2,500

【例2】積立型の場合（外部機関に積み立てている年金資産がある場合）

(1) 前提条件（単位：万円）

前期末	自己都合要支給額	4,000
	年金資産時価	1,500
当期中	退職金支給額＊	300
	年金資産拠出時	700
当期末	自己都合要支給額	5,000
	年金資産時価	2,000

＊うち年金資産からの支給 200
① 前期末退職給付引当金　4,000 − 1,500 = 2,500
② 当期末退職給付引当金　5,000 − 2,000 = 3,000

(2) 会計処理

	会計処理			
	借　方		貸　方	
退職金支給時	退職給付引当金＊1	100	現金預金	100
年金資産拠出時	退職給付引当金	700	現金預金	700
決算整理	退職給付費用＊2	1,300	退職給付引当金	1,300

＊1　300 − 200 = 100
＊2　期末退職給付引当金 −（期首退職給付引当金 − 年金資産拠出額 − 当期退職給付支払額）
　　∴　3,000 −（2,500 − 700 − 100）= 1,300

(3) 税務上の取扱い

① 別表4

区　分		総額	処　分	
			留保	社外流出
加算	退職給付費用否認	1,300	1,300	
減算	退職給与認容	100	100	
	退職給付費用認容	700	700	

② 別表5(1)

	I　利益積立金額の計算に関する明細書			
区　分	期首現在利益積立金額	当期の増減		翌期首現在利益積立金額
		減	増	
退職給付引当金	2,500	800 ＊	1,300	3,000

＊ 100 + 700 = 800

3. 税務調査の着眼点

（1） 借入金
① 借入金計上額のうち，個人名義の借入金などで，収入除外分などの再流入を架空名義によって計上していないかどうか。
② 銀行借入金などで，借入れの際，簿外の預金などが担保に供されていないか，これらに預貸率の状況，支払利息の利率などについてみる。簿外の定期預金などの内借り形式のものは，利率が低いからである。
③ 借入金そのものを簿外にし，その資金を他に流用して，支払利息等を支払っていないか，または，歯科医における金地金などの簿外仕入に利用されていないかを調べる。

（2） 買掛金，未払金
① 架空計上，水増計上あるいは重複計上がないか，期中仕入の実態をみて調査する。
② 支払方法が，通常小切手で行われるところ，現金支払いなど変則的な場合はよく確かめる。架空仕入分の支払いであることが多いからである。
③ 散発的な仕入先に対する支払いについては，納品書，請求書，領収証を確認し，場合によっては相手方に照会する方法がとられる。

（3） その他の負債，仮受金等
① 収入除外した資金を法人の資金繰りのために，再び記帳する科目として使用されやすいので，その資金源をよく調査する。
② 本帳簿と別途資金との資金交流の窓口となることも多いので，特にその支払いについてよく調べる。

第12節　純資産項目の会計と税務

1. 純資産の勘定科目

　純資産は，法人の性格がもっとも反映される部分なので，施設の基準である病院会計準則では，その内容について言及されていない。資産・負債・収益・費用に係る勘定科目は，内部管理目的を注視した必要性から，病院会計準則を基礎に，医療法人が実施する病院以外の事業で出て来るものを加えて設定するが，純資産の部は，医療法人会計基準に従ったものを設定する必要がある。医療法人会計基準省令の基礎となった「医療法人会計基準に関する検討報告書（平成26年2月26日四病院団体協議会会計基準策定小委員会）」では，純資産の部の考え方について，以下のように説明している。

> 　法人の純資産が増加する場合，これを損益計算書の収益と捉えるか否かは，損益計算上の要諦であり，企業会計においては，一般原則に「資本取引・損益取引区分の原則」が置かれている。本基準においては，持分の定めのない法人類型には，資本概念がないため，この原則は置かれていない。また，現行の表示基準である様式通知及び社財規では，剰余金を資本剰余金と利益剰余金に区別しているが，本基準では，この概念を使用しておらず，すべて「積立金」という概念で括ることとしたものである。これは，持分のない法人類型の資本剰余金概念が理論的に疑問のある中で，この概念を採用する根拠としていた財団医療法人の設立時の寄附金の法人税非課税の位置づけが平成20年度税制改正により，資本等の金額から，通常の収益を前提としつつ特段の定めによる益金不算入に変更されたためである。ただし，持分の定めのある社団医療法人の場合には，資本概念が存在しており，これを処理する項目として「出資金」を使用することとしている。また，基金制度を有する社団医療法人の劣後債務としての基金を処理する項目として「基金」を設け，公益法人会計と同様，純資産の部で処理することとした。なお，金融商品会計により損益計算を通さない時価評価処理を反映するための純資産項目として表出している「評価・換算差額等」については，本基準でもそのまま取り入れている。

医療法人会計基準省令では、第8条中に「純資産の部を出資金、基金、積立金及び評価・換算差額等に区分する」とあり、医療法人では、純資産項目を4つに区分することになる。

2. 出資金

　医療法人会計基準省令第13条に「出資金には、持分の定めのある医療法人に社員その他の出資者が出資した金額を計上するものとする。」とある。このため、この項目は、持分の定めのある医療法人に限定した項目であり、持分の定めのない医療法人は、出資金が貸借対照表に計上されることはあり得ない。また、持分の定めのある医療法人の設立は、平成18年の第5次医療法改正でできなくなったので、会計及び法人税務に関係するのは、追加出資と出資の払い戻しのみとなる。

　なお、法人税務における出資金の取り扱いは、資本金に該当するので、持分の定めのある医療法人の税率適用、交際費の取り扱い、住民税均等割りの取り扱い等に出資金の金額が影響する。

（1）追加出資

　追加出資の金額の全額を「出資金」に計上するため、仕訳の基本型は以下のようになる。

　　　�借）現金預金他　×××　　　㈰貸）出資金　×××

　なお、当該追加出資時点の貸借対照表の純資産額の状況から既存の出資金と持分の金額が異なることが通常である。一方追加出資については、出資時点の出資金の金額が持分の金額となる。このように出資した時点によって同じ出資額でも対応する持分額が異なるので、出資金の総額に占める各出資者の出資金額が、持分割合を表すことにはならない点に留意が必要である。

（2）出資の払戻し

　出資の払戻しは、出資額と同額を払い戻す場合と、出資額と払戻し額が異な

る場合に分かれる。異なる場合は，積立金の増減が伴うので，積立金のところで解説する。出資額限度法人が，対応する純資産額が出資額より多い場合等のように，出資額と同額を払い戻す場合の仕訳の基本型は，以下のようになる。

　　�借）　出資金　×××　　　㈱）　現金預金　×××

3. 基　　金

医療法人会計基準省令第14条に「基金には，医療法施行規則（昭和23年厚生省令第50号）第30条の37の規定に基づく基金（同規則第30条の38の規定に基づき返還された金額を除く。）の金額を計上するものとする」とある。医療法施行規則第30条の37の規定は以下の通りとなっている。

> Ⅰ　社団である医療法人（持分の定めのあるもの，法第42条の2第1項に規定する社会医療法人及び租税特別措置法第67条の2第1項に規定する特定の医療法人を除く。社団である医療法人の設立前にあつては，設立時社員）は，基金（社団である医療法人に拠出された金銭その他の財産であつて，当該社団である医療法人が拠出者に対して本条及び次条並びに当該医療法人と当該拠出者との間の合意の定めるところに従い返還義務（金銭以外の財産については，拠出時の当該財産の価額に相当する金銭の返還義務）を負うものをいう。以下同じ）を引き受ける者の募集をすることができる旨を定款で定めることができる。この場合においては，次に掲げる事項を定款で定めなければならない。
> 　①　基金の拠出者の権利に関する規定
> 　②　基金の返還の手続
> Ⅱ　前項の基金の返還に係る債権には，利息を付することができない。

第5次医療法改正で，本則としては社団たる医療法人であっても持分の定めのある法人とすることができなくなったので，出資ではなく劣後債務としての基金制度が導入されたものである。会計及び法人税務に関係するのは，基金の拠出と基金の返還であり，返還に関しては，代替基金のところで解説する。基金の拠出の仕訳の基本型は，以下のようになる。

　　�借）　現金預金他　×××　　　㈱）　基金　×××

基金として受け入れた金額は、損益計算に影響しないため、純資産の部の「基金」に直接計上する。なお、法令に従い純資産の部に計上するが、劣後債務のため、法人税務上は資本等の金額とはならず、住民税均等割りにおいても資本にカウントされないので基金拠出型法人は資本の無い法人区分となる。

4. 積立金

医療法人会計基準省令第15条に「積立金には、当該会計年度以前の損益を積み立てた純資産の金額を計上するものとする。積立金は、設立等積立金、代替基金及び繰越利益積立金その他積立金の性質を示す適当な名称を付した科目をもって計上しなければならない」とある。当該省令の基礎となった四病協医療法人会計基準の注解7では、以下の通り説明している。

積立金は、各会計年度の当期純利益又は当期純損失の累計額から当該累計額の直接減少額を差し引いたものとなるが、その性格により以下のとおり区分する。
① 医療法人の設立等に係る資産の受贈益の金額及び持分の定めのある社団医療法人が持分の定めのない社団医療法人へ移行した場合の移行時の出資金の金額と繰越利益積立金等の金額の合計額を計上した設立等積立金
② 基金の拠出者への返還に伴い、返還額と同額を計上した代替基金
③ 固定資産圧縮積立金、特別償却準備金のように法人税法等の規定による積立金経理により計上するもの
④ 将来の特定目的の支出に備えるため、理事会の議決に基づき計上するもの（以下「特定目的積立金」という）
なお、特定目的積立金を計上する場合には、当該積立金とする金額について、当該特定目的を付した特定資産として通常の資産とは明確に区別しなければならない。
④ 上記各積立金以外の繰越利益積立金
なお、持分の払戻により減少した純資産額と当該時点の対応する出資金と繰越利益積立金との合計額との差額は、持分払戻差額積立金とする。この場合、マイナスの積立金となる場合には、控除項目と同様の表記をする。

医療法人は、配当が禁止されているため、他の非営利法人と同様に剰余金処

分概念が本来は必要ないが，従来のモデル定款（定款例）に従って，多くの法人の社員総会等の議決事項に「剰余金の処分」が含まれていた。しかし，平成28年9月1日施行の医療法改正に伴う定款例改正で，削除されている。これは，剰余金の処分については，そもそも配当等の法人外への流出は認められていないので，企業会計とは異なり，剰余金処分に関する純資産の振替手続きをする意味合いは希薄であり，利益の発生は純資産の態様からは，そのまま積立金の発生と解釈することができるためである。この結果，貸借対照表上，積立金になる前の「繰越利益，繰越剰余金」は存在せず，損益計算の結果としての利益又は損失は一旦繰越利益積立金に累計され，他の積立金に振り替える処理が，生じることになる。

（1） 設立等積立金

医療法人会計基準運用指針14「積立金の区分について」において「医療法人の設立等に係る資産の受贈益の金額及び持分の定めのある医療法人が持分の定めのない医療法人へ移行した場合の移行時の出資金の金額と繰越利益積立金等の金額の合計額を計上した設立等積立金」とされているものである。

設立等積立金が生じる第一のケースは，持分の定めのない医療法人を寄附により設立した場合である。

持分の定めのない医療法人の設立時の寄附は，資本取引に準ずるものとして損益計算書を経由させずに直接純資産の積立金に計上するということも考えられるが，資本取引ではない以上，一旦収益計上して当期純利益に反映させた上で，一旦自動的に繰越利益積立金になったものを積立金の振替処理として，寄附金額と同額を「設立等積立金」とすることが必要である。仕訳の基本型は以下の通りである。

　　(借)　現金預金他　　　×××　　(貸)　特別利益：受取寄附金　×××
　　(借)　繰越利益積立金　×××　　(貸)　設立等積立金　　　　　×××

第二のケースは，持分の定めのある社団医療法人から持分の定めのない社団医療法人への移行する場合である。この場合，原則として移行時の純資産はすべて設立等積立金として処理されることとなる。ただし，純資産の部には，資

産の部の評価と対になっている評価・換算差額や，法令の規定により取り崩すことができない代替基金，税法上の取り扱いで取崩しが規定されているものが存在するため，これらのものはそのまま引き継ぐこととなる。

特定目的積立金が存在しない場合の仕訳の基本型は以下の通りである。

(借)　出資金　　　　　×××　　(貸)　未払金　　　　　×××
(借)　繰越利益積立金　×××　　(貸)　設立等積立金　×××

出資金と繰越利益積立金を設立等積立金に振り替えることとなる。なお，移行に伴い払戻をしないこととなった金額に対する法人税等は課税されないが，法人に贈与税が課税される場合がある。この場合の贈与税額は，法人税上の所得の計算上損金に算入されない。このことに加え，当該年度の活動によって発生する租税ではないので，損益計算書に計上せずに設立時積立金から直接減額する。したがって，出資金の金額と繰越利益積立金の金額の合計額よりも贈与税の金額が多い場合には，マイナスの設立等積立金となる。

特定目的積立金は，移行に伴って一旦取り崩し，設立時積立金の振替対象とする。このため，上記基本型の借方に当該目的積立金が追加で計上されることになる。この場合に対応する特定預金は，取り崩すことも，継続することも，どちらでも可能である。なお，税法上の積立金・準備金は，移行により取崩しが生じる場合以外は，変更せずに引き継ぐ。

第三のケースは，合併（双方が持分の定めのある社団医療法人の場合を除く）の場合である。仕訳の基本型は以下の通りとなる。

(借)　諸資産　　×××　　(貸)　諸負債　　　　×××
　　　　　　　　　　　　　　(貸)　設立等積立金　×××

合併後の法人が財団医療法人又は持分の定めのない社団医療法人の場合は，受け入れる資産と負債の差額は，その受入価額の評価をどのように行うべきかに関わらず寄附として捉える性格のものである。しかし，事業体としての活動ではなく，事業体そのものの結合であるため，当期純利益に算入するのは適当ではなく，「設立時積立金」に直接計上する。なお，資産，負債のすべてについて簿価をそのまま引き継ぐ方法を採用する場合には，純資産の部のすべてをそのまま引き継ぐこととなる。

（2） 代替基金

医療法人会計基準運用指針14「積立金の区分について」において「基金の拠出者への返還に伴い，返還額と同額を計上した代替基金」とされているものである。基金の返還は，医療法施行規則第30条の38によって，以下のように制約されている。

> Ⅰ　基金の返還は，定時社員総会の決議によって行わなければならない。
> Ⅱ　社団である医療法人は，ある会計年度に係る貸借対照表上の純資産額が次に掲げる金額の合計額を超える場合においては，当該会計年度の次の会計年度に関する定時社員総会の日の前日までの間に限り，当該超過額を返還の総額の限度として基金の返還をすることができる。
> ①　基金（次項の代替基金を含む。）の総額
> ②　資産につき時価を基準として評価を行っている場合において，その時価の総額がその取得価額の総額を超えるときは，時価を基準として評価を行ったことにより増加した貸借対照表上の純資産額
> Ⅲ　基金の返還をする場合には，返還をする基金に相当する金額を代替基金として計上しなければならない。
> Ⅳ　前項の代替基金は，取り崩すことができない。

このため，基金の返還に関しては，返還に伴う資金流出と，代替基金の積み立ての2つの仕訳が必要となり，仕訳の基本型は以下の通りとなる。

　　(借)　基　　　金　×××　　(貸)　現　金　預　金　×××……拠出金の返還
　　(借)　繰越利益積立金×××　　(貸)　代　替　基　金　×××……代替基金の積立

なお，代替基金の取り崩しはできないため，基金をすべて返還し，かつ基金制度そのものを廃止した法人であっても，代替基金は貸借対照表上そのまま継続する。社会医療法人の貸借対照表様式においても代替基金が掲載されているのは，このためである。

（3）　法人税関連積立金

医療法人会計基準運用指針14「積立金の区分について」において「固定資産圧縮積立金，特別償却準備金のように法人税法等の規定による積立金経理に

より計上するもの」とされているものである。法人税法又は租税特別措置法の取り扱いで，積立金経理により法人税別表四上で減算処理をし，別表五（一）を介して法人税等の規定により次年度以降の処理をする事項を選択適用する場合には，当該積立金又は準備金の名称そのままの項目を積立金の中に設けて会計処理及び表示をすることとなる。仕訳の基本型は以下の通りである。

　（借）　繰越利益積立金　×××　　（貸）　○○積立（準備）金　×××……積立時
　（借）　○○積立（準備）金×××　　（貸）　繰越利益積立金　　　×××……取崩時

（4）　特定目的積立金

　医療法人会計基準運用指針14「積立金の区分について」において「将来の特定目的の支出に備えるため，理事会の議決に基づき計上するもの」とされているものである。また，上記運用指針のなお書きに「特定目的積立金を計上する場合には，特定目的積立金とする金額について，当該特定目的を付した特定資産として，通常の資産とは明確に区別しなければならない」とある。特定の支出に備えるため，資金を区別して準備する場合には，内部管理目的だけを考えると，特段の会計処理や財務諸表に表示をする必要性は希薄であり，単に預金口座を別にしておけば済む。したがって，この項目が会計基準にあるのは，下記のとおり，社会医療法人の遊休財産規制と特定資産・特定事業準備資金の処理をするためである。

　社会医療法人には，毎会計年度の末日における遊休財産額につき，直近の会計年度（当該末日までの会計年度）の損益計算書の本来業務事業費用の額を超えてはならないという要件がある。この場合の「遊休財産額」は以下のように計算される。

（総資産の額　−　控除対象資産の帳簿価額）×（純資産の額／総資産の額）
　　注）純資産の部に「評価換算差額」を計上している場合には，上記総資産及び純資産それぞれから除外する。

　なお，控除対象資産とは，まず無条件に，本来業務・附帯業務・収益業務の用に供する財産及びこれらの業務を行うために保有する財産が含まれるため，

現金預金・有価証券・貸付金以外の資産は，業務に使用する当のない投資資産以外はすべて該当することとなる。しかし，現金預金・有価証券・貸付金は，その性格上使用資産ではないので，潤沢な資金を保持している場合には，遊休財産規制に抵触してしまう恐れがある。このような資金であっても将来の設備投資等に有効に利用する場合には，社会医療法人の本旨から外れるわけではないので，一定の条件のもとに，預金についても控除対象資産となり，遊休資産とならない方策が成されている。

まず，「減価償却引当特定預金」である。減価償却は費用に計上するものの資金の流出はないので，償却累計額分の資金の内部留保をする効果があり，償却終了後当初と同額固定資産の更新をするための資金準備を行っているとみなすことができる。したがって，この減価償却累計額相当額の資金は遊休財産としないことができる。ただし，資金準備をしていることを明確にするために，流動資産である「現金及び預金」から区別して，固定資産たる「減価償却引当特定預金」として保持（預金口座も区別する）することが必要である。

最後に「特定事業準備資金」も控除対象資産となる。将来の特定の実施のために特別に支出する費用に係る支出，すなわち，減価償却や引当金のようにすでに費用化されたものではなく，将来費用のために保有する資金であっても，その内容と実現性が明らかであるものは遊休財産とはしないこととなる。ただし，内容と実現性を明らかにするために，実施予定とともに「〇〇病院の病床の増設」「診療所の新規開設」「訪問看護ステーションの新規開設」のようにその事業内容を定款又は寄附行為に具体的に記載することが必要である。また，流動資産である「現金預金」から区別して，固定資産たる「〇〇事業特定預金」として保持（預金口座も区別する）し，当該目的に必要な最低額に関する合理的な算定根拠が説明できることが必要であり，また，一旦特定預金とした場合には，当該目的以外の使用は原則としてできないこととなる。また，同時に，純資産の部の会計処理として，特定資産を設定した額と同額を「繰越利益剰余金」から「〇〇事業積立金」に振替えることも必要である。

以上のような資産の区分けは，社会医療法人の認定申請及び決算届における公的な運営に関する要件に該当する旨を説明する書類として，毎会計年度末に

「保有する資産の明細表」として整理することとなる。

設定時の仕訳の基本型は，以下の通りである。

(借) 繰越利益積立金　×××　　(貸) ○○事業積立金　×××
(借) ○○事業特定預金　×××　　(貸) 現金預金　×××

目的達成のために資金を使用するため取り崩す場合の仕訳は，以下の通りとなる。

(借) 現金預金　×××　　(貸) ○○事業特定預金　×××
(借) ○○事業積立金　×××　　(貸) 繰越利益積立金　×××

(5) 繰越利益積立金

医療法人会計基準運用指針14「積立金の区分について」において「上記各積立金以外」とされているものである。「上記以外」となっているが，なお書にある「持分払戻差額積立金」も繰越利益積立金以外のものとなるので，結局のところ，他の名称を付した積立金以外のすべてが「繰越利益積立金」となる。繰越利益積立金は，損益計算の結果によって生じた当期純利益が，そのまま一旦繰越利益積立金となることで増加するほか，他の積立金との振替により増減が生じる場合がある。

(6) 持分払戻差額積立金

医療法人会計基準運用指針14「積立金の区分について」の繰越利益積立金のなお書に「持分の払戻により減少した純資産額と当該時点の対応する出資金と繰越利益積立金との合計額との差額は，持分払戻差額積立金とする。この場合，マイナスの積立金となる場合には，控除項目と同様の表記をする。」とされているものである。

持分の定めのある社団医療法人の場合，出資の払い戻しが生ずるが，払い戻し額（通常は現金）と出資金の金額は必ずしも一致しない。払い戻しに対応する出資金と払い戻し額との関係で，会計処理も税務上の取り扱いも違いが生ずる。

〈払戻額が繰越利益積立金と退社社員の出資金の合計額を上回る場合〉

　　(借) 出資金　　　　　　×××　　(貸) 現金預金　×××
　　(借) 繰越利益積立金　　×××
　　(借) 持分払戻差額積立金　×××

　払戻が行われる場合には，出資額より多い場合には，繰越利益積立金を減少させるが，これを全部使用しても足りない金額は，マイナスの持分払戻差額積立金とする。この現象が生じる理由は，貸借対照表の純資産が簿価ベースで算定されているのに対し，払い戻し額は時価ベースで算定されるからである。また，当該持分部分に対応する繰越利益積立金をマイナス処理するわけではなく，繰越利益積立金のすべてを対象として，なお足りない場合にのみマイナス持分払戻差額積立金が発生するもので，繰越利益積立金のマイナス表示となる原因が払い戻しという特別の理由によることを明示するための表記である。したがって，本質的には単なる繰越利益積立金のマイナスであるため，翌期以降の当期利益は，あえて別表示の繰越利益積立金とするのではなく，マイナス持分払戻差額積立金がなくなるまでマイナスの解消に充当する。当期純利益が繰越利益積立金に自動振替される前提では，以下のような充当仕訳が必要となる。

　　(借) 繰越利益積立金　　×××　　(貸) 持分払戻差額積立金　×××

〈払戻額が退社社員の出資金を上回るが，超過額が繰越利益積立金の金額を下回る場合〉

　　(借) 出資金　　　　　　×××　　(貸) 現金預金　×××
　　(借) 繰越利益積立金　　×××

　払戻が行われる場合には，当該退社社員の過去の出資額をまず出資金から減少させ，残余は，持分割合とは無関係に繰越利益積立金を減少させる。この場合は，持分払戻差額積立金は発生しない。

〈払戻額が退社社員の出資金額を下回る場合〉

　　(借) 出資金　　　　　　×××　　(貸) 現金預金　　　　　　×××
　　　　　　　　　　　　　　　　　　(貸) 持分払戻差額積立金　×××

払戻が行われる場合に，当該退社社員の過去の出資額より，払戻額が少ない場合には，払戻額を超える当該退社社員の過去の出資額は，持分払戻差額積立金に振り替える。この場合の持分払戻差額積立金は，マイナスの持分払戻差額積立金とは，まったく性格が異なる。法人税上は，資本積立金となり，持分の定めのない医療法人に移行しない限り，取り崩されることもなくそのまま維持される。

5. 評価・換算差額等

医療法人会計基準省令第16条に以下のように規定されている項目である。

> 評価・換算差額等は，次に掲げる項目の区分に従い，当該項目を示す名称を付した科目をもって掲記しなければならない。
> ① その他有価証券評価差額金（純資産の部に計上されるその他有価証券の評価差額をいう。）
> ② 繰延ヘッジ損益（ヘッジ対象に係る損益が認識されるまで繰り延べられるヘッジ手段に係る損益又は時価評価差額をいう。）

この項目は医療法人が通常行う取引を想定して規定されたものではなく，損益計算書で評価損益を計上せずに貸借対照表上時価評価する企業会計の会計処理方法を受け入れたために生じたもので，他の純資産項目とは，まったく異質なものである。

したがって，ほとんど発生することはないと想定されるが，運営管理指導要綱で売買目的有価証券の保有は望ましくないとされているので，株式等の保有を行う場合は，固定資産のその他有価証券として保持せざるを得ず，この場合，医療法人会計基準省令第11条では「市場価格のある有価証券（括弧内省略）については，時価をもって貸借対照表価額とする」とされているので，この純資産項目も発生することになる。

仕訳の基本型は以下の通りである。

〈期末時価＞取得価額の場合〉

　　(借) 投資有価証券　×××　(貸) その他有価証券評価差額金　×××＊
　　＊税効果会計を適用する場合には，実行税率部分の金額を「繰延税金負債」とする。

〈期末時価＜取得価額の場合〉

　　(借) その他有価証券評価差額金　×××＊　(貸) 投資有価証券　×××
　　＊税効果会計を適用する場合には，実行税率部分の金額を「繰延税金資産」とする。

　なお，この項目は，法人税上では，益金損金に無関係なので，別表四と別表五（一）で，時価評価をしていない状態に調整することとなる。

第13節　出資持分に係る税務

1. 医療法人制度と出資持分

　医療法人制度は，昭和23年に制定された医療法の一部改正により昭和25年に創設された。その創立趣旨を，厚生省では，医療事業は非営利性という点から商法上の会社組織によって行うことは望ましくなく，しかしまた積極的に公益を図るものではないという点から公益法人によることも適当ではないので，特別の法人格を取得する途を与え，よって私的医療機関の施設の保持助長を図ることを目的とするものであると説明している。

　医療法人制度発足時には，財団形式の医療法人が多かったが，昭和27年の相続税法で，財団に財産の贈与（その設立のための贈与を含む）した場合，それにより贈与者の相続税または贈与税の負担が不当に減少する結果となると認められるときには，これらの法人を個人とみなして贈与税を課税する規定が設けられた。このため国税庁は厚生省との協議のうえ，翌年に取扱通達をもって，財団形式でスタートした医療法人で不当に相続税等を減少する結果となるものについては，出資持分のある社団への組織変更を認めることにより贈与税の課税が生じないような指導が行われた。

このとき以降，財団または持分の定めのない社団形式の医療法人の設立は控えられ，持分の定めのある医療法人社団が多く設立されるようになった。現在社団で持分の定めのある医療法人は40,000を超え全体の80%を占めている。

持分の定めのある社団の場合には，財団のように設立当初は寄付等に対する課税が生じない代わりに，出資者が死亡した場合についてその持分に相当する額が相続されることにより，相続税の対象となるものである。これは，モデル定款上で，「社員資格を喪失したものは，その出資額に応じて払戻しを請求することができる。」また，「本社団が解散した場合の残余財産は，払込済出資額に応じて分配するものとする。」と規定されており，出資者の財産権を認めているためである。これら持分の定めのある医療法人では，社員の中途退社や死亡に伴って払戻請求権が行使されることにより，社員の世代交代に際して医療法人の存続そのものが脅かされる状況が想起される。そこで，財団または持分の定めがなく高い公益性を保持する特定医療法人や社会医療法人に組織変更することで，医療の非営利性を徹底しながら永続性を確保する方法もあるが，その承認要件が厳しく，28年3月現在特定医療法人は369法人，社会医療法人は262法人にとどまっている。

平成19年に施行された第5次医療法改正により，医療法人制度が大幅に変更され，新たに設立できる医療法人は非営利性を徹底するため，財団医療法人か持分の定めのない社団医療法人のみとなった。

ただし，既存の持分の定めのある社団医療法人には，経過措置が適用され，当面医療法附則第10条「残余財産に関する経過措置」により，残余財産処分についての規定の適用を見合わせることになり，従前通り持分を持ったままの法人として残ることとなった。

以下この節において医療法人とは経過措置医療法人のことを指す。

医療法人の社員たる権利の移動はすべて社員総会の決議が必要とされ，しかも原則的に社員しか所有することができない。社員総会において，社員として入社を認められた者以外は，議決権を行使することができない。また，医療法人の最高意思決定機関である社員総会は，株主総会の1株1議決権と異なって，出資持分割合と関係のない1人1議決権である。

つまり過半数の出資持分を所有しても，経営を支配することができないのである。周知のように，医療法人は剰余金の配当を禁止されており，株式のような利益配当請求権はない。

したがって，出資持分は，
① 中途退社による出資持分相当額の財産返還請求権
② 解散時における出資持分相当額の残余財産分配請求権
が財産として持つ性格である。

税法では，このような性格を持つ医療法人の出資持分を有価証券に準じた財産として取り扱っている。

第5次医療法改正で医療法人の非営利性を徹底するため，持分なし医療法人への移行を促しているものの，出資者の持分の全部又は一部の放棄が他の社員又は医療法人への贈与として課税される恐れがあり進んでいない現状がある。

そこで第6次医療法改正で認定医療法人（持分なし医療法人への移行に向けて厚生労働大臣の認定を受けた医療法人）制度を設け，持分を相続又は遺贈により取得した場合に，その相続人が納付すべき相続税額のうち，認定医療法人の持分に係る相続税額については，担保提供を条件に，移行計画の期間内の納税を猶予し，持分をすべて放棄した場合には，猶予税額が免除される特例措置が設けられている。

また認定医療法人の出資者が持分を放棄したことにより，他の出資者にみなし贈与が課税される場合にも同様の規定が設けられている。

―― 〈質問1〉 ――――――――――――――――――――――
　医療法人のなかに出資持分の定めのある法人と，定めのない法人があるそうですが，このような場合，相続税上，どのような相違点があるのでしょうか。

〈答〉　一般の社団医療法人は，出資持分の定めのある医療法人です。原則として出資持分所有者は，医療法人の最終的な財産帰属権を持っていますので，その所有者の死亡により，相続財産となるので相続税の課税対象となります。

　出資持分の定めのない医療法人には，財団の医療法人と特定医療法人と社会

医療法人等があります。

　財団の医療法人は，設立者によって寄付された財産を法人化することによって設立されるものであり，医療法人成立と同時に財産はすべて，設立者の手から医療法人に寄付され，最終的に個人に帰属することがないので相続税は課税されません。

　その代わり，特別の一定条件に該当しない場合，相続税法第66条によって，設立の際に，法人を個人とみなして贈与税が課税されます。

　つまり，財団になれば，寄付された財産は将来とも相続税が非課税となるため，設立の時点で相続税の補完税である贈与税を課税しようという考え方からこのような取扱いとなっています。

　租税特別措置法第67条の2により承認を受けた特定医療法人は，財団の医療法人または社団の医療法人で持分の定めのないもので，一定の条件を満たしたうえ，国税庁長官の承認を得て成立します。

　この場合，持分の定めのない社団とは，その定款に，「社員は，本社団の資産の分与を請求することができない」，「本社団が解散したときの残余財産は，国若しくは地方公共団体又は同種の医療法人に帰属せしめるものとする」と規定され，全社員の総意のもとに出資持分を放棄していますので，相続税の課税はありません。

　第5次医療法改正により発足した社会医療法人や基金拠出型医療法人は持分の定めのない医療法人であり，残余財産の処分も「国または地方公共団体又に同種の医療法人へ」と規定されていることから，社会医療法人等へ移行することで，相続税の問題は生じないことになります。

2. 出資持分の相続税評価額の計算

　出資持分の相続税評価は，財産評価基本通達（以下「評価通達」という）194-2「医療法人の出資の評価」により算出する。

　これは会社の取引相場のない株式に準じた方法で，類似業種比準価額方式と純資産価額方式を使って，出資持分の相続税評価を行おうとするものである。

会社の内容は千差万別であり，全部の会社の株式の評価に適応するような合理的な方法を見い出すため，評価会社の経営規模を大会社，中会社，小会社に分類する。そして，大会社には，上場会社の評価方式に準じた類似業種比準価額を，中・小会社と規模が小さくなるにつれて，類似業種比準価額の割合を低めて，その分，純資産価額を取り入れる方式が採用された。医療法人の場合も会社と同様にこの考え方が取り入れられた。

（1） 医療法人の規模の判定

① 従業員100人以上の場合は，すべて「大会社」となる。
② 従業員100人未満のときは，図表3.13.1の通りである。

まず㋑卸売業か，㋺小売・サービス業か，㋩卸売業，小売・サービス業以外かの判定は，原則として日本標準産業分類に基づいて行い，病院や老人福祉介護事業は大分類の「小売・サービス業」に該当し，㋺の区分になる。

次に㋑1年間の労働時間を基礎とした従業員数，㋺帳簿価額による総資産価額，㋩取引金額の3要素を基にして規模の判定を行う。

図表3.13.1 規模の判定

総資産価額および従業員数＼取引金額	6,000万円未満	6,000万円以上～6億円未満	6億円以上～12億円未満	12億円以上～20億円未満	20億円以上～
4,000万円未満又は5人以下	小会社	中会社「小」(L=0.60)	中会社「中」(L=0.75)	中会社「大」(L=0.90)	大会社
4,000万円以上5人以下を除く					
4億円以上30人以下を除く					
7億円以上50以下を除く					
10億円以上50人以下を除く					

規模が判定されたら，次の評価方式を決定する。

(2) 医療法人の出資持分の評価方法

原則的な評価方法は，図表3.13.2の通りである。

図表3.13.2 評価方法

医療法人の規模		原則的評価方法
大 会 社		類似業種比準価額
中 会 社	大	類似業種比準価額×0.90＋純資産価額×0.10
	中	類似業種比準価額×0.75＋純資産価額×0.25
	小	類似業種比準価額×0.60＋純資産価額×0.40
小 会 社		純資産価額

また，原則的評価方法のほか，大会社及び中会社には純資産価額，小会社には（類似業種比準価額×0.5＋純資産価額×0.5）として計算する方法を選択することもできる。

3. 純資産価額方式の計算

純資産価額方式は，課税時期に医療法人を解散して，医療法人の財産をすべて処分し清算するものとして計算される正味資産をいう。

したがって，正味資産と帳簿上の純資産との差額に相当する評価益が発生した場合，法人税法に規定する清算所得とみなし，国税，地方税の相当額として，その評価益の37％を正味資産から控除することと定められている。

算式は次の通りである。

$$\text{出資50円当たりの純資産価額} = \frac{\left(\begin{array}{c}\text{相続税評価額による総資産価額}\end{array} - \begin{array}{c}\text{負債合計額}\end{array} - \begin{array}{c}\text{清算所得に対する法人税等}^{*}\end{array}\right)}{\div \text{出資1口当たり50円とした場合の出資口数}}$$

＊清算所得に対応する法人税等は

$$\left\{\begin{array}{c}(\text{相続税評価額による})\\ \text{総資産価額}-\text{負債合計額}\end{array} - \begin{array}{c}(\text{帳簿価額による})\\ \text{総資産価額}-\text{負債合計額}\end{array}\right\} \times 37\%$$

現在，医療法人の事業税率は最高4.6％であるため，実効税率は31％程度となるが，37％控除してもよいこととなっている。

（1） 相続税評価額による総資産価額

相続税法第22条において，財産の価額は「当該財産の取得の時における時価による」と定めている。財産の中心となる不動産や有価証券などの評価方式については，国税庁長官が定めた「評価通達」に基づいた価額が，相続税法第22条に規定する「時価」であるとされている。

① 土　地

宅地の価額は，市街地に形成する地域については路線価方式，それ以外は固定資産税評価額に一定の倍率を乗じて計算する倍率方式。

また，決算書に表示していない借地権の評価は，簿外資産ではあるが，現実に価値を有するので，宅地の評価額×借地権割合となる。

② 建　物

原則として，一棟ごとに，固定資産税評価額×倍率となる。

　　＊「倍率」は1.0と定められている。また，建設中の家屋は，その家屋の費用現価×0.7。

③ 前払費用や繰延資産

財産として実体のないものは，帳簿価額があっても，評価計上を要しない。

④ 生命保険積立金（法人が受取人）

被相続人の死亡を保険事故として法人が受け取る保険金がある場合には，この金額を計上する。

（2） 帳簿価額による総資産価額

相続税評価額によって計算した総資産価額の基礎となった各資産の帳簿価額の合計額だが，この帳簿価額は税務計算上の帳簿価額を意味する。

すなわち，是否認があった科目については，帳簿価額に加算，減算するとともに，固定資産にかかる減価償却引当金，特別償却引当金，圧縮記帳引当金がある場合には，それぞれの帳簿価額より控除する。

（3） 負債合計額

相続税評価額による負債合計額は，課税時期に適用される「評価通達」の定

めによって計算した金額の合計額であり，帳簿価額による負債合計額は，相続税評価額により計算された各負債の税務計算上の帳簿価額の合計額である。

なお，「評価通達」による負債には次の取扱いがあり，これらの負債の金額は，「相続税評価額」及び「帳簿価額」のいずれにも適用されるので，普通，相続税評価額による負債合計額と帳簿価額による負債合計額は同額になる。

① 退職給付引当金，賞与引当金，徴収不能引当金などの各種引当金，準備金は，すべて負債の取扱いとはならない。

　「純資産価額方式」の考え方は，課税時期に法人を解散して，法人財産を処分し，債務を完済した後の清算価額を計算する方式である。この考え方からみると，退職給付債務を負債に認めないというのは矛盾がある。

　退職金は，退職時に一括して支払われるが，給与の後払いという意味も持ち，就業規則等に退職一時金，企業年金等の退職給付制度を採用している法人にあっては，従業員との関係で法的債務を負っていることになる。企業会計基準にも，その債務を合理的に算出できるよう手当てされており，その債務額も無視できない金額になってきた。

② 帳簿価額に負債として記載がない場合であっても，課税時期現在に未払いになっているものは負債に計上する。

　　ⅰ　未払租税公課，未払利息等の簿外負債のうち，課税時期までに確定しているもの（その事業年度開始の日から課税時期までの期間に対応する金額も含む。）

　　ⅱ　課税時期以前に納付額が確定した未払固定資産税額

　　ⅲ　被相続人の死亡により，相続人その他の者に支給することが確定した退職手当金，功労金，その他これらに準ずる給与の金額

───〈質問2〉──────────────────────────
　病院の隣接地が売りに出され，よい機会と思って購入するつもりでいます。聞くところによると，借入れをして土地購入すると，出資持分の相続税評価額が下がるということですが，どのような理由からでしょうか。
─────────────────────────────────

〈答〉　相続税の財産評価は，主として「評価通達」によって定められていま

す。

　土地については，市街地の場合，あらかじめ定められている路線価方式によって評価し，それ以外の場合には，固定資産税評価額（市町村の評価）の倍率方式によります。

　この相続税評価額は，相続税法上，時価といっていますが，実際の売買実例時価，国土交通省発表の公示価額とも違います。

　一般に，売買実例価額の60〜100％，公示価額の80％が，相続税評価額といわれています。

　一方，借入金の相続税評価額は，100％評価です。例えば，購入価額6億円（路線価で5億円とします）の土地を全部借入れて購入したとすると，

資　産　の　部	負　債　の　部
土　　地　　6億　（5億）	借　入　金　　6億　（6億）
その他資産　　4億　（4億）	その他負債　　2億　（2億）
合　　計　　10億　（9億）	合　　計　　8億　（8億）

　＊（　）書は相続税評価額。

となり，土地を購入する以前は2億円（10億円－8億円）の相続税評価額が，購入後は1億円（9億円－8億円）となります。

　つまり，隣地の購入価格の上昇が高いので，それに相続税評価額が追いつかないため，このような現象が現れるのです。

　ただし，評価時点以前3年前に購入した土地については，通常の取引価額（時価）で評価することになりますので，注意が必要です。

　医療法人社団の出資持分の評価方法に対し，純資産価額方式には，次のような矛盾点があります。

① 株式会社や有限会社は，利益のうちから配当や賞与の支払いで内部留保を減少することができ，しかも，キャピタルゲインの収益還元として，剰余金による増資が一般的に行われています。つまり，純資産価額を意識的に操作することができるのです。

一方，医療法人は，医療法により剰余金の配当禁止規定により，配当にもちろんのこと剰余金の資本金への振替えもできません。そして，この剰余金は，出資者たる相続人にとって，全額を現金等価物として回収できるものではありません。それは，みなし配当として所得税や地方税が課税されるからです。つまり，将来支払われるべき税金をも純資産価額には含まれているのです。図で示すと図表3.13.3の通りです。

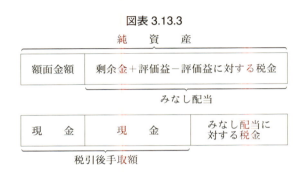

図表3.13.3

　会社の株主では，利益のうちから毎年配当が支払われ，しかも，所得税法において配当控除が認められていますので，さしたる税負担ではありません。しかし，医療法人の出資者には，剰余金に対する多大な潜在的税負担を背負ったまま，相続税の納付を強いられているのです。

② 取引相場のない株式や出資の評価にあたって，株式の保有者とその同族関係者の合計所有株数が，発行済株式総数の50％以下である場合には，計算した金額の80％を純資産価額とします（大会社は除く）。

　つまり，完全同族支配株式とそうでない株式と一律に評価することは，必ずしも適当でないという考え方から，50％以下の株式について20％の斟酌を設けているのです。

　医療法人にあっては，前で説明した通り，出資の過半数所有で経営を支配することはできません。しかし，この斟酌規定の趣旨は，出資や株式による経営支配権があるかどうかが根拠となっていますので，当然，医療法人にもあってしかるべきだと思われますが，いまだ実現していません。

4. 類似業種比準価額方式の計算

類似業種比準価額方式は，上場会社の事業内容をもとにして定められている業種から，評価会社の事業内容に類似するものを選び，類似業種と評価会社の1株当たりの配当金額，利益金額，純資産価額をもとに比準割合を算出し，これに類似業種の株価を乗じて評価会社の相続税評価額を求める方式である。

医療法人は剰余金の配当が禁止されているので，比準要素のうち配当金額を除いた次の算式で計算される。

$$\text{類似業種比準価額} = A \times \frac{\dfrac{\text{Ⓒ}}{C} \times 3^{*} + \dfrac{\text{Ⓓ}}{D}}{4} \times 0.7^{**}$$

（Aはその他の産業の平均株価，Ⓒは年利益金額，Ⓓは純資産価額，0.7は調整割合）

　＊税制改正により，平成29年1月1日以後相続等取得分は1となる見込み。
　＊＊調整割合を乗ずるのは，比準要素を限定していることと，市場性のない持分の評価であることから，評価の安全性を考慮したためである。中会社または小会社は0.6または0.5を適用。

Aは比準業種（No.118 その他の産業）の課税時期の属する月以前3ヵ月間の各月の株価と，前年平均株価のうち最も低いもの。Ⓒ及びⒹは，評価する医療法人の出資50円当たりの年利益金額及び純資産価額。C及びDは，比準業種の1株50円当たりの年利益金額及び純資産価額。

(1) 比準要素の算定方式

① Ⓒの金額は医療法人の直前期の1口50円当たりの利益金額であるが，法人税の課税所得金額を基準にして次の算式で行う。

$$\text{医療法人の1口当たり年利益金額Ⓒ} = \frac{(\text{法人税の課税所得金額} - \text{非経常的な利益金額}^{*} + \text{益金不算入の利益の配当} + \text{益金算入の繰越欠損金})^{**}}{\text{出資1口当たり50円とした場合の出資口数}^{***}}$$

　＊固定資産売却益，保険差益等経常的に発生しない利益金額。
　＊＊（　）内の金額が負数になるときは0とする。
　＊＊＊資本金÷50円。

なお，直前期末以前2期間の同様に計算された年所得金額の平均額と，直前期の年所得金額のいずれか低いほうの金額をⒸとする。

② Ⓓの金額は，医療法人の直前期末における出資金額と，法人税法で定義している資本積立金額及び利益積立金額の合計額を1口当たり50円とした場合の出資口数で除して算出した金額である。算式で示すと次の通りである。

$$
\text{医療法人の1口当たり純資産価額Ⓓ}^{*} = \left(\text{出資金額} + \text{法人税法上の資本積立金額} + \text{法人税法上の利益積立金額}\right) \div \text{出資1口当たり50円とした場合の出資口数}
$$

＊Ⓓの金額が負数の場合は0とする。

（2） 医療法人の特異点とその影響

医療法人社団の出資持分の評価方式については，すでにとられている一般の会社における類似業種比準価額の計算式に準じた取扱いとなっているが，配当が禁止されているため，3つの比準要素のうち配当要素を除く，2要素による比準価額の計算により評価することになっている。

3つの比準要素，すなわち，①配当，②利益，③純資産が，その企業の実態を知ることのできる最も基本的な要素として選ばれているためである。

ところで，会計学上，配当と純資産とは相反する性格を持っている。つまり，配当を支払えば必然的に純資産はその分減少するのである。

そこで，一般会社の類似業種比準価額方式の算式は以下の通りとなっている。

$$
A \times \left(\frac{\frac{Ⓑ^{*}}{B} + \frac{Ⓒ}{C} \times 3^{**} + \frac{Ⓓ}{D}}{5} \right) \times 0.7
$$

＊B，Ⓑはそれぞれ比準会社及び評価会社の配当金。
＊＊税制改正により，平成29年1月1日以後相続等取得分は1となる見込み。

評価会社の配当が多ければ，比準価額を高め，その分評価会社の純資産が少なくなるので，比準価額を低める作用をする。そして一般会社では，3つの比準要素の平均値をもとに評価額が計算されるのである。

一方，医療法人は，2つの比例する比準要素の平均値をもとに計算されるので，次のような矛盾点がある。

例えば，利益と純資産の比準割合が同一の医療法人と一般会社（過去配当は行っていない）を比較すると，次のように，医療法人の比準割合は一般会社の25％割高ということになる。

$$医療法人 = \frac{c \times 3 + d}{4} \qquad 一般会社 = \frac{b \times 0 + c \times 3 + d}{5}$$

＊bは配当の比率割合，cは利益の比準割合，dは純資産の比準割合。
＊税制改正により，cの比重（3）は，平成29年1月1日以後相続等取得分は1となる見込み。

しかも，一般会社の株主の場合，過去2年間の配当実績をみて，有効に相続対策に利用することが可能なのである。

配当が禁止されていることと，配当しないことで，企業の実態を評価するうえで，どれだけの差があるといえるだろうか。

配当と純資産の比準価額に及ぼす影響が反比例する以上，配当が禁止されている医療法人も，一般会社の類似業種比準価額方式と同様に配当をゼロとして，3つの比準要素で計算するか，配当の比準割合を一定値にする（例えば，B＝Ⓑや，一定の配当率の設定）方法も考えられるのではないだろうか。

5. 特定状況下の評価の特例

平成2年9月1日以降の相続・遺贈・贈与から適用される評価通達の改正は，株式及び出資（医療法人の出資持分がこれにあたる）の相続税評価額と時価との開差を是正して，行き過ぎた節税策に歯止めをかけ，評価の適性化をはかろうとする目的で行われた。

医療法人にとっては，主に次の2点が関係する。

① 土地保有特定会社の評価

土地を個人で所有していれば路線価等で評価され，土地を法人名義にすることによって，その法人の株式等の評価において類似業種比準価額方式や純資産価額方式の42％の法人税相当額控除を利用して相続税評価額を引き下げるこ

とが従来は可能であった。

　このような個人の直接保有と法人名義保有とで異なる評価のアンバランスを是正するため，今回，土地保有特定会社と認定された法人の評価方法には，純資産価額方式のみで類似業種比準価額が適用できなくなった。

　具体的には，総資産価額4,000万円以上の医療法人（中会社または大会社）は，総資産のうちに占める土地等（借地権含む）相続税評価額が中会社では90％，大会社では70％以上であれば土地保有特定会社と認定される。

②　開業3年未満の法人等の評価

　類似業種比準価額方式により適正に評価するためには，評価会社の比準要素（配当，利益，純資産）が正常な営業活動のもとに算出されることが前提条件となる。

　このような前提条件を欠くと認められる会社―すなわち，㋑課税時期において開業後3年未満の会社，㋺比準要素3つのすべてがゼロである会社，㋩開業前または休業中の会社―においては，類似業種比準価額方式の適用が排除され，純資産価額方式によって評価されることになる。

　ただし，医療法人の場合は配当要素がないので，「出資1口当たりの利益金額」と「出資1口当たりの純資産価額」の2要素で判断することになる。

③　比準要素数1の法人の評価

　業績は低調であるものの事業を継続している以上はその評価に際して，ある程度収益性を加味した評価方法（類似業種比準価額方式）を採用することが合理的と考えられる。そこで，医療法人の場合，直前期の配当を除く比準二要素のいずれかが0であり，かつ直前々期の比準二要素のいずれか1以上が0である場合には選択により，併用方式（類似業種比準価額×0.25＋純資産価額×0.75）により評価することができる。

　いままでは医療法人設立後まもない時期に利益金額や純資産価額が少ないことを利用して，出資持分の生前贈与等により早めに持分の移動を行うことも可能であったが，開業後（設立後ではなく実質的に事業を開始してから）3年未満の医療法人には，類似業種比準価額方式による評価は適用できなくなった。

【具体的な計算例】

〔例1〕

医療法人 A 会

1. 課税時期　平成××年5月10日
2. 医療法人の状況
    (1) 出資金　　　　　　　　　　　　　　　　5,000 千円
        (出資金50円当たりの出資口数)　(100,000 口)
    (2) 直前期の年間収入　　　　　　　　　325,000 千円
    (3) 直前期末の総資産価額　　　　　　211,500 千円
    (4) 従業員数　　　　　　　　　　　　　　　　45 人
    (5) 直前期の年間利益　　　　　　　　　10,700 千円
    (6) 課税時期における純資産価額

	総資産価額	負債金額	純資産価額
相続税評価額	566,700 千円	111,800 千円	454,900 千円
帳　簿　価　額	211,500 千円	111,800 千円	99,700 千円

3. 医療法人の規模の判定

    取引金額　60,000 千円≦325,000 千円＜600,000 千円
    総資産価額　40,000 千円≦211,500 千円＜400,000 千円
    従業員　　5 人＜45 人

    中会社の小に該当し，相続税評価額は類似業種比準価額方式×0.6＋純資産価額×0.4 または純資産価額のうちいずれか低い金額になる。

4. 類似業種比準価額方式の計算
    (1) 類似業種の株価等（国税庁より発表）

業　種　目	番号	B 年配当金額	C 年利益金額	D 純資産価額	A 株 価 前年平均	A 株 価 ××年3月	A 株 価 ××年4月	A 株 価 ××年5月
その他の産業	118	4	21	245	285	267	265	268

    (2) 出資1口当たりの年利益金額
        10,700 千円÷100,000 口＝107 円
    (3) 出資1口当たりの純資産価額
        99,700 千円÷100,000 口＝997 円
    (4) 類似業種比準価額
        株価は課税月，その前月，その前々月の株価と前年1年間の平均株価のうち最も低い価額を選択できる。

$$265 \times \left(\frac{\frac{107}{21} \times 3 + \frac{997}{245}}{4} \right) \times 0.6 = 767$$

5. 純資産価額方式の計算

$$\frac{566,700千円 - 111,800千円 - 131,424千円^{*}}{100,000口} = 3,234円$$

　＊評価差額に対する法人税相当額
　｛(566,700千円 − 111,800千円) − (211,500千円 − 111,800千円)｝× 37％
　　＝ 131,424千円

6. 併用方式による相続税評価額

$$\overset{\scriptsize\text{(類似業種}}{\scriptsize\text{比準価額)}} \quad \overset{\scriptsize\text{(純資産価額)}}{}$$
768円 × 0.6 + 3,234円 × 0.4 = 1,753円

7. 純資産価額方式による1口当たりの評価額は 3,234円，類似業種比準価額方式との併用方式による評価額は 1,753円となる。

〔例2〕
医療法人B会

1. 課税時期　平成××年5月10日
2. 医療法人の状況
   (1) 出資金　　　　　　　　　　　　　　　　160,000千円
       （出資金50円当たりの出資口数）　　（3,200,000口）
   (2) 直前期の年間収入　　　　　　　　　　962,000千円
   (3) 直前期の総資産価額　　　　　　　　　511,000千円
   (4) 従業員数　　　　　　　　　　　　　　　　120人
   (5) 直前期の年間利益　　　　　　　　　　144,000千円
   (6) 課税時期における純資産価額

	総資産価額	負債金額	純資産価額
相続税評価額	501,000千円	325,000千円	176,000千円
帳簿価額	581,000千円	325,000千円	256,000千円

3. 医療法人の規模の判定
   従業員が100人以上であり，大会社に該当する。
   相続税評価額は，類似業種比準価額×1.0 だが，純資産価額も選択できる。
4. 類似業種比準価額方式の計算
   (1) 類似業種の株価等
       〔例1〕参照

(2)　出資 1 口当たりの年利益金額
　　　　　144,000 千円 ÷ 3,200,000 口 ＝ 45 円
　(3)　出資 1 口当たりの純資産価額
　　　　　256,000 千円 ÷ 3,200,000 口 ＝ 80 円
　(4)　類似業種比準価額

$$265 \times \frac{\frac{45}{21} \times 3 + \frac{80}{245}}{4} \times 0.7 = 311$$

5.　純資産価額方式の計算

$$\frac{501,000 千円 - 325,000 千円 - 0}{3,200,000 口} = 55 円$$

6.　B 会の相続税評価額は類似業種比準価額方式を使用した原則法で 311 円となるが，純資産価額の方が低い場合は，その 55 円を利用することができる。

　以上の計算例から，類似業種比準価額方式と純資産価額方式との併用方法のほうが，純資産価額方式に比べ有利な医療法人は，次の条件を満たす法人である。

①　土地，借地権等の含み益が多い法人（純資産価額が高い）
②　設立後，相当年数が経過しており，留保利益が多い法人（純資産価額が高い）
③　最近の利益率が低い法人（利益の比準要素が低くなる）

6.　出資持分払戻しに係る課税

　一般の社団医療法人はその定款において，出資社員が退社を希望する場合，その出資持分の返還を請求することができる規定になっている。
　その際，払戻しを受けた元社員の課税関係は，

　　　払戻金額 － 出資金（額面）＝ 配当所得

　すなわち，額面を超える金額が，みなし配当所得として，他の所得と合算され，その年の課税所得を構成することになる。

---〈質問1〉

私は父から相続して医療法人の社員となっていますが、社員総会や理事会との意見が合わず退社しようと考えています。
(1) 出資金　　　100万円
(2) 払戻額　　　7,000万円
(3) 相続税　　　2,000万円をすでに納付
私の税金関係はどのようになりますか。

〈答〉　払戻金額7,000万円から当初払込出資金100万円を差し引いた6,900万円がみなし配当として他の所得と合算して総合課税となります。

そこで、配当控除として多少の税額が控除されても、6,900万円のみなし配当に係る税額は住民税もあわせて考えると約3,000万円に達し、みなし配当による税引後手取額は約4,000万円となりますが、すでに出資持分を相続したときに2,000万円の相続税を納付していますので、なんとも割り切れない話になってしまいます。図で示すと次の通りです。

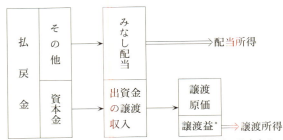

＊資本金が払い込んだ出資金を上回っている場合には、譲渡益が発生する。他方、下回った場合は譲渡損が発生するが、譲渡損が発生しても、その損失は他の所得と通算することはできない。

平成16年4月1日以降の相続を対象に、相続した非上場株式をその後発行会社に買い取ってもらった場合、みなし配当課税を行わず譲渡所得の収入金額とみなして譲渡所得課税の特例が適用されることになりました。相続の翌日から相続税申告期限翌日以後3年の間に非上場株式を発行した株式会社に譲渡した場合に適用があります（措法9の7）。

会社法施行（平成18年5月1日）により、現行の有限会社は、法律上は株式

会社（特例有限会社）となり，この特例の適用を受けることができるようになりましたが，医療法人は今だに適用除外されています。

7. 出資持分譲渡に係る課税

（1） 出資持分の譲渡

株式会社では，原則として株式の自由譲渡性が認められ，取得すれば株主としての地位が保証されるが，医療法人の場合では，出資持分を取得しても，自動的に社員となることはできない。社員となるには，総会の決議を経て入社を認められなければならないからである。

つまり，出資持分の譲渡は，

① 総会の承認を得ること

② 譲渡の相手方は原則として社員に限ること

が要件となる。

有価証券の譲渡による所得は，他の所得と総合しないで申告分離課税（所得税15.315％，住民税5％）により課税される。

譲渡所得＝譲渡収入金額－（取得費＋譲渡費用＋借入金利子）

〈質問1〉

私は現在勤務医師として働いていますが，近い将来病院を開業したいと思っています。また，私は出身地で兄が理事長をしている医療法人の社員で出資金500万円を持っています。これは昨年亡くなった父から兄と半分ずつ相続したものです。

そこで開業資金として，この出資金を相続税評価額で兄が買い取ってくれるというので譲渡しようと思いますが，納税額はどのくらいになるのでしょうか。

　イ　出資金の相続税評価額は額面の10倍

　ロ　父よりの相続財産は1億円で，相続税3,000万円を支払っている。

　ハ　中途退社の場合，払戻額は相続税評価額で行う。

〈答〉　有価証券の譲渡による所得は申告分離課税により課税されます。

相続税納付財産の譲渡が相続があった日の翌日から相続税の提出期限の翌日

以後3年以内に行われると，その対応分の相続税は取得価額に算入されます（措法39）。

〈計算〉
(1) 取得費に加算する相続税額

$$3,000\text{万円} \times \frac{5,000\text{万円}}{10,000\text{万円}} = 1,500\text{万円}$$

(2) 譲渡所得

　　　　　　　取得費　相続税額分
$$5,000\text{万円} - (500\text{万円} + 1,500\text{万円}) = 3,000\text{万円}$$

(3) 税　　額
　(イ) 所得税
$$3,000 \times 15.315\% = 459\text{万円}$$
　(ロ) 県民税
$$3,000 \times 2\% = 60\text{万円}$$
　(ハ) 市民税
$$3,000 \times 3\% = 90\text{万円}$$
　　　税額合計　約609万円

(2) 国外転出時課税制度の適用によるみなし譲渡

平成27年7月1日以後に，①有価証券等を時価合計額で1億円以上有する者が国外転出（国内に住所及び居所を有しないこととなること）をした場合には，その国外転出をした者に対し，また②有価証券等を時価合計額で1億円以上有する者から国外に居住する相続人等または親族等に対し，その有価証券等の相続または遺贈（以下「相続等」という）もしくは贈与があった場合には，その被相続人または贈与者に対し，その有価証券等の含み益について譲渡所得課税が行われることとなった。

この有価証券等には医療法人の出資持分が含まれることとなるが，時価合計額が1億円以上となるか否かは有価証券等の合計額で判定するため，医療法人の出資持分のみで判断することのないよう留意されたい。

この譲渡所得に係る申告納付は，①の場合には出国時までに確定申告を行わなければならないが，出国時までに納税管理人（その者に代わって納税をする

個人または法人）の届出書を提出していれば，出国した年に係る年分の確定申告によることになる。また，②の場合には相続等または贈与に係る年分の確定申告によることになるが，相続等の場合には，被相続人の準確定申告により申告納付を行うため，相続税の申告期限と混同しないよう注意が必要である。

なお，国外転出時課税制度には納税猶予制度が設けられており，納税管理人の届出書の提出，担保の提供，継続届出書の提出等の所定の要件を満たすことで適用を受けることができる。また，5年以内（納税猶予期限の延長を受けている場合には10年）に帰国等した場合には，所定の要件を満たすことで更正の請求により課税の取り消しを受けることができる。

8. 出資持分払戻し又は譲渡の際の評価

社団医療法人の出資持分を持つ社員は，退社を希望し，定款の規定に従って出資持分の返還を申し出ることができる。この場合，「出資額に応じて払戻しを請求することができる」と記載されていれば出資持分の価額は退社時点での現在価額（時価）による。

また，他の社員に対して，出資持分を時価相当額で売却することもできる。この場合の時価とは，

① 売買実例価額
② 処分価額
③ 再調達価額
④ 相続税財産評価額

等が考えられるが，税法でも，時と場合によってこれらを使い分けしている。

しかし，医療法人の出資持分は，出資の形態からして一族所有が多く，流通性に乏しい出資金であり，その時価の選定には困難が伴う。したがって，取引市場が形成されていない出資持分については，財産評価基本通達による「取引相場のない株式」の評価方式をベースにしつつも，個々の財産の評価については専門的な技術を要するため，一定の精度による評価を行う方法が考えられる。

財産評価基本通達185（純資産価額）では，取引相場のない株式の評価は，

基本的に財産債務を時価評価することとなるが，時価が不明な場合など，帳簿価額等をもって評価することも一部認めている。

一方，所得税取扱通達 59-6 及び法人税基本通達 9-1-14 によると，法人の土地（借地権含む）や上場有価証券は，時価での評価となる。そのうえで，相続税法の純資産価額による 1 口当たりの出資金の評価額を算出する方法による。ただし，評価差額に対する法人税額は控除できない。

そこで，法人税法における，非上場株式で取引相場のない株式の評価損の規定を準用して，医療法人の出資持分の評価を行うことも 1 つの方法ではないかと思われる。

この評価方法によると以下の医療法人の出資持分は，課税上に弊害がない限り，約 48 倍（2,405 円÷50 円）で評価される。

【具体的な計算例】

(単位:千円)

	帳簿価額	時価
現 金 預 金	83,500	83,500
医 業 未 収 金	200,000	200,000
棚 卸 資 産	12,500	12,500
土 地	8,000	230,000 *1
建 物	325,000	325,000
医 療 器 械	58,000	58,000
投 資 有 価 証 券	15,000	26,000 *2
資 産 合 計	702,000	935,000 Ⓐ
買 掛 金	28,000	28,000
短 期 借 入 金	67,000	67,000
未 払 金	60,500	14,500
税 金 引 当 金	32,000 *3	−
長 期 借 入 金	316,000	316,000
負 債 合 計	503,500	425,500
資 本 金	10,000	
任 意 積 立 金	110,000	
未 処 分 利 益	78,500	
資 本 合 計	198,500	
未 払 税 金		28,500 *4
負 債 合 計		454,000 Ⓑ

① 時価による純資産価額 Ⓐ−Ⓑ
  935,000−454,000=481,000
② 出資金 50円当たりの評価額
  481,000÷200,000口=2,405円
③ 類似業種比準価額(50円当たり)
  3,100円
④ 判定
  2,405円<3,100円×0.5+2,405円×0.5=2,752円 ∴2,405円

*1 *2 土地や上場有価証券は事業年度終了時点における時価による。
*3 *4 税金引当金は負債に含まれないものとされ,その代わりにその事業年度に係る法人税等は負債に含まれる。

9. 出資額限度法人とその課税関係

(1) 出資額限度法人の内容

持分の定めのある社団医療法人は,前述した通り社員の退社時の出資持分払

戻請求権や解散時の残余財産分配請求権が行使されると，剰余金も含めて返還できる仕組みが「事実上の配当ではないか」として，非営利性の観点から問題があるとの指摘が出ている。また経営の安全性や公益性の確保を図る観点を加え，対策案として「出資額限度法人」の制度化が行われた（医業経営の非営利性等に関する検討会）。

検討会の報告書では，出資額限度法人を「社員の退社時の出資持分払戻請求権や解散時の残余財産分配請求権の及ぶ範囲の限度を払込出資額とすることを定款で明らかにする社団医療法人」と定義している。出資額は金銭出資・現物出資を問わず出資した時点での価値（出資申込書に記載された額の等価）を基準とし，解散・脱退時における返還額は出資額を超えないものとし，物価下落による資産価値が出資時の額を下回る場合には出資割合に応じて返還することもありえるとしている。

また，出資額限度法人が解散した場合の残余財産の帰属先としては，都道府県知事の認可を受け国・地方公共団体や特定・社会医療法人に限定することが適当であるとしている。

出資額限度法人は，改正附則第10条第2項に規定する，いわゆる「経過措置医療法人」に位置付けられる。

出資額限度法人のモデル定款として厚生労働省型と日本医療法人協会型が公表されており，その違いとしては，日本医療法人協会型のモデル定款では①同族出資比率要件，②同族社員比率要件，③親族役員比率要件，④特別の利益の供与禁止要件の4要件を特に定めたかどうかの違いはあるものの，両モデル定款において出資持分払戻請求権，残余財産分配請求権について定款例が示されている。

ここで，厚生労働省型の定款例を示すと，社員退社時の出資持分払戻については「社員資格を喪失した者は，その出資額を限度として払戻しを請求することができる」と示されている。また，残余財産の処分については「本社団が解散した場合の残余財産は，払込済出資額を限度として分配するものとし，当該払込済出資額を控除してなお残余があるときは，……国若しくは地方公共団体又は租税特別措置法（昭和32年法律第26号）第67条の2に定める特定医療法

人若しくは医療法（昭和23年法律第205号）第42条の2に定める社会医療法人に当該残余の額を帰属させるものとする」と示されており，出資持分払戻請求権や残余財産分配請求権の行使による返還額について払込出資額を限度とすることが定められている。

出資額限度法人は特定・社会医療法人と異なり，
① 　一定の医療施設の規模
② 　社会保険診療収入が80％以上
③ 　法令違反の事実がないこと
④ 　役員等に対する給与総額は年3,600万円以下（特定医療法人のみ）

等の基準が定められていないが，将来の医療法人のあるべき姿である持分の定めがなく公益性の高い特定・社会医療法人への円滑な移行を促進するための1つの方策であるとされている。

（2） 出資額限度法人の課税関係

医療法人については，公的な運営を確保するための要件を満たし，地域において安定的な医療を提供できる法人類型として，特定・社会医療法人がある。これらの法人類型への移行に際し，医療法人側には法人税・贈与税が，社員（出資者）側には所得税（みなし譲渡所得税）が非課税の取扱いとなっている。

すでに，定款変更により出資額限度法人は設立されており，これらの法人において出資持分の払戻額の妥当性や定款変更の有効性について，医療法人と社員側との間で争われた民事訴訟の事例も集積されてきた。

具体例として，東京の医療法人社団が理事長の死亡直前に定款変更し，「社員資格を喪失した者はその出資額を限度として払戻しを請求することができる。」とし，相続人に出資額を払戻したところ，定款変更の手続きが不備であるから変更は無効であり，法人全体の資産を対象に払戻すよう提訴された。

平成12年10月に東京地裁八王子支部で，定款変更の手続き上多少のミスはあるが，出資額を「限度として」なされた社員の相続人への払戻しは有効であるとの判決が出，最高裁も平成15年6月，「上告を受理しない」と判断し，八王子支部の判決が確定した。

このような事例を背景に，出資額限度法人をめぐる課税関係について明確化すべきとの気運が高まってきたことから，国税庁と厚生労働省が協議し，事前照会に対する回答文書として公表されるに至った。

　それによると，まず，定款変更に伴う課税は法人，出資者ともに生じない。また，退社による出資限度額で払戻しをした場合，残存出資者に出資持分の価値の増加についてみなし贈与課税が生じるが，次のいずれにも該当しない出資額限度法人においては，原則として，残存出資者に対するみなし贈与課税は生じない。

　ア．出資者，社員及び役員がその特定の同族グループに占められていること。
　イ．社員（退社社員も含む），役員（理事，監事）らに特別の利益を与えていると認められること。

　上記に該当するかどうかは，実態に即して個別的に判断されるものであるが，次の3要件に該当しなければアに該当しないものとされる。

　〔同族社員比率要件〕　上位3人の出資者とその特殊関係者の合計出資割合が50％を超えていること。
　〔同族社員比率要件〕　社員3人とその特殊関係者を有する社員の合計数が50％を超えていること。
　〔親族役員比率要件〕　役員に占める親族関係を有する者および特殊関係がある者の割合が1/3以下と定款に定められていないこと。

　逆に，こうした要件を満たしていない法人では，法人自体に課税は生じないが，残存出資者には脱退した社員の剰余金部分が増加したとみなされ贈与税が課される。

　また相続が発生し，相続人は払戻請求権を行使すれば出資者の脱退と同様に残存出資者にみなし課税が発生するが，相続人が出資者として地位を承継した場合には，相続人は出資額に対応した剰余金も含めて相続税が課される。

　以上の状況を総合的に整理すると，出資額限度法人は社団の構成員である社員の出資持分に対する払い戻し請求権については法的な制限が成立するが，税法上まさしく持分のある社団医療法人となる。

第4章 医療法人の移行等における会計と税務

第1節 社会医療法人の認定

1. 社会医療法人の性格と認定基準

　社会医療法人とは，救急医療やへき地医療，周産期医療など特に地域で必要な医療の提供を担うものとして医療法第42条の2の規定による認定を受けた医療法人である。

　社会医療法人の認定を受けた医療法人は，税制上の優遇措置があるほか，厚生労働大臣が定める収益業務（医法42の2①，平成19年厚生労働省告示第92号）が実施可能であり，附帯業務として実施可能な第一種社会福祉事業の一部（平成10年厚生省告示第15号）の範囲が拡大される。また，資金調達の手段として，社会医療法人債（金融商品取引法上の有価証券）の発行が可能となる。

　認定要件は，公的な運営に関するものと救急医療等確保事業の実施に関するものに大別され，後者は，当該医療法人が開設する病院又は診療所（指定管理者として管理する公の施設である病院又は診療所を含む）のうち1以上（2以上の都道府県の区域において病院又は診療所を開設する医療法人にあっては，特別な場合を除き，それぞれの都道府県で1以上）のものが，当該医療法人が開設する病院又は診療所の所在地の都道府県が作成する医療計画に記載された救急医療等確保事業に係る業務を当該病院又は診療所の所在地において行っていることが必要である。なお，救急医療等確保事業とは以下の事業のことである（医法30の4②五）。

イ．救急医療
ロ．災害時における医療
ハ．へき地の医療
ニ．周産期医療
ホ．小児医療（小児救急医療を含む。）

　上記のように，当該医療法人が1の都道府県の区域において2以上の病院又は診療所を開設する場合には，すべての病院又は診療所が救急医療等確保事業を実施する必要はなく，そのうちの1以上が実施すればよいことになるが，救急医療等確保事業に係る業務を行う病院又は診療所の円滑な運営のため，他の病院又は診療所は，当該業務を行う病院又は診療所との連携及び協力体制の確保を図り，地域医療において社会医療法人に求められる役割を積極的に果たすことが見込まれることとされている。

　認定基準の概要は下記のとおりである。詳細については，「社会医療法人の認定について（医政発第0331008号厚生労働省医政局長通知）」に必要な書類等を含めて示されており，厚生労働省のホームページに最新版は掲載されている。

1. 財団又は持分の定めのない社団の医療法人であること
2. 各役員（理事及び監事）の親族等の数が，役員の総数の3分の1を超えて含まれることのないこと
　　なお，理事の定数は6人以上，監事の定数は2人以上とし，選任は社員総会又は評議員会の決議によること
3. 理事又は監事のうち他の同一の団体（公益法人等を除く）の役職員であるものの数が，理事又は監事の総数の3分の1を超えないこと
4. 理事会を設置し，定款又は寄附行為において必要な事項が定められているとともに運営が適正に行われていること
5. 各社員又は各評議員の親族等の数が，社員又は評議員の総数の3分の1を超えて含まれることがないこと
　　なお，評議員は理事会において推薦した者につき理事長が委嘱すること

6. 理事，監事及び評議員に対する報酬等について不当に高額なものとならないような支給の基準を定め，閲覧等に供すること
7. 社員，評議員，役員，使用人その他の当該医療法人の関係者に対し特別の利益を与えないものであること
8. 定款又は寄附行為において解散時の残余財産を国，地方公共団体又は他の社会医療法人に帰属させる旨を定めていること
9. 営利法人等に対し特別の利益を与える行為を行わないものであること
10. 遊休財産額が制限額を超えないものであること
11. 他団体の意思決定に関与することができる財産につき議決権の過半数を有していないこと
12. 法令に違反する事実，その帳簿書類に取引の全部又は一部を隠蔽し，又は仮装して記録又は記載をしている事実その他公益に反する事実がないこと
13. 救急医療等確保事業に係る業務を実施し，構造設備・体制・実績が告示の基準に適合していること
14. 医療法人の事業が以下の基準に適合すること
    (1) 社会保険診療等の収入が全収入金額の80％を超えること
    (2) 自費患者に対する請求金額が社会保険診療報酬と同一の基準によること
    (3) 本来業務事業収益の額が，本来業務事業費用の額の1.5倍の範囲内であること

なお，基金制度を定めた医療法施行規則第30条の37において社会医療法人は基金制度を採用できる法人から除外されているため，社団たる医療法人の場合であっても基金制度の採用ができないことに注意が必要である。

2. 社会医療法人認定手続の概要

社会医療法人は，医療法上の認定制度であるため，認定申請等と必要な定款

又は寄附行為の変更認可申請を都道府県知事（厚生労働大臣）宛に行うことが必要になる。認定申請に当たっては，「社会医療法人認定申請書」に加え，以下のものを提出することとなる。

- ▶救急医療等確保事業に係る業務を当該所在地の都道府県の医療計画に記載されたものとして，開設する病院又は診療所が行っていることを説明する書類
- ▶その業務について，構造設備・実施体制・業務実績が厚生労働大臣定める基準（告示）に該当する旨を説明する書類
- ▶公的な運営に関する要件に該当する旨を説明する書類

なお，社団である医療法人で持分の定めのあるものが社会医療法人の認定申請を行う場合には，持分の定めのないものに移行する必要があるが，この場合は，当該医療法人の社員総会において，定款の変更認可がなされた日をもって持分請求権の放棄の効力が生ずるものとする決議を行うことになる。

認定がなされる場合には，都道府県医療審議会（社会保障審議会）の意見聴取を経て，認定書が交付されることとなる。社会医療法人は，その名称中に「社会医療法人」という文字を用いることとなるので，認定後2週間以内に主たる事務所の所在地において，3週間以内に従たる事務所の所在地において，変更の登記をし，登記完了後速やかに都道府県知事に届け出なければならない。また，認定を受けた後速やかに，認定書の写し等を添付して「届出書」を納税地の所轄税務署長に提出しなければならない。

なお，認定後も決算届けに付随して認定申請時と同様の社会医療法人の要件に該当する旨を説明する書類を継続して提出する必要がある。

3. 認定に係る会計上の取扱い

認定によって法人の基本構造に特段の変化はなく，また，認定前後で財産を区分する必要性も認定基準上存在しないので，認定によって特段の会計処理は必要としない。税務上と異なり外部報告用の会計制度では，認定前後で事業年度を区切って別々の決算を行って別の計算書類を作成することも要しない。認定日を含む事業年度であっても定款又は寄附行為上の事業年度で決算を行い，

計算書類を作成することとなる。なお，持分の定めのある社団医療法人が認定により持分の定めのない法人になる場合には，純資産の会計処理として持分の定めのない法人への移行処理は必要となる。

4. 認定に係る税務上の取扱い

（1） みなし事業年度

　社会医療法人は，医療法人とは別のものとして存在するわけではなく，既存の医療法人が要件を満たして認定を受けることで成立するものである。また，要件を満たさなくなり取り消された場合には，当然に一般の医療法人に戻ることになる。この結果，一般の医療法人は全所得課税法人であり，社会医療法人は収益事業課税法人であることから，法人格が継続したまま，法人税上の基本的な位置づけが変動する事態が生ずる。したがって，課税所得の計算の前提となる会計上の損益計算を含めて変動の前後は明確に区別して処理することが必要となる。このため，認定日の前日までと認定日以後又は認定取消日の前日までと認定取消日以後に，本来の事業年度を前後に区切って（医療法上の作成義務に係る正規の事業年度を区切るわけではないので「みなし事業年度」となる）別々に申告納税することが必要となる。なお，消費税納税計算の前提となる法人の性格は変化するわけではないが，消費税申告は法人税申告の事業年度に合わせて行うこととされているので，消費税も「みなし事業年度」で申告することとなる。

（2） 認定前最終事業年度の特例

　この「みなし事業年度」に係る申告に際し，社会医療法人の認定を受けたことにより，認定日前日を末日として全所得課税法人時代の最後の申告をすることとなるが，全所得課税であるときに適用を受けていた課税の繰延べ等の措置についてその前提となっていた将来的な課税の機会が担保されなくなるため，例えば，欠損金の繰り戻しによる還付の規定の適用を受けることができる，貸倒引当金繰入ができない，等一定の規定については解散したものとみなした取

り扱うこととされている。同様に認定日後の事業年度については、認定日前の各事業年度において生じた欠損金の繰越控除等が受けられない等、一定の規定については認定日において設立されたものとみなした取扱いをされることとなる。

第2節　社会医療法人の認定取消し

1. 認定取消し制度の概要

都道府県は、毎年、社会医療法人の事業及び運営並びに救急医療等確保事業の実施状況について届出書類の審査をするとともに、必要に応じて実地検査等により要件の適合を継続的に確認することになる。この結果、以下の事由に該当する場合には、改善命令が発せられた上で認定の取消しがなされることが想定される。

> ▶社会医療法人の要件に適合しなくなった場合
> ▶定款又は寄附行為で定められた業務以外の業務を行った場合
> ▶収益業務から生じた収益を本来業務の経営に充てない場合
> ▶収益業務の継続が本来業務に支障があると認められる場合
> ▶不正な手段で社会医療法人の認定を受けた場合
> ▶医療法等に違反した場合

認定取消しの場合には、社会医療法人にだけ認められている収益業務等については実施することができなくなる（期間を定めて停止命令が発せられる）。また、社会医療法人という名称は使用できなくなり定款変更も必要になるので、登記を含め変更手続きを行うことが必要になる。

2. 認定取消しに係る実施計画の認定制度

　社会医療法人の認定要件には，「救急医療等確保事業」の実績要件がある。実績要件は，地域の客観的状況によって左右されるものであり当該法人の責めに帰することのできない事由でその実績要件を満たせなくなる場合もあり得る。このことによって認定を取り消されたものが，「実施計画（救急医療等確保事業に係る業務の継続的な実施に関する計画）を作成し，これを都道府県知事に提出して，その実施計画が適当である旨の認定を受けた場合，引き続き収益業務を行うことができる」というのが，「実施計画制度」である。認定による効用について，収益業務の継続が認められるとなっているのは，医療法上における社会医療法人の恩恵は，収益業務の実際が可能ということであるため，このような制度となっているが，後述するように実質は課税上の手当である。

　実施計画は，実施期間（原則 12 年）において，救急医療等確保事業に係る業務を実施するために必要な施設及び設備を整備することが前提で，この固定資産の取得に係る見積額を算定する。認定後は，毎会計年度終了後 3 カ月以内に「実施計画の実施状況報告書」を継続して所轄庁に提出する必要があり，実績額と取得未済額（見積額から実績額を控除した金額）を記載して報告することとなっている。この結果，見積額と実績額とが大きく乖離して実施期間内に計画上の整備が行われる見込みがなくなった場合等は実施計画が取り消される。取得未済額がゼロになった時点で計画は完了する。

3. 認定取消しに係る会計上の取扱い

　認定取消しによって法人の基本構造に特段の変化はなく，また，認定前後で財産を区分する必要性も認定基準上存在しないので，認定取消しによって特段の会計処理は必要としない。税務上と異なり外部報告用の会計制度では，認定前後で事業年度を区切って別々の決算を行って別の計算書類を作成することも要しない。認定日を含む事業年度であっても定款又は寄附行為上の事業年度で決算を行い，計算書類を作成することとなる。

4. 認定取消しに係る税務上の取扱い

(1) みなし事業年度

認定が取り消された場合には、収益事業課税法人から全所得課税法人になるため、「みなし事業年度」による前後別々の申告納税は必要であるが、認定時のように一定の規定につき解散設立とみなした取扱いをされることはない。

(2) 認定取消しに係る課税

しかし、収益事業課税法人から全所得課税法人に移る場合には、非課税の前提が崩れたこととなるため、収益事業課税法人時代の収益事業以外の事業から生じた累積所得金額（又は累積欠損金額）に相当する金額は、認定取消後の最初の事業年度（みなし事業年度）の所得計算において益金の額（又は損金の額）に算入することとされている。累積所得金額（以下の計算結果がマイナスになる場合は「累積欠損金額」となる）の計算は以下の通りである。

> 累積所得金額＝総資産－総負債－利益積立金額
> （注）従来「資本積立金」とされていた設立時の寄付金額等は、平成20年改正で「利益積立金」とされたので、社会医療法人に「資本積立金」は存在しない。また、社会医療法人になるためには基金制度を採用することはできないので、基金も存在しない。

(3) 実施計画認定を受けた場合の特例

社会医療法人認定取消しに係る「実施計画（救急医療等確保事業に係る業務の継続的な実施に関する計画）」の認定を受けた場合には、認定取消し時の一括課税制度における「累積所得金額」の計算上、「実施計画」における「見積額（救急医療等確保事業用資産取得見積額）」のうち、減価償却資産である有形又は無形固定資産の金額は、救急医療等確保事業をに係る業務の継続的実施のために支出される見込額であるという理由で、控除されることとなる。

なお、実施計画の認定取消又は実施期間終了時の取得未済残額相当額は、当

該年度に一括益金算入され，当該計画に係る「実績額」として取得した固定資産の税務上の取得額はゼロとされるため減価償却費は損金とはならない。このため，実施計画認定特例は，課税の繰延措置であるが，社会医療法人に再び認定された場合には，特段の取り扱いはないので，繰延以上の効果も想定される。

また，社会保険診療報酬の所得の計算の特例（措法67）は，移行計画特例適用を受けた事業年度から「取得未済額（救急医療等確保事業用資産取得未済残額）」がゼロとなり，さらに当該適用を受けた資産がすべて譲渡又は除却等されるまでの事業年度については適用できない。

第3節　特定医療法人の承認

1. 特定医療法人の性格

特定医療法人とは，租税特別措置法第67条の2に定める財務大臣の承認を受け，法人税率が公益法人等の収益事業と同様の19％の軽減税率が適用される税制上特定された医療法人である。

これらの特定医療法人は，いずれもその事業が地域社会の医療の普及及び向上，社会福祉への貢献その他公益の増進に著しく寄与するとともに，公的かつ適正な運営が行われているものとして，国税庁長官の承認を受けたものであり，承認後も引き続き国税庁長官の承認基準に基づいて公的，かつ適正な運営が要求される。

承認基準はかなり厳しく，第5次医療法改正により経過措置としてしか認められなくなった出資持分の放棄はもとより，病院の規模，同族支配の排除と規制，診療収益の内容と報酬単価の制限等，公益度の高いことを条件としている。

第5次医療法改正により社会医療法人制度が創設され，課税上の取り扱いも公益法人等となったため，今後の特定医療法人制度の行方は予断を許さない状

況ではあるが，現状は，税務上の取扱として，社会医療法人と一般の医療法人の中間的な位置づけとして併存することになっている。

特定医療法人の総数は，昭和45年12月時点では89法人であったものが年々増加し平成20年3月時点で412法人となったが，社会医療法人制度が施行され認定が始まったこともありこともあり平成21年3月時点では10法人減少し402法人となり平成28年3月現在では369法人となっている。

2. 特定医療法人の承認基準

特定医療法人は，前述のように税制上特定する制度なので，承認基準その他制度上必要な事象に係る法令の体系は，以下のようになっている。

① 租税特別措置法
② 租税特別措置法施行令
③ 租税特別措置法施行規則
④ 厚生労働大臣告示第147号（厚生労働大臣が財務大臣と協議して定める基準）

承認基準の概要は，図表4.3.1の通りである。

図表 4.3.1　特定医療法人の承認基準について

（租税特別措置法等，厚生労働省告示）

1. 財団または持分の定めのない社団の医療法人（社会医療法人は除く）であること。
2. 厚生労働大臣の証明書の交付を受けること。
3. 理事・監事・評議員その他の役員等のそれぞれに占める親族等の割合がいずれも3分の1以下であること。
　　なお，役員等の数は，理事6名以上，監事2名以上，評議員数は理事数の2倍以上であること。
4. 設立者，役員等，社員またはこれらの親族等に対し，特別の利益を与えないこと。
5. 寄附行為または定款に，解散に際して残余財産が国，地方公共団体又は他の医療法人（財団たる医療法人または社団たる医療法人で持ち分の定めがないものに限る）に帰属する旨の定めがあること。
6. 法令に違反する事実，その帳簿書類に取引の全部または一部を隠蔽し，または仮装して記録または記載をしている事実その他公益に反する事実がないこと。

〈以下，告示で定める基準である〉

7. その医療法人の事業について，次のいずれにも該当すること
　(1) 社会保険診療等に係る収入金額の合計額が，全収入金額の80%を超えること。
　(2) 自費患者に対し請求する金額が，社会保険診療報酬と同一の基準により計算されること。
　(3) 医療診療により収入する金額が，医師，看護師等の給与，医療の提供に要する費用等患者のために直接必要な経費の額の150%の範囲内であること。
　(4) 役職員一人につき年間の給与総額が3,600万円を超えないこと。
8. その医療法人の医療施設の規模が次の基準に適合すること。（病院開設の場合は(1)または(2)に，診療所のみ開設の場合は(3)に該当すること。）
　(1) 40人以上（専ら皮膚泌尿器科，眼科，整形外科，耳鼻いんこう科又は歯科の診療を行う病院にあっては，30人以上）の患者を入院させるための施設を有すること。
　(2) 救急告示病院であること。
　(3) 救急診療所である旨を告示された診療所であって15人以上の患者を入院させるための施設を有すること。
　(4) 各医療施設ごとに，特別の療養環境に係る病床数が当該医療施設の有する病床数の30%以下であること。

なお,「特定医療法人制度の改正について(各都道府県知事宛平成15年10月9日医政発第1009008号最終改正平成27年3月31日医政発第0331第3号厚生労働省医政局長通知)」に詳細が記載されているが,上記要件以外にも法令違反等の例示として「特定医療法人の承認を受けているにもかかわらず定款に基金の規定がある場合」が掲げられており,基金制度を定めた医療法施行規則第30条の37において特定医療法人は基金制度を採用できる法人から除外されているため,社団たる医療法人の場合であっても基金制度の採用ができないことに注意が必要である。

3. 承認基準適合判定上の留意点

特定医療法人の承認基準への適合を判定する上で,告示で定める社会保険診療等の割合基準,役職員の年間給与基準などのほか,医療法人の運営の健全性,特別の利益供与の有無,法令違反の有無も重要な要素となる。

基本的には申請時の調査対象年度(申請事業年度の前事業年度)が適合判定事業年度となるが,その前2事業年度及び申請日の属する事業年度の書類等も確認対象となる。

(1) 運営の健全性

その法人の運営組織が,寄附行為または定款,及び医療法人の運営管理指導要綱に則ってなされていること。

つまり,役員の選任手続きが社員総会または評議員会で適正に決議されていることはもちろん,社員総会または評議員会,理事会での決議が必要な事項はきちんと決議を経ていること,また,稟議などといった法人内部での決済手続きをきちんと経ていることや,契約書をはじめ各種書類が適正に管理されていることなども当然のこととして求められる。

(2) 役員等の構成

その法人の理事,監事,評議員その他これらの者に準ずるもの(以下「役員

等」という）のうち親族関係を有する者及びこれらと租税特別措置法施行令（昭和32年政令第43号）第39条の25第1項第2号イからハまでに掲げる特殊な関係がある者（以下「親族等」という）の数がそれぞれの役員等の数のうちに占める割合が，いずれも3分の1以下であること。

また，運営組織の適正性を保つ見地から，役員等の数は，理事について6名以上及び監事について2名以上としていること並びに評議員の数について理事の数の2倍以上としていること。

なお，「医療法人の機関について（各都道府県知事宛平成28年3月25日医政発第0325第3号厚生労働省医政局長通知）の（別添3）特定医療法人の定款例（「特定医療法人制度の改正について」（平成15年医政発第1009008号）別添3）の一部改正」において，社団たる特定医療法人の「評議員」についても，定款例で「理事又は監事を兼ねることはできない」から「役員又は職員を兼ねることはできない」と改正された。

（3） 役員等に対する特別の利益供与

その設立者，役員等若しくは社員又はこれらの者の親族等に対し，施設の利用，金銭の貸付け，資産の譲渡，給与の支給，役員等の選任その他財産の運用及び事業の運営に関して特別の利益を与えていないこと。

なお，親族等に該当しない一般の職員等についても同様である。

したがって，生命保険契約や社宅の提供，車両の提供等において役員等や医師など特別の職員等に限定されているものはないこと，また，給与規定等に記載のない手当や賞与の支給がないことも当然求められる。

（4） 法令違反

その法人につき法令に違反する事実，その帳簿書類に取引の全部又は一部を隠ぺいし，又は仮装して記録又は記載をしている事実その他公益に反する事実がないこと（改正前：医療に関する法令に違反する事実その他公益に反する事実がないこと）。

したがって，医療法や医師法などへの違反認定がないことのほか，収益業務

を行っていないことなども当然求められる。

4. 承認手続の概要

特定医療法人になるためには，まず都道府県において医療施設基準の証明を得，地方厚生局において診療報酬，給与総額，室料差額等の告示で定める基準を満たした旨の証明を得たうえで，各国税局に事前審査を申し出る。そして，承認内示を受け，都道府県に定款変更の申請を行い，正式な承認申請書を所轄税務署長に提出し，国税庁において是正事項等を確認したのち，例えば3月決算の医療法人の場合には3月末までに審査結果が通知されると，特定医療法人がその年度の4月にさかのぼって承認されたことになる（図表4.3.2参照）。

（1） 事前審査

事前審査の申出は各国税局の担当部署に，遅くとも法人税率の特例の適用を受けようとする事業年度終了の日前6月前に行う。例えば3月決算の医療法人の場合には前年の8月から9月末までに行い，おおむね12月下旬までに審査結果が医療法人に通知される。事前審査時に提出すべき書類は図表4.3.3の通りである。

（2） 定款（寄附行為）の変更

特定医療法人の定款（寄附行為）には法人が解散した場合にその残余財産が国若しくは地方公共団体または同種の医療法人に帰属する旨の定めがあることが必要であるため，特定医療法人への移行に伴い定款（寄附行為）の変更を要する。定款（寄附行為）は都道府県知事の承認事項であるため，承認後は後戻りができなくなるので，注意を要する。

第3節 特定医療法人の承認 353

図表4.3.2 特定医療法人承認手続きの概要

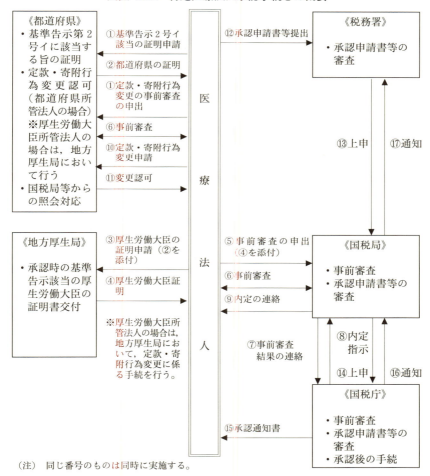

(注) 同じ番号のものは同時に実施する。

図表 4.3.3　事前審査時に用意する書類一覧表

	書　類　類
1	特定医療法人としての承認を受けるための申請書（案）
	申請者の医療施設等の明細表（申請書付表）
	法人の登記簿謄本又は登記事項証明書の写し
	設立者名簿及び社員名簿の写し
	出資持分の内訳が確認できる書類
	病院等の建物の配置図
	病院等の組織図
	病院等の概要が分かる資料（パンフレット）
2	寄附行為又は定款の写し
3	申請時の直近に終了した事業年度に係る厚生労働大臣の定める基準を満たす旨の証明書
4	承認要件を満たす旨を説明する書類
	申請者の理事，監事及び評議員等に関する明細表（書類付表1）
	申請者の経理等に関する明細表（書類付表2）
	理事，監事及び評議員等の履歴書
	直前3事業年度の決算書類及び帳簿書類
	就業規則及び給与（退職給与を含む。）規程の写し
	各人別の源泉徴収簿等の給与の支給状況が確認できる書類
	その他承認要件を満たす旨を説明する書類

なお，社団組織の特定医療法人の場合，モデル定款では次の事項が記載事項となる。

第1章　名称及び事務所	第2章　目的及び事業
第3章　資産及び会計	第4章　社員
第5章　社員総会	第6章　役員
第7章　理事会	第8章　評議員
第9章　評議員会	第10章　証明書等の提出
第11章　定款の変更	第12章　解散及び合併
第13章　雑則	

(3) 都道府県知事等の証明書

租税特別措置法施行令第39条の25第1項第1号に規定する厚生労働大臣が財務大臣と協議して定める基準（平成15年厚生労働省告示第147号）のうち第2号イに該当している旨の証明願を都道府県知事又は指定都市の市長宛に提出し，証明書を発行してもらう必要がある。

【基準第2号イ】

その医療施設のうち一以上のものが，病院を開設する医療法人にあっては(1)又は(2)に，診療所のみを開設する医療法人にあっては(3)に該当すること。

(1) 40人以上（専ら皮膚泌尿器科，眼科，整形外科，耳鼻いんこう科又は歯科の診療を行う病院にあっては，30人以上）の患者を入院させるための施設を有すること。

(2) 救急病院等を定める省令（昭和39年厚生省令第8号）第2条第1項の規定に基づき，救急病院である旨を告示されていること。

(3) 救急病院等を定める省令第2条第1項の規定に基づき，救急診療所である旨を告示され，かつ，15人以上の患者を入院させるための施設を有すること。

(4) 厚生労働大臣の証明書

租税特別措置法施行令第39条の25第1項第1号に規定する厚生労働大臣が財務大臣と協議して定める基準を満たすものである旨の証明願を地方厚生局に提出し，厚生労働大臣の証明書を発行してもらう必要がある。

その際，上記(3)の都道府県知事等の証明書を添付して地方厚生局に提出する。

なお，厚生労働大臣の証明願には同基準の第1号及び第2号が記載内容となる（図表4.3.4参照）。

【基準第1号】

その医療法人の事業について，次のいずれにも該当すること。

イ 社会保険診療（租税特別措置法（昭和32年法律第26号）第26条第2項に規定する社会保険診療をいう。以下同じ。）に係る収入金額（労働者

図表 4.3.4　厚生労働大臣の証明願の記載内容

	記載内容	基準
証明願記 1	社会保険診療の割合に関する基準	第 1 号イ
証明願記 2	自費患者に対し請求する金額に関する基準	第 1 号ロ
証明願記 3	医療診療により収入する金額に関する基準	第 1 号ハ
証明願記 4	年間の給与総額に関する基準	第 1 号ニ
証明願記 5	医療施設に関する基準	第 2 号イ
証明願記 6	差額ベッドの割合に関する基準	第 2 号ロ

　　災害補償保険法（昭和22年法律第50号）に係る患者の診療報酬（当該診療報酬が社会保険診療報酬と同一の基準によっている場合又は当該診療報酬が少額（全収入金額のおおむね100分の10以下の場合をいう。）の場合に限る。）を含む。）及び健康増進法（平成14年法律第103号）第6条各号に掲げる健康増進事業実施者が行う同法第4条に規定する健康増進事業（健康診査に係るものに限る。）に係る収入金額（当該収入金額が社会保険診療報酬と同一の基準によっている場合に限る。）の合計額が，全収入金額の100分の80を超えること。

ロ　自費患者（社会保険診療に係る患者又は労働者災害補償保険法に係る患者以外の患者をいう。）に対し請求する金額が，社会保険診療報酬と同一の基準により計算されること。

ハ　医療診療（社会保険診療，労働者災害補償保険法に係る診療及び自費患者に係る診療をいう。）により収入する金額が，医師，看護師等の給与，医療の提供に要する費用（投薬費を含む。）等患者のために直接必要な経費の額に100分の150を乗じて得た額の範囲内であること。

ニ　役職員一人につき年間の給与総額（俸給，給料，賃金，歳費及び賞与並びにこれらの性質を有する給与の総額をいう。）が3,600万円を超えないこと。

【基準第2号ロ】
　　各医療施設ごとに，特別の療養環境に係る病床数が当該医療施設の有する病床数の100分の30以下であること。

証明を受けようとする法人は，一枚目を「申請書類一覧」（図表 4.3.5 参照）として，上記証明願及び添付書類を，法人を所轄する地方厚生局に提出する。

図表 4.3.5　申請書類一覧

◎該当する書類にチェックをしてください。

	申請書類	備考
☐	証明願	
☐	付表 1（証明願記 1 及び 2 に係る添付書類）	
☐	付表 2（証明願記 3 に係る添付書類）	
☐	付表 3（証明願記 4 に係る添付書類）	
☐	付表 4（証明願記 6 に係る添付書類）	
☐	前事業年度に係る法人事業税の確定申告書（所得金額に関する計算書及び医療法人等に係る所得金額の計算書又は法人税の明細書別表十（六）が添付されているものに限る。）	
☐	診療報酬規定	
☐	前事業年度の決算書類（財産目録，収支（損益）計算書，貸借対照表，剰余金処分計算書）	
☐	就業規則，給与（退職給与を含む。）規則（給与の額が定められているものに限る。），定款又は寄附行為の写し	
☐	証明願記 5 中該当する項目に関する，都道府県知事の証明書	
☐	前事業年度（新規申請法人にあっては当該年度）に係る厚生労働省が実施する施設基準の届出状況等の報告における特別の療養環境の提供に係る調査票（別紙様式 5）の写し	

＊ 当該証明願及び添付書類は，正本及び副本各 1 通を法人を所轄する地方厚生局に提出してください。

（5）　特定医療法人の承認申請書

　特定医療法人の承認申請書は，申請する医療法人の納税地の所轄税務署長を経由して，国税庁長官に提出することとなるが，申請書に記載すべき事項及び添付書類は次の通りである。

〈記載事項〉

1. 申請者の名称及び納税地
2. 代表者の氏名
3. 設立年月日及び事業年度
4. 現に行っている事業の概要

5. その他参考となるべき事項

〈添付書類〉
1. 寄附行為または定款の写し
2. 申請時の直近に終了した事業年度に係る厚生労働大臣の定める基準を満たす旨の証明書
3. 「申請者の医療施設等の明細表」（申請書付表）
4. 「承認要件を満たす旨を説明する書類」
5. 「申請者の理事，監事及び評議員等に関する明細表」（書類付表1）
6. 「申請者の経理等に関する明細表」（書類付表2）

5. 定期提出書類の提出

　特定医療法人は承認時に厳しく審査されるわけであるが，特定医療法人である間はその要件を継続して充足していることが求められるため，各事業年度終了の日の翌日から3月以内に，厚生労働大臣の定める基準を満たす旨の証明書の交付を受けたうえで，役員等の親族制限や特別の利益供与の有無を記載した報告書を，納税地の所轄税務署長を経由して国税庁に提出しなければならない（図表4.3.6参照）。

図表4.3.6 定期提出書類手続きの概要

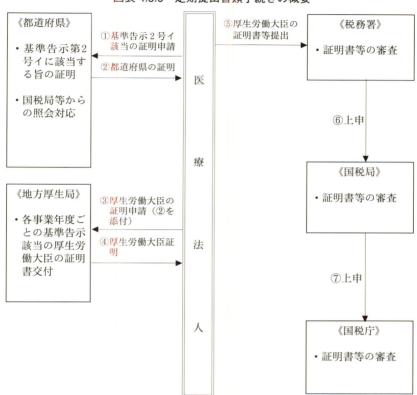

第4節　特定医療法人の取りやめ

1. 承認取りやめ制度と再承認制度

　国税庁長官は，特定医療法人が承認要件を満たさないこととなった場合には，その満たさないこととなったと認められるときまでさかのぼって承認を取り消すこととされている。

なお，取り消された場合には，過少申告の問題が発生することとなる。

また，特定医療法人が，承認要件を満たさないことにより，自発的に承認を取りやめようとする場合には，次の事項を記載した届出書を，納税地の所轄税務署長を経由して国税庁長官に提出することが必要である。

① 届出をする医療法人名称及び納税地
② 代表者の氏名
③ 特定医療法人承認を受けた日
④ 特定医療法人承認に係る税率の適用をやめようとする理由
⑤ その他参考となるべき事項

なお，医療法人が承認の取り消しを受けた場合又は取りやめの届出書を提出した場合には，その日から3年を経過した日以後でなければ，再承認申請ができないこととされている。

2. 社会医療法人制度との関係

社会医療法人は，医療法上の制度であり，特定医療法人は税制上の制度である。第5次医療法改正前の医療法上の制度である「特別医療法人」は，税制上は特段の位置づけがなかったため，双方の要件を満たした特定・特別医療法人は存在していた。しかしながら，社会医療法人が法人税法上「公益法人等」と定められたことにより，税制上も社会医療法人は位置づけがあるので，特定・社会医療法人は存在しえないものとなっている。

したがって，特定医療法人が新たに社会医療法人の認定を受けた場合にあっては，当該認定を受けた日から特定医療法人を取りやめる必要がある。上述した取りやめの届出書を認定日以後速やかに提出することとされている。なお，社会医療法人の認定日の前日までは，特定医療法人であるため，事業年度の途中において新たに社会医療法人の認定を受けた場合には，当該認定日から3カ月以内に上述した定期提出書類を提出しなければならないことに注意が必要である。

第5節　持分ありから持分なしへの移行

1. 持分なしへ移行する手続

　平成18年の第5次医療法改正により，医療法第44条第4項（現在は第5項）に「定款に残余財産の帰属すべき者に関する規定を設ける場合には，その者は，国若しくは地方公共団体又は医療法人その他の医療を提供する者であつて厚生労働省令で定めるもののうちから選定されるようにしなければならない。」という趣旨の規定がされた。厚生労働省令で定めるものとは，医療法施行規則第31条の3で，「公的医療機関の開設者及びこれに準ずる者と財団である医療法人又は社団である医療法人であつて持分の定めのないもの」に限定された。これにより，改正前においては，医療法第56条第1項の「解散した医療法人の残余財産は，合併及び破産手続開始の決定による解散の場合を除くほか，定款又は寄附行為の定めるところにより，その帰属すべき者に帰属する。」という規定に基づき定款で「本社団が解散した場合の残余財産は，払込済出資額に応じて分配するものとする。」という規定が合法的で有効に設置することができ，さらに，配当は当初から医療法で禁止されているものの「社員の資格を喪失した者は，その出資額に応じた払戻しを請求することができる。」という規定も合法有効なものとなっている。結果，この定款規定を前提とすることにより社員に持分としての財産権を有する法人形態とすることができたが，改正後は原則としてできなくなった。ただし，附則第10条第2項で「既存の法人は当分の間，当該規定に従う定款変更は行う必要がなく第44条第4項の規定は適用されない」という趣旨の規定がされているため，引き続き持分あり法人が存在し続けている。

　持分あり社団から持分なし社団への移行は，法人類型の変更となるが，医療法施行規則第30条の39第1項で「社団である医療法人で持分の定めのあるものは，定款を変更して，社団である医療法人で持分の定めのないものに移行す

ることができる。」と規定されているため，社員の持分としての財産権の有無に係る定款の規定の変更手続きによって，持分なしへの変更が完結することとなる。

なお，持分なしへの円滑な移行のため，医療法附則により，認定医療法人制度が，期限を区切って創設された。当該認定制度は，経過措置型医療法人であって，新医療法人（持分なし社団）への移行をしようとするものが，移行計画を厚生労働大臣に提出して，その移行計画が適当である旨の認定を受けることができるものである。当該認定を受けることで後述する税制上の措置や移行反対社員の退社による持分払戻資金の融資を独立行政法人福祉医療機構から受けられることとなる。当該認定制度の利用は必須ではないが，認定期限は，平成29年9月30日と期限が迫っており，申請から認定までの期間を確定的に想定することができないため早めの対処が必要となる。なお，認定から3年間で持分なしに移行する必要があるが，移行せずに取り下げることも可能である。ただし，取り下げた後の再申請はできない。

なお，平成29年の医療法改正と税制改正により，新たな認定制度ができることが予定されている。後述する移行により法人に贈与税が課せられることのない運営上の要件を認定要件に加えることで，移行による法人課税そのものに影響する認定制度となる見込みである。

2. 持分なし移行に係る会計上の取扱い

持分の定めのある社団医療法人から持分の定めのない社団医療法人への移行により，原則として移行時の純資産はすべて設立等積立金として処理されることとなる。ただし，純資産の部には，資産の部の評価と対になっている評価・換算差額や，法令の規定により取り崩すことができない代替基金，税法上の取り扱いで取崩しが規定されているものが存在するため，これらのものはそのまま引き継ぐこととなる。

特定目的積立金が存在しない場合の仕訳の基本型は以下の通りである。

| (借) | 出　資　金 | ××× | (貸) | 未　払　金 | ××× |
| (借) | 繰越利益積立金 | ××× | (貸) | 設立等積立金 | ××× |

　このように出資金と繰越利益積立金を設立等積立金に振り替えることとなるが，移行に伴い払戻をしないこととなった金額に対する法人税等は課税されないが，法人に贈与税が課税される場合がある。この場合の贈与税額は，損益計算書に計上せずに設立時積立金から直接減額する（上記基本型では課税額を未払金とする前提となっている）。なお，出資金の金額と繰越利益積立金の金額の合計額よりも贈与税の金額が多い場合には，マイナスの設立等積立金となる。ただし，マイナスの積立金は一時的な異常事態なので，次期以降の繰越利益で解消することとなる。

　特定目的積立金が存在する場合，特定目的積立金は，移行に伴って一旦取り崩し，設立時積立金の振替対象とする。この場合に対応する特定預金は，取り崩すことも，継続することも，どちらでも可能である。なお，税法上の積立金・準備金は，移行により取崩しが生じる場合以外は，変更せずに引き継ぐ。

3.　持分なし移行に係る税務上の取扱い

(1)　法人税等の取扱い

　持分の放棄によって，法人が返還を要しなくなった金額（持分時価相当額から基金へ振替えた金額を控除した金額）が，法人にとっての受贈益となる。この点に関して，法人税施行令施行令第136条の4（医療法人に設立に係る資産の受贈益等）第2項において「社団である医療法人で持分の定めのあるものが持分の定めのない医療法人となる場合において，持分の全部又は一部の払戻しをしなかったときは，その払戻しをしなかったことにより生ずる利益の額は，その医療法人の各事業年度の所得の金額の計算上，益金の額に算入しない」とし，法人税等の課税対象とはならないこととなっている。

　また，後述するように移行に伴い医療法人に贈与税が課せられる場合があるが，当該納付した贈与税については，法人税上の所得の計算上は損金不算入と

なる。

(2) 不当減少贈与税課税

① 法人に対する贈与税課税

相続税法第66条第4項は、医療法人を含むすべての法人類型に対して「相続税又は贈与税の負担が不当に減少する結果となると認められるときは、当該法人を個人とみなして、これに贈与税又は相続税を課する」と規定している。これは、持分を放棄することで財産権が消滅し、その後の相続税負担が無くなることとなるが、このことにより出資者の親族等の相続税又は贈与税の負担が不当に減少すると認めらる場合には課税の公平が図られない。このため、受贈益が発生した法人に対し課税することとしたものである。

このため、持分の定めのある社団医療法人が、持分の定めのない社団医療法人に移行する場合には、原則として相続税第66条第4項が適用され、医療法人に贈与税課税が行われる。

② 贈与税額の計算

贈与税の計算の基礎となる法人の受贈益は、払い戻し不要となった金額の相続税評価額となるため、純資産の評価金額から基金拠出型に移行した場合の基金拠出金額を差し引いた金額となる。法人に対する贈与税は、贈与をした者が2人以上いる場合は、贈与をした者の異なるごとに、当該贈与をした者の各1人のみから取得したものとみなして計算される（相法令33②）。したがって、持分なし移行に伴う贈与税は、各持分放棄者の移行時点の各持分の評価額をもとに計算した金額を合計した金額となる。

③ 贈与税非課税の条件

相続税法第66条第6項は、「第4項の相続税又は贈与税の負担が不当に減少する結果となると認められるか否かの判定その他同項の規定の適用に関し必要な事項は、政令で定める」としている。当該政令は、相続税施行令第33条であり、その第3項において「贈与又は遺贈により財産を取得した法第65条第

1項に規定する持分の定めのない法人が，次に掲げる要件を満たすときは，法第66条第4項の相続又は贈与税の負担が不当に減少する結果となると認められないものとする。」として以下の通りいわゆる非課税4要件が規定されている。

- ▶経営組織の適正性と同族役員制限
- ▶法人関係者に対する特別の利益供与の禁止
- ▶残余財産帰属先制限
- ▶法令違反等公益に反する事実なし

なお，経営組織の適正性と同族役員制限については，社員，役員等及び当該法人の職員のうちに持分放棄者又はその同族役員制限判定における親族等が含まれていない事実があり，かつ，これらの者が，当該法人の財産の運用及び事業の運営に関して私的に支配している事実がなく，将来も私的に支配する可能性がないと認められる場合には，要件から除外するという取扱いが，通達による解釈として行われている。なお，以下の各要件についても法令解釈による適否の判定に関しては当該法令解釈通達に記載されている。

＊相続税個別通達「贈与税の非課税財産（公益を目的とする事業の用に供する財産に関する部分）及び持分の定めのない法人に対して財産の贈与等があった場合の取扱いについて」。

④　同族等役員等制限要件

相続税施行令第33条第3項第1号の中に「定款において，その役員等のうち親族等の数が，それぞれの役員等の数のうちに占める割合は，いずれも3分の1以下とする旨の定めがあること」という規定が存在する．定款又は寄附行為に規定した上で，この通りの運営をしなければならない。

なお，役員等とは，「理事，監事，評議員その他これらの者に準ずるもの」とされ，社員は含まれない。また，親族等とは「親族関係を有する者及びこれらと次に掲げる特殊の関係がある者」である。

イ　当該親族関係を有する役員等と婚姻の届出をしていないが事実上婚姻関係と同様の事情にある者
ロ　当該親族関係を有する役員等の使用人及び使用人以外の者で当該役員等から

受ける金銭その他の財産によつて生計を維持しているもの
ハ　イ又はロに掲げる者の親族でこれらの者と生計を一にしているもの
ニ　当該親族関係を有する役員等及びイからハまでに掲げる者のほか，次に掲げる法人の法人税法第二条第十五号（定義）に規定する役員（(1)において「会社役員」という。）又は使用人である者
　(1)　当該親族関係を有する役員等が会社役員となつている他の法人
　(2)　当該親族関係を有する役員等及びイからハまでに掲げる者並びにこれらの者と法人税法第二条第十号に規定する政令で定める特殊の関係のある法人を判定の基礎にした場合に同号に規定する同族会社に該当する他の法人

⑤　経営組織の適正性要件

　相続税施行令第33条第3項第1号では，「その運営組織が適正であるとともに，……」とあるだけで，適正性の判断は解釈に委ねられている。

　この点に関し，通達では，医療法人に関しては以下のような判定項目により，判断することとしている。

[社団医療法人の場合に，定款に規定されていなければならない事項]

A　理事の定数は6人以上，監事の定数は2人以上であること。
B　理事及び監事の選任は，例えば，社員総会における社員の選挙により選出されるなどその地位にあることが適当と認められる者が公正に選任されること。
C　理事会の議事の決定は，次のEに該当する場合を除き，原則として，理事会において理事総数（理事現在数）の過半数の議決を必要とすること。
D　社員総会の議事の決定は，法令に別段の定めがある場合を除き，社員総数の過半数が出席し，その出席社員の過半数の議決を必要とすること。
E　次に掲げる事項（次のFにより評議員会などに委任されている事項を除く）の決定は，社員総会の議決を必要とすること。
　この場合において，次の（E）及び（F）以外の事項については，あらかじめ理事会における理事総数（理事現在数）の3分の2以上の議決を必要とすること。
　(A)　収支予算（事業計画を含む。）
　(B)　収支決算（事業報告を含む。）
　(C)　基本財産の処分
　(D)　借入金（その会計年度内の収入をもって償還する短期借入金を除く。）

〈その他新たな義務の負担及び権利の放棄〉
　　(E)　定款の変更
　　(F)　解散及び合併
　　(G)　当該法人の主たる目的とする事業以外の事業に関する重要な事項
　F　社員総会のほかに事業の管理運営に関する事項を審議するため評議員会などの制度が設けられ，上記（E）及び（F）以外の事項の決定がこれらの機関に委任されている場合におけるこれらの機関の構成員の定数及び選任並びに議事の決定については次によること。
　　(A)　構成員の定数は，理事の定数の２倍を超えていること。
　　(B)　構成員の選任については，上記Ｂに準じて定められていること。
　　(C)　議事の決定については，原則として，構成員総数の過半数の議決を必要とすること。
　G　上記ＣからＦまでの議事の表決を行う場合には，あらかじめ通知された事項について書面をもって意思を表示した者は，出席者とみなすことができるが，他の者を代理人として表決を委任することはできないこと。
　H　役員等には，その地位にあることのみに基づき給与等を支給しないこと。
　I　監事には，理事（その親族その他特殊の関係がある者を含む）及び評議員（その親族その他特殊の関係がある者を含む）並びにその法人の職員が含まれてはならないこと。また，監事は，相互に親族その他特殊の関係を有しないこと。

[財団医療法人の場合に，寄附行為に規定されていなければならない事項]

　A　理事の定数は６人以上，監事の定数は２人以上であること。
　B　事業の管理運営に関する事項を審議するため評議員会の制度が設けられており，評議員の定数は，理事の定数の２倍を超えていること。ただし，理事と評議員との兼任禁止規定が定められている場合には，評議員の定数は，理事の定数と同数以上であること。
　C　理事，監事及び評議員の選任は，例えば，理事及び監事は評議員会の議決により，評議員は理事会の議決により選出されるなどその地位にあることが適当と認められる者が公正に選任されること。
　D　理事会の議事の決定は，法令に別段の定めがある場合を除き，次によること。
　　(A)　重要事項の決定
　　　　次のａからｇまでに掲げる事項の決定は，理事会における理事総数（理事

現在数）の３分の２以上の議決を必要とするとともに，原則として評議員会の同意を必要とすること。

　なお，贈与等に係る財産が贈与等をした者又はその者の親族が会社役員となっている会社の株式又は出資である場合には，その株式又は出資に係る議決権の行使に当たっては，あらかじめ理事会において理事総数（理事現在数）の３分の２以上の承認を得ることを必要とすること。

　a　収支予算（事業計画を含む。）
　b　収支決算（事業報告を含む。）
　c　基本財産の処分
　d　借入金（その会計年度内の収入をもって償還する短期借入金を除く。）
〈その他新たな義務の負担及び権利の放棄〉
　e　寄附行為の変更
　f　解散及び合併
　g　当該法人の主たる目的とする事業以外の事業に関する重要な事項
　（B）　その他の事項の決定
　　上記Ｄの（A）に掲げる事項以外の事項の決定は，原則として，理事会において理事総数（理事現在数）の過半数の議決を必要とすること。
Ｅ　評議員会の議事の決定は，法令に別段の定めがある場合を除き，評議員会における評議員総数（評議員現在数）の過半数の議決を必要とすること。
Ｆ　上記Ｄ及びＥの議事の表決を行う場合には，あらかじめ通知された事項について書面をもって意思を表示した者は，出席者とみなすことができるが，他の者を代理人として表決を委任することはできないこと。
Ｇ　役員等には，その地位にあることのみに基づき給与等を支給しないこと。
Ｈ　監事には，理事（その親族その他特殊の関係がある者を含む。）及び評議員（その親族その他特殊の関係がある者を含む。）並びにその法人の職員が含まれてはならないこと。また，監事は，相互に親族その他特殊の関係を有しないこと。

▶運営実態の適正性

「法人の事業の運営及び役員等の選任等が，法令及び定款，寄附行為又は規則に基づき適正に行われていること」が必要であり，「他の一の法人（当該他の一の法人と法人税法施行令第４条第２号（（同族関係者の範囲））に定める特殊の関係がある法人を含む）又は団体の役員及び職員の数が当該法人のそれぞれの

役員等のうちに占める割合が3分の1を超えている場合には，当該法人の役員等の選任は，適正に行われていないものとして取り扱う」とされている。

▶社会的規模要件

法人が行う事業が，原則として，その事業の内容に応じ，その事業を行う地域又は分野において社会的存在として認識される程度の規模を有していることが必要とされる。医療法人の場合，社会的存在として認識される程度の規模を有しているものと問題なく判定される条件は，以下の通りある。

> その事業が次の（イ）及び（ロ）の要件又は（ハ）の要件を満たすもの
> （イ） 医療法施行規則（昭和23年厚生省令第50号）第30条の35の2第1項第1号ホ及び第2号（（社会医療法人の認定要件））に定める要件（この場合において，同号イの判定に当たっては，介護保険法（平成9年法律第123号）の規定に基づく保険給付に係る収入金額を社会保険診療に係る収入に含めて差し支えないものとして取り扱う。）
> （ロ） その開設する医療提供施設のうち1以上のものが，その所在地の都道府県が定める医療法第30条の4第1項に規定する医療計画において同条第2項第2号に規定する医療連携体制に係る医療提供施設として記載及び公示されていること。
> （ハ） その法人が租税特別措置法施行令第39条の25第1項第1号（（法人税率の特例の適用を受ける医療法人の要件等））に規定する厚生労働大臣が財務大臣と協議して定める基準を満たすもの

（イ）及び（ロ）を満たすことは，社会医療法人の運営する医療機関に準じたものであるということで，収入割合の判定に福祉系介護保険も含めて判定できること，医療計画掲載要件は，5事業だけでなく，5疾病も含められている点が緩和されている。（ハ）は，特定医療法人に準じたものである。

⑥ **特別の利益供与禁止要件**

相続税施行令第33条第3項第2号に「当該法人に財産の贈与若しくは遺贈をした者，当該法人の設立者，社員若しくは役員等又はこれらの者の親族等に対し，施設の利用，余裕金の運用，解散した場合における財産の帰属，金銭の貸付け，資産の譲渡，給与の支給，役員等の選任その他財産の運用及び事業の

運営に関して特別の利益を与えないこと」という規定が存在する。この規定の具体的な解釈として特別の利益を与えていると判定される例として，通達で以下の通り示されている。

▶定款，寄附行為若しくは規則又は贈与契約書等において，特定の者に対して，当該法人の財産を無償で利用させ，又は与えるなどの特別の利益を与える旨の記載がある場合

▶特定の者に対して，次に掲げるいずれかの行為をし，又は行為をすると認められる場合

　イ　当該法人の所有する財産をこれらの者に居住，担保その他の私事に利用させること。
　ロ　当該法人の余裕金をこれらの者の行う事業に運用していること。
　ハ　当該法人の他の従業員に比し有利な条件で，これらの者に金銭の貸付をすること。
　ニ　当該法人の所有する財産をこれらの者に無償又は著しく低い価額の対価で譲渡すること。
　ホ　これらの者から金銭その他の財産を過大な利息又は賃貸料で借り受けること。
　ヘ　これらの者からその所有する財産を過大な対価で譲り受けること，又はこれらの者から当該法人の事業目的の用に供するとは認められない財産を取得すること。
　ト　これらの者に対して，当該法人の役員等の地位にあることのみに基づき給与等を支払い，又は当該法人の他の従業員に比し過大な給与等を支払うこと。
　チ　これらの者の債務に関して，保証，弁済，免除又は引受け（当該法人の設立のための財産の提供に伴う債務の引受けを除く。）をすること。
　リ　契約金額が少額なものを除き，入札等公正な方法によらないで，これらの者が行う物品の販売，工事請負，役務提供，物品の賃貸その他の事業に係る契約の相手方となること。
　ヌ　事業の遂行により供与する利益を主として，又は不公正な方法で，こ

れらの者に与えること。

なお，上記の特定の者とは以下の通りである。

> ▶贈与等をした者等（当該法人の設立者，社員若しくは役員等）
> ▶贈与等をした者等の親族
> ▶贈与等をした者等と以下の特殊の関係がある者
> 　イ　贈与等をした者等とまだ婚姻の届出をしていないが事実上婚姻関係と同様の事情にある者
> 　ロ　贈与等をした者等の使用人及び使用人以外の者で贈与等をした者等から受ける金銭その他の財産によって生計を維持しているもの
> 　ハ　上記イ又はロに掲げる者の親族でこれらの者と生計を一にしているもの
> 　ニ　贈与等をした者等が会社役員となっている他の会社
> 　ホ　贈与等をした者等，その親族，上記イからハまでに掲げる者並びにこれらの者と法人税法第2条第10号に規定する政令で定める特殊の関係のある法人を判定の基礎とした場合に同号に規定する同族会社に該当する他の法人
> 　ヘ　上記ニ又はホに掲げる法人の会社役員又は使用人

⑦　残余財産帰属先制限要件

　相続税施行令第33条第3項第3号に「その寄附行為，定款又は規則において，当該法人が解散した場合にその残余財産が国若しくは地方公共団体又は公益社団法人若しくは公益財団法人その他の公益を目的とする事業を行う法人（持分の定めのないものに限る）に帰属する旨の定めがあること」という規定が存在する。「公益を目的とする事業を行う法人」の具体的な範囲について，この部分に関する直接の通達はない。旧通達の判定項目の記載の仕方は「公益を目的として行う事業が，原則として，その事業の内容に応じ，その事業を行う地域又は分野において社会的存在として認識される程度の規模」となっており，この中には，「財団たる医療法人又は社団たる医療法人で出資持分の定めのないもの（民法第34条の規定により設立された法人で医療保健業を営むものを含む）の行う医療事業で，その法人の開設する医療施設が租税特別措置法施行令第39条の25第1項第1号に規定する厚生労働大臣が財務大臣と協議して定める基準を満たすもの」という例示は含まれている。

⑧ 公益に反する事実なし要件

相続税施行令第33条第3項第4号に「当該法人につき法令に違反する事実，その帳簿書類に取引の全部又は一部を隠蔽し，又は仮装して記録又は記載をしている事実その他公益に反する事実がないこと」という規定が存在する。具体的な通達はなく，実務的な判断は，難しい。

⑨ 非課税要件の必要期間と判定

個別通達において「法第66条第4項の規定を適用すべきかどうかの判定は，贈与等の時を基準としてその後に生じた事実関係をも勘案して行うのであるが，贈与等により財産を取得した法人が，財産を取得した時には法施行令第33条第3項各号に掲げる要件を満たしていない場合においても，当該財産に係る贈与税の申告書の提出期限又は更正若しくは決定の時までに，当該法人の組織，定款，寄附行為又は規則を変更すること等により同項各号に掲げる要件を満たすこととなったときは，当該贈与等については法第66条第4項の規定を適用しないこととして取り扱う」とある。移行後の運営状況も勘案され，課税される恐れがあることに留意する必要がある。

(3) 持分放棄者に係る課税問題

持分なし移行による持分の消滅は，譲渡にはならないため，有価証券を無償（時価の2分の1未満）で法人に寄付した場合の，時価により計算される譲渡所得の課税（みなし譲渡課税）は適用されず，持分放棄者に譲渡所得課税の負担が生じることはない。

基金拠出型に移行で基金の金額を出資金の金額を超えたものとする場合には，みなし配当課税が行われる。退社に伴う持分の払戻しにおけるみなし配当課税においては，現実に金銭の払い戻しが行われるため，法人が配当所得の源泉徴収を行い，払戻額総額の確定と源泉徴収額控除後の金銭を交付することに問題が生じることはない。しかし，基金への振替によって別途源泉徴収額を計算して金銭納付を行うと，社員に対して一部金銭の払戻しをしたこととなってしまう。「所得税法第212条《源泉徴収義務》第3項の「支払」の意義につい

ては，これを実質的に解し，現実に金銭を交付する行為のみならず，その支払債務が消滅すると認められる一切の行為を含むものと解するのが相当」という採決事例があるため，源泉徴収不要と解することも危険である。もともと医療法上は，払戻しが社員の退社に伴うものと解散に伴う分配以外認められていないので，移行に伴う基金への振替の性格について医療法上は払戻ではないという解釈により認められていると考えざるを得ない。したがって，源泉徴収額相当額は，厳密には別途社員から徴収しないと医療法上との平仄が合わなくなるという問題が存在する。

4. 認定医療法人の税制上の措置

（1） 持分に係る経済的利益の贈与税の税額控除

持分を有する個人のうちの一部が，持分を放棄した場合，他の持分を有する個人にその分の経済的利益が移転することとなり贈与があったものとされる。このような場合に通常は贈与税の課税対象となる（みなし贈与課税）が，認定制度の利用により，以下の条件のもと贈与税額の税額控除が適用される。

- ▶持分放棄時点ですでに認定医療法人であること
- ▶申告期限までに所定の様式で持分放棄がなされること
- ▶贈与税の期限内申告書に所定の記載及び明細その他を添付すること
- ▶受贈者が，贈与者による放棄の時から贈与税の申告期限までの間に認定医療法人の持分の払戻しや持分の譲渡をしていないこと

税額控除額は，次の場合に応じて計算した金額である。

- ▶持分のすべてを放棄した場合は，経済的利益額だけが贈与額であったとして計算した贈与税額
- ▶認定医療法人が基金拠出型医療法人へ移行し一部が基金となった場合には，上記金額のうち，基金拠出額に対応する金額を除いた残額

（2） 持分に係る経済的利益の贈与税の納税猶予及び免除

持分を有する個人のうちの一部が，持分を放棄した場合，他の持分を有する

個人にその分の経済的利益が移転することとなり贈与があったものとされる。このような場合に通常は贈与税の課税対象となる（みなし贈与課税）が，認定制度の利用により，以下の条件のもと認定移行計画に記載された移行期限まで，納税が猶予される。

- ▶持分放棄時点ですでに認定医療法人であること
- ▶贈与税の期限内申告書に特例適用を受ける旨の記載をすること
- ▶受贈者が，贈与者による放棄の時から贈与税の申告期限までの間に認定医療法人の持分の払戻しや持分の譲渡をしていないこと
- ▶担保を提供すること（持分に対する質権設定でもよい）

納税猶予分の贈与税額は，「経済的利益額だけが贈与額であったとして計算した贈与税額」であり，納付すべき税額は，「当該経済的利益額とその他の受贈財産を合計して計算した贈与税額から納税猶予額を差し引いた金額」である。

移行期限までに当該受贈者が持分を放棄した場合には，次の場合に応じて当該金額が免除される。

- ▶持分のすべてを放棄した場合は，猶予税額全額
- ▶認定医療法人が基金拠出型医療法人へ移行し一部が基金となった場合には，猶予税額のうち，基金拠出額に対応する金額を除いた残額

なお，免除事由が発生した場合には，遅滞なく税務署へ必要添付書類を添えて所定の届出を行うことが必要であり，基金拠出に係る納税額が発生する場合には，移行認可日から2カ月以内に利子税を含めて納税しなければならない。

(3) 持分についての相続税の税額控除

持分を相続又は遺贈により取得した場合，以下の条件のもと相続税額の税額控除が適用される。

- ▶相続税の申告期限において認定医療法人であること
- ▶申告期限までに所定の様式で持分放棄がなされること
- ▶相続税の期限内申告書に所定の記載及び明細その他を添付すること
- ▶相続人等が，被相続人の死亡の時から相続税の申告期限までの間に当該医療法人の持分の払戻しや持分の譲渡をしていないこと

税額控除額は，次の場合に応じて計算した金額である。

第 5 節　持分ありから持分なしへの移行　375

- ▶持分のすべてを放棄した場合は，当該持分を取得した相続人等以外の取得財産は不変とした上で，その相続人等が当該持分のみを相続したものとして計算した金額
- ▶認定医療法人が基金拠出型医療法人へ移行し一部が基金となった場合には，上記金額のうち，基金拠出額に対応する金額を除いた残額

（4）　持分についての相続税の納税猶予及び免除

持分を相続又は遺贈により取得した場合，以下の条件のもと認定移行計画に記載された移行期限まで，納税が猶予される。

- ▶相続税の申告期限において認定医療法人であること
- ▶相続財産として分割済の持分であること
- ▶相続税の期限内申告書に特例適用を受ける旨の記載をすること
- ▶相続人等が，被相続人の死亡の時から相続税の申告期限までの間に当該医療法人の持分の払戻しや持分の譲渡をしていないこと
- ▶担保を提供すること（持分に対する質権設定でもよい）

納税猶予分の相続税額は，「医療法人の持分を取得した相続人等以外の取得財産は不変とした上で，その相続人等がその医療法人の持分のみを相続したものとして計算した金額」である。

移行期限までに当該相続人等が持分を放棄した場合には，次の場合に応じて当該金額が免除される。

- ▶持分のすべてを放棄した場合は，猶予税額全額
- ▶認定医療法人が基金拠出型医療法人へ移行し一部が基金となった場合には，猶予税額のうち，基金拠出額に対応する金額を除いた残額

なお，免除事由が発生した場合には，遅滞なく税務署へ必要添付書類を添えて所定の届出を行うことが必要であり，基金拠出に係る納税額が発生する場合には，移行認可日から 2 カ月以内に利子税を含めて納税しなければならない。

（5）　不当減少贈与税課税との関係

平成 29 年 9 月末までの現行の医療法における認定制度においては，法人運営等に関する別段の認定基準はないため，認定によって不当減少贈与税課税に

は何ら影響しない。したがって，認定を受けることと移行した医療法人に贈与税が課せられるか否かは無関係となっている。

平成29年の税制改正及び医療法改正により，新たな認定制度に衣替えすることが予定されている。新しい制度では，不当減少課税が課せられない運営上の要件（3(2)の要件より緩和される見込み）を含めて認定することで，移行した法人に課税されない制度となることが見込まれている。よって，出資額と同額を基金拠出額とする移行の場合や，基金制度のない法人に移行する場合，みなし配当課税も贈与税も課されることがないので，税負担なしで移行できることとなる。

第6節　医療法人の合併

1.　合併の概要

医療法人の「合併」とは，2以上の医療法人が医療法に定められた手続よって行われる医療法人相互の契約によって1の医療法人となることであり，消滅する医療法人の権利義務（当該医療法人が行う事業に関し行政庁の許可その他の処分に基づいて有する権利義務を含む）が包括的に存続する医療法人又は新設の医療法人に承継されるものである。

合併の形態は，合併により消滅する医療法人の権利義務の全部を合併後存続する医療法人に承継させる「吸収合併」（医法58）と，合併により消滅する2以上の医療法人の権利義務の全部を合併により設立する医療法人に承継させる「新設合併」（医法59①）が認められている（図表4.6.1，4.6.2参照）。

また，合併する医療法人の類型により，合併後の医療法人の類型についても一定の制限が設けられている。

社団たる医療法人と財団たる医療法人が合併することは認められるが，合併後の医療法人が持分のある医療法人となれるのは，合併する医療法人の全てが

第6節 医療法人の合併 377

図表 4.6.1 吸収合併

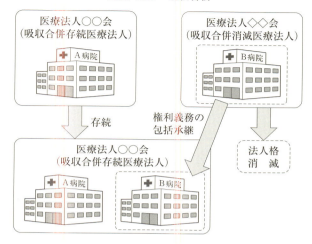

図表 4.6.2 新設合併

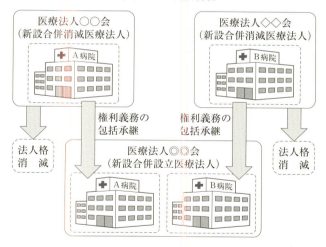

持分のある医療法人であり、かつ、「吸収合併」の場合のみとなる（「医療法人の合併及び分割について」（平成28年3月25日医政発0325第5号））。つまり、新設合併の場合は、医療法人を新設することになるため、合併する医療法人の全てが持分のある医療法人である場合であっても、持分のある医療法人となることはできない。また、合併後存続する医療法人及び合併により新設する医療法人については、合併をする医療法人が社団たる医療法人のみである場合にあっては社団たる医療法人、合併をする医療法人が財団たる医療法人のみである場合にあっては財団たる医療法人でなければならない。合併する医療法人の類型と合併後の医療法人の類型の関係は、図表4.6.3の通りである。

図表 4.6.3

合併前		合併後
持分の定めのある社団たる医療法人	持分の定めのない社団たる医療法人	【吸収分割】 持分の定めのある社団たる医療法人 【新設分割】 持分の定めのない社団たる医療法人
持分の定めのある社団たる医療法人	持分の定めのない社団たる医療法人	持分の定めのない社団たる医療法人
持分の定めのない社団たる医療法人	持分の定めのない社団たる医療法人	持分の定めのない社団たる医療法人
持分の定めのある社団たる医療法人	財団たる医療法人	持分の定めのない社団たる医療法人 又は財団たる医療法人
持分の定めのない社団たる医療法人	財団たる医療法人	持分の定めのない社団たる医療法人 又は財団たる医療法人
財団たる医療法人	財団たる医療法人	財団たる医療法人

社会医療法人や特定医療法人を吸収合併存続医療法人として、それ以外の医療法人と合併することは可能だが、合併後も社会医療法人や特定医療法人であり続けるためには、合併後の法人においても認定要件又は承認要件を満たす必要があるため、合併前に吸収合併消滅医療法人においてもそれらの要件を満たしているか確認することに留意が必要である。

2. 合併の手続

（1） 手続の概要

「合併」とは，2以上の医療法人が相互の契約によって1の医療法人となることであることから，まずは，合併当事者である医療法人が契約を締結する必要がある。その後，都道府県知事の認可を受け，債権者保護の手続を経て，最終的に合併の登記によって合併の効力が生じ，合併に関する一連の手続が結了する（図表4.6.4参照）。

図表4.6.4　合併手続の流れ

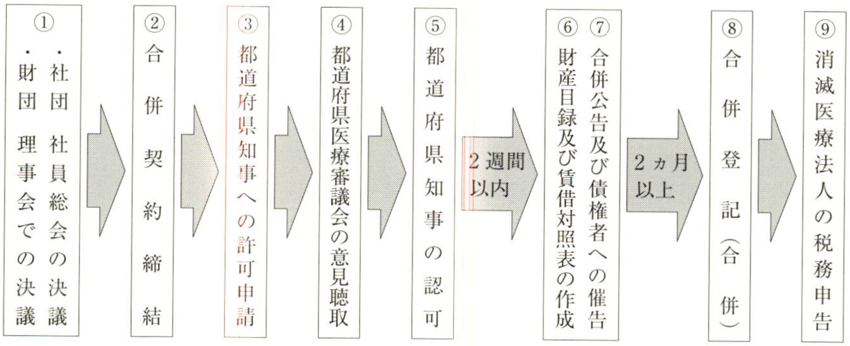

① 社団・財団理事会での決議 → ② 社団社員総会の決議 → ③ 合併契約締結 → ④ 都道府県知事への許可申請 → ⑤ 都道府県医療審議会の意見聴取 → ⑥ 都道府県知事の認可 →（2週間以内）→ ⑦ 財産目録及び貸借対照表の作成 → ⑧ 合併公告及び債権者への催告 →（2ヵ月以上）→ ⑨ 合併登記（合併） → ⑩ 消滅医療法人の税務申告

（2） 合併契約書の締結

① 合併契約の締結のための事前手続

「合併」とは，2以上の医療法人が相互の契約によって1の医療法人となることであることから，まずは，合併当事者である医療法人が契約を締結する必要がある。合併に関する契約を締結するには，合併の形態にかかわらず，合併の当事者となる医療法人が，社団たる医療法人にあっては「総社員の同意」を得なければならず（医法58の2①，59の2），財団たる医療法人にあっては「寄附行為に合併をすることができる旨の定め」がある上で（医法58の2②，59の2），寄附行為に別段の定めがある場合を除いて，「理事の3分の2以上の

同意」を得なければならない（医法58の2③，59の2）。したがって，財団たる医療法人にあっては，仮に，寄附行為に合併をすることができる旨の定めがない場合には，あらかじめ評議員会の意見を聴くほか，定款に定めた寄附行為の変更のための手続に従い寄附行為の変更を行い（医法54の9②，44②十一），当該寄附行為につき都道府県知事の認可を受けた後（医法54の9③）でないと合併を行うことができない。

また，評議員会を設置している医療法人にあっては，合併につき，理事長は，「あらかじめ評議員会の意見を聴かなければならない」こととなっている（医法46の4の5①五）。ただし，寄附行為において，合併に関して「評議員会の決議を要する旨」を定めている場合には（医法46の4の5②），それに従う必要がある。

平成28年3月25日の厚生労働省医政局長の通知である「医療法人の機関について」（医政発0325第3号）の別添資料の改正後の定款例又は寄附行為例では，社団たる特定医療法人及び財団たる特定医療法人では，他の医療法人との合併につき評議員会の同意を得なければならない旨，財団たる社会医療法人では，他の医療法人との合併契約の締結につき評議員会の議決を経なければならない旨が，それぞれ定められている。

② **合併における契約事項**

合併契約において，以下の事項を定める必要がある。

  ⅰ） 吸収合併契約（医法58，医規35）
　　・吸収合併存続医療法人の名称及び主たる事務所の所在地
　　・吸収合併消滅医療法人の名称及び主たる事務所の所在地
　　・吸収合併存続医療法人の吸収合併後2年間の事業計画又はその要旨
　　・吸収合併がその効力を生ずる日
  ⅱ） 新設合併契約（医法59，医規35の4）
　　・新設合併消滅医療法人の名称及び主たる事務所の所在地
　　・新設合併設立医療法人の目的，名称及び主たる事務所の所在地
　　・新設合併設立医療法人の定款又は寄附行為で定める事項

・新設合併設立医療法人の新設合併後2年間の事業計画又はその要旨
・新設合併がその効力を生ずる日

　上記より，合併契約において吸収合併又は新設合併がその効力を生ずる日を定めることとなっているが，医療法第58条の6又は第59条の4において，「合併の登記をすることによって，その効力を生ずる」となっていることから，合併契約時には，合併の予定日を定めるとともに，合併の効力が生ずる日を柔軟に変更できるように定めておくことが必要な場合もある。

（3）　都道府県知事の認可

　合併当事者となる医療法人において合併契約を締結した後，当該合併につき吸収合併存続医療法人又は新設合併設立医療法人の主たる事務所の所在地の都道府県知事の認可を受けなければならない（医法58の2④，59の2）。

　そして，都道府県知事は，合併の認可を行うにあたり，あらかじめ，都道府県医療審議会の意見を聴かなければならないことから（医法55⑦，58の2⑤，59の2），都道府県医療審議会の開催スケジュールも合併のスケジュールに大きく影響を与える。

　合併の認可の申請のために都道府県知事に提出する書類は，以下の通りである（医規35の2，35の5）。

① 　理由書
② 　社団たる医療法人にあっては社員総会，財団たる医療法人にあっては理事会において，当該合併につき適切に承認されたことを証する書類
③ 　吸収合併契約書又は新設合併契約書の写し
④ 　吸収合併存続医療法人又は新設合併設立医療法人の定款又は寄付行為
⑤ 　合併前のそれぞれの医療法人の定款又は寄付行為
⑥ 　合併前のそれぞれの医療法人の財産目録及び貸借対照表
⑦ 　吸収合併存続医療法人又は新設合併設立医療法人の合併後2年間の事業計画及びこれに伴う予算書
⑧ 　吸収合併存続医療法人又は新設合併設立医療法人において新たに就任する役員の就任承諾書及び履歴書
⑨ 　開設しようとする病院，診療所又は介護老人保健施設の管理者となるべき者の氏名を記載した書面

（4） 債権者保護手続等

医療法人は，合併につき都道府県知事の認可があった時は，その認可の通知のあった日から2週間以内に，財産目録及び貸借対照表を作成し，合併の登記がなされるまで，主たる事務所に備え置き，その債権者から請求があった場合には，これを閲覧に供しなければならない（医法58の3,59の2）。これは，合併が医療法人の債権者に対して非常に重大な影響を与えることから，債権者保護のために，その時点における財産の状況を明らかにするために作成が求められているものである。例えば，財務内容が良好な医療法人が，財務内容が非常に悪い医療法人と合併し，合併後の医療法人の財務内容が悪化した場合，財務内容が良好な医療法人の債権者は，合併により当該債権が回収不能となるリスクが高まるという不利益を被ることになる。そのようことから債権者を保護する手続は，一連の合併手続において非常に重要な手続である。

したがって，財産目録及び貸借対照表を作成し，閲覧に供した上で，さらに，医療法人は，その債権者に対し異議があれば一定の期間内に述べる旨を公告し，かつ，判明している債権者に対しては，各別にこれを催告しなければならないこととなっている。そして，この期間は2カ月を下ることができない（医法58の4①,59の2）。債権者が，この期間内に異議を述べなかったときは，合併を承認したとみなされるが，異議を述べたときは，合併をしても債権者を害するおそれが無い場合以外は，医療法人には，これに弁済するか，相当の担保を提供するなど，債権者の債権を保護する義務が生じる（医法58の4②,③,59の2）。

医療法人が，これら一連の債権者保護の手続を適切に行わずに合併を行った場合には，医療法人の理事，監事は，20万円以下の過料に処される（医法76十,十一）。

（5） 合併登記

債権者保護手続が完了した後，吸収合併存続医療法人又は新設合併設立医療法人が，その主たる事務所の所在地において合併の登記をすることによって，その効力を生じる（医法58の6,59の4）。

具体的には、合併に必要な手続が終了した日から2週間以内に、その主たる事務所の所在地において、合併により消滅する医療法人については解散の登記を、合併後に存続する医療法人については変更の登記を、合併により設立する医療法人については設立の登記をする（組合令8）。また、従たる事務所においては、合併により新たに従たる事務所を設ける場合（組合令11①二）の他、従たる事務所に関する登記事項に変更が生じる場合には、3週間以内に変更の登記等が必要となる（組合令13）。

そして、「合併の登記をすることによって、その効力を生じる」（医法58の6、59の4）とは、合併の登記を実際に登記所に届け出た日をもって合併した日となることを意味しており、例えば1月1日に登記所に届け出を行うことはできず、医療法人において1月1日はもちろん、祝祭日を合併した日とすることはできない。

合併に係る登記を行った場合は、滞りなく、都道府県知事に登記の年月日を届け出る必要がある（医令5の12）。

3. 合併の税務

（1） 法人における税務の概要

「合併」とは、2以上の医療法人が相互の契約によって1の医療法人となることであり、「吸収合併」（医法58）にあっては1以上の医療法人が、「新設合併」（医法59①）にあっては、2以上の医療法人が解散することとなる（医法55①四、③二）。

そして、法人税法では、法人が事業年度の中途において合併により解散した場合は、その事業年度開始の日から合併の日の前日までの期間を事業年度とみなし、当該事業年度の所得に対して法人税が課される（法法5、14①二）。

したがって、吸収合併消滅医療法人及び新設合併消滅医療法人は、事業年度開始の日から合併の日の前日までの期間につき、決算を行い法人税の計算を行うことになる。

その際，合併により消滅する医療法人の権利義務は包括的に存続する医療法人又は新設の医療法人に承継されるが，合併の日の前日までの事業年度の法人税の計算においては，基本的に当該承継により移転をした資産及び負債は，合併の時の価額によって消滅する医療法人から存続する医療法人又は新設の医療法人に譲渡したものとして扱われ，当該譲渡に係る利益額又は損失額は当該事業年度の所得の計算上，益金又は損金の額に算入することになる（法法62）。
　ただし，一定の要件を満たした合併（適格合併）の場合は，消滅する医療法人の最終の事業年度終了の時の帳簿価額によって引き継がれ，譲渡損益は計上されない（法法62の2①）。これは，適格合併の場合には，移転をする資産及び負債について，移転させる側の法人，つまり消滅する医療法人における課税関係をそのまま移転を受ける側の法人，つまり存続する医療法人又は新設の医療法人に引き継がせるという考えに基づいている。
　また，消費税法における事業年度も，法人税法における事業年度と同じ期間とし（消法2①十三），事業年度が課税期間となり，申告が必要となる（消法19）。その際に，合併による資産の移転は個々の資産の譲渡ではなく，いわゆる包括承継であって，消費税法上の資産の譲渡から除かれており（公益財団法人日本税務研究センター，消法2①八，消令2①四），消費税の対象外の取引として計算する。

（2）　適格合併と非適格合併

　適格合併とは，消滅する医療法人の出資者に存続する医療法人又は新設の医療法人の出資等以外の資産が交付されない上で，以下のいずれかの要件を満たした場合における合併であり（法法2十二の8，医規4の3①②③④），それ以外の合併を，一般的に，「非適格合併」という。「出資等以外の資産が交付されない」ことには，資産の交付が無い合併，いわゆる「無対価合併」も含まれることから（医令4の3），存続する医療法人又は新設の医療法人が持分の無い医療法人の合併であっても，それ以外の要件を満たしている限り「適格合併」に該当する。

① グループ内における合併

持分の定めのある社団たる医療法人が合併する際に，合併する医療法人の間に100％の持分関係がある場合又は50％超の持分関係があった上で，以下の要件の全てを満たす場合

- ▶消滅する医療法人の職員のうち，概ね80％以上の職員が存続する医療法人又は新設の医療法人の業務に従事することが見込まれている。
- ▶消滅する医療法人が営む主要な事業が存続する医療法人又は新設の医療法人において引き続き営まれることが見込まれている。

② 共同で事業を営むための合併

合併の当事者となる医療法人が，支配関係が無い若しくは弱い場合であっても，共同事業を営むための合併で以下の要件を全て満たす場合（存続する医療法人又は新設の医療法人が持分の定めのない医療法人の場合には，「五 出資持分継続保有要件」を除く。）

一 事業関連性要件

　合併する医療法人の事業が相互に関連するものであること

二 事業規模要件又は経営参画要件

　合併する医療法人のそれぞれの医業収益や従業員の数など規模の割合が5倍を超えないこと又は合併する医療法人のそれぞれの理事長や常務理事などの特定役員が存続する医療法人又は新設の医療法人の特定役員となることが見込まれていること

三 従業員引継要件

　消滅する医療法人の職員のうち，概ね80％以上の職員が存続する医療法人又は新設の医療法人の業務に従事することが見込まれていること

四 事業継続要件

　消滅する医療法人の事業のうち，存続する医療法人又は新設の医療法人と関連する事業が引き続き営まれることが見込まれていること

五 出資持分継続保有要件

　消滅する医療法人の出資者で合併後も存続する医療法人又は新設の医療

法人の出資を継続して保有することが見込まれる者等の出資額の割合が，消滅する医療法人の出資の総額80％以上であること

ただし，合併において，その法人の行為又は計算を容認した場合に法人税の負担を不当に減少させる結果となる認められるものがあるときは，その行為又は計算にかかわらず，税務署長の認めるところにより，その法人に係る法人税の額を計算できるとする，包括的な租税回避行為の否認規定が存在することから（法法132の2），保有する土地等に多額の含み損益がある場合など，適格合併又は非適格合併に該当するか否かによって法人税の額に重大な影響がある場合には，合併の適格性又は非適格性を検討する際には，特に留意が必要である。

また，適格合併は，基本的に消滅する医療法人における課税関係をそのまま移転を受ける側の法人，つまり存続する医療法人又は新設の医療法人に引き継がせるという考えに基づいているが，適格合併に該当する場合でも繰越欠損金等の引継ぎにつき一定の制限が設けられていることにも留意が必要である（法法57③，法令112）。

(3) 出資者における税務の概要

持分の定めのある社団たる医療法人の合併においては，出資者の持分も変動することに伴い，基本的にみなし配当による配当所得と譲渡所得が生じる。ただし，以下の通り，当該合併が適格合併に該当する場合には，配当所得と譲渡所得は生じないものとされている。

① みなし配当

持分の定めのある医療法人が合併し，消滅する医療法人の出資者が存続する医療法人又は新設の医療法人から出資やその他の資産の交付を受けた場合，その価額が，消滅する医療法人の資本金等の額に対応する部分の金額を超えるときは，その超える部分の金額は配当等とみなされる。ただし，当該合併が「適格合併」に該当する時には配当とみなされず，配当所得は生じないものとされている（所法25①一）。

② 消滅する医療法人の出資の譲渡損益

　持分の定めのある医療法人が合併し，消滅する医療法人の出資者が存続する医療法人又は新設の医療法人から出資やその他の資産の交付を受けた場合，所得税法においては，当該出資者は交付を受けた出資やその他の資産を対価として，消滅する医療法人の出資を譲渡したと考え，譲渡損益を認識するのが基本的な考え方となる。しかし，交付を受ける資産が存続する医療法人又は新設の医療法人の出資のみである場合は，交付を受けた出資の取得価額の総額を消滅する医療法人の出資の取得価額の総額とすることで課税が繰り延べられている（所令112①）。

4. 合併の会計

　医療法人会計基準省令（厚生労働省令第95号 平成28年4月20日）において，医療法人の合併に関する会計処理について個別の規定は含まれていない。また，医療法人会計基準コンメンタール（厚生労働省医政局医療経営支援課）では，「医療法人会計基準省令及び運用指針で規定されておらず，企業会計で導入されている会計処理等の基準については，医療法人に適用しなければならないものではないことに留意する必要がある」と記載されている。これは，企業は株主という所有者が存在し，企業における会計は所有者である株主又は広く潜在的に所有者となり得る投資家に対して適切な財務情報を提供することが重視されていることから，持分の無い医療法人が適用する会計処理として必ずしも適切であるとは言えないという考え方に基づくものである。

　そして，企業結合の一形態である合併の会計処理では，「企業会計基準第21号企業結合に関する会計基準（平成15年10月31日企業会計審議会）」において，企業結合を「取得」と「持分の結合」という異なる2つの経済的実態に分けて会計処理を検討しており，まさに持分のある組織体を前提とした会計処理となっている。したがって，持分の無い医療法人の合併において，必ずしも企業会計に導入されている「企業会計基準第21号 企業結合に関する会計基準（平成15年10月31日 企業会計審議会）」や「企業会計基準摘要指針第10号 企

業結合会計基準及び事業分離等会計基準に関する摘要指針（平成17年12月27日 企業会計基準委員会）」に基づいて会計処理をする必要はない。

　基本的に合併の会計処理において検討すべき問題は，「受け入れる資産及び負債の評価をどうするか」と「受け入れる資産及び負債の差額をどのように処理するか」という2つの問題に集約される。その内，受け入れる資産及び負債の評価については，個々の合併に至る経緯や状況によって判断することになるため，ここでは，「受け入れる資産及び負債の差額をどのように処理するか」について説明する。

▶持分の定めのある社団たる医療法人同士の吸収合併

　持分の定めのある社団たる医療法人同士の吸収合併の場合は，所有者が存在する法人同士の合併であり，一般的に吸収合併消滅医療法人の所有者である出資者は，合併により吸収合併合存続医療法人の出資という対価を受け取ることから，企業の合併と同じような側面があり企業会計の考え方で処理することとなる。

　つまり，吸収合併消滅医療法人の所有者の持分の継続が断たれている状態であれば，吸収合併存続医療法人が吸収合併消滅医療法人の持分を「取得」したと考え，受け入れる資産及び負債の差額は「出資金」として処理することになる。

　一方，吸収合併消滅医療法人の所有者の持分が継続している状態であれば，吸収合併存続医療法人と吸収合併消滅医療法人の「持分の結合」考え，受け入れる資産及び負債の差額は，基本的に「出資金」と「積立金」の合計額を「出資金」として，「評価・換算差額等」はそのまま「評価・換算差額等」として処理するが，合併の経緯によっては，合併前の吸収合併消滅医療法人の「積立金」を，そのまま引き継ぐこともできる。ただし，吸収合併存続医療法人が吸収合併消滅医療法人に出資している場合には，当該出資額と受け入れる資産と負債の差額の対応する額の差は，吸収合併存続医療法人が出資した経緯により，特別損益若しくは「のれん」として処理することとなる。

▶ それ以外の合併

　持分の定めのある社団たる医療法人同士の吸収合併以外の合併の場合は，基本的に受け入れる資産と負債の差額は，「基金」を除き「設立等積立金」として処理することとなるが，合併の経緯によっては，合併前の吸収合併消滅医療法人の「積立金」を，そのまま引き継ぐこともできる。

　「基金」は，そのまま引き継ぐこととなるが，仮に，もう一方の医療法人が当該基金を拠出していた場合，合併後の法人が自らの基金を取得することになる。この取得は禁止されていないが，当該債権は消滅せず，相当の時期に他に譲渡しなければならないこととなっている（医政発第 0330051 号厚生労働省医政局長通知）。

第7節　医療法人の分割

1．分割の概要

　医療法人の「分割」とは，法定の手続によって行われる医療法人相互間の契約であり，当事者たる医療法人が事業に関して有する権利義務のうち，吸収分割契約又は新設分割計画に定めた権利義務（医療法人がその行う事業に関し行政庁の認可その他の処分に基づいて有する権利義務を含む）が他の存続する医療法人又は新設の医療法人に移転するものである。

　分割の形態は，医療法人がその事業に関して有する権利義務の全部又は一部を分割後他の医療法人に承継させる「吸収分割」（医法 60）と，1又は2以上の医療法人がその事業に関して有する権利義務の全部又は一部を分割により設立する医療法人に承継させる「新設分割」（医法 61 ①）が認められている（図表 4.7.1～4.7.3 参照）が，下記の4類型の医療法人が分割することは認められていない（医法 60，医規 35 の 6）。

1. 社会医療法人
2. 租税特別措置法第67条の2第1項に規定する特定の医療法人
3. 持分の定めのある医療法人
4. 医療法第42条の3第1項の規定による実施計画の認定を受けた医療法人

図表 4.7.1　吸収分割

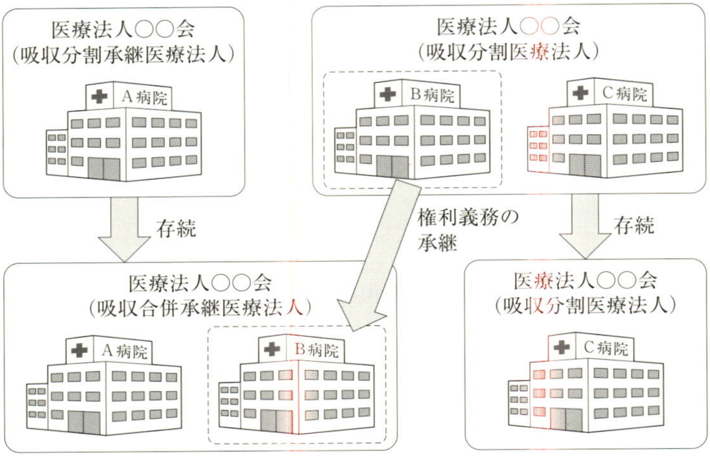

図表 4.7.2　新設分割（単独型）

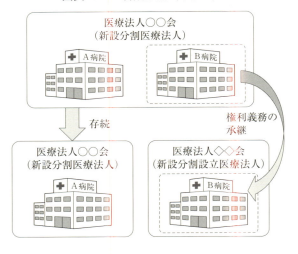

図表 4.7.3　新設分割（複数型）

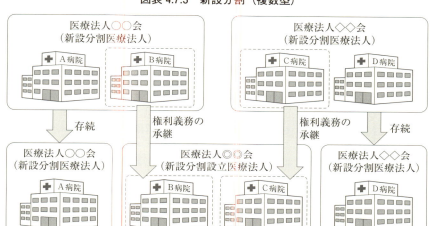

2. 分割の手続

（1）手続の概要

「分割」は，その言葉から「合併」と正反対の概念のように受け取られることが多いが，単独型の新設分割はそのような面もあるものの，それ以外の形態による「分割」は，法人の一部分が「合併」するという側面もあることから，「分割」の手続には「合併」の手続と重なる部分が多い。

「分割」とは，医療法人が事業に関して有する権利義務の全部又は一部を他の医療法人に移転するものであり，分割当事者である医療法人が吸収分割にあっては吸収分割契約を締結し，新設分割にあっては新設分割計画を作成する必要がある。その後，都道府県知事の認可を受け，債権者保護の手続を経て，最終的に分割の登記によって分割の効力が生じ，分割に関する一連の手続が結了する（図表 4.7.4 参照）。

分割と合併は同様の手続により行われるが，分割は，合併に比べて労働者への影響が大きいため，職員等の保護を図り，職員等の意思の尊重に努めること

も必要となる。

図表 4.7.4　分割手続の流れ

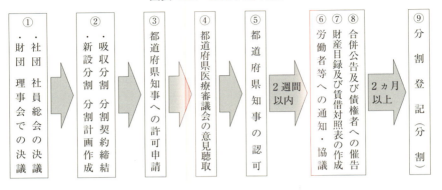

（2）　吸収分割契約の締結又新設分割計画の作成

①　吸収分割契約の締結又は新設分割計画の作成のための事前手続

「分割」とは，医療法人が事業に関して有する権利義務の全部又は一部を他の医療法人に移転するものであることから，吸収分割にあっては吸収分割契約を締結し，新設分割にあっては新設分割計画を作成する必要がある。新設分割計画は，2以上の医療法人が共同して新設分割をする場合には，当該2以上の医療法人は，共同して新設分割契約を作成しなければならない（医法61②）。

吸収分割契約を締結する又は新設分割計画を作成するためには，分割の形態にかかわらず，分割の当事者となる医療法人が社団たる医療法人にあっては「総社員の同意」を得なければならず（医法60の3①，61の3），財団たる医療法人にあっては「寄付行為に分割をすることができる旨の定め」がある上で（医法60の3②，61の3），寄付行為に別段の定めがある場合を除いて，「理事の3分の2以上の同意」を得なければならない（医法60の3③，61の3）。したがって，財団たる医療法人にあっては，仮に，寄付行為に分割をすることができる旨の定めがない場合には，あらかじめ評議員会の意見を聴くほか，定款に定めた寄付行為の変更のための手続に従い寄付行為の変更を行い（医法54の9②，44②十一），当該寄付行為につき都道府県知事の認可を受けた後（医法54の9③）でないと分割を行うことができない。

また，評議員会を設置している医療法人にあっては，分割につき，理事長は，「あらかじめ評議員会の意見を聴かなければならない」こととなっており（医法46の4の5①五），仮に，寄付行為において，分割に関して「評議員会の決議を要する旨」を定めている場合には（医法46の4の5②），それに従う必要がある。

② **吸収分割における契約事項及び新設分割における計画事項**
　吸収分割契約又は新設分割計画において，以下の事項を定める必要がある。
　ⅰ）　吸収分割契約（医法60の2，医規35の7）
　　・吸収分割医療法人の名称及び主たる事務所の所在地
　　・吸収分割承継医療法人の名称及び主たる事務所の所在地
　　・吸収分割承継医療法人が吸収分割により吸収分割医療法人から承継する資産，債務，雇用契約その他の権利義務に関する事項
　　・吸収分割医療法人の吸収分割後2年間の事業計画又はその要旨
　　・吸収分割承継医療法人の吸収分割後2年間の事業計画又はその要旨
　　・吸収分割がその効力を生ずる日
　ⅱ）　新設分割計画（医法61の2，医規35の10）
　　・新設分割設立医療法人の目的，名称及び主たる事務所の所在地
　　・新設分割設立医療法人の定款又は寄付行為で定める事項
　　・新設分割設立医療法人が新設分割により新設分割医療法人から承継する資産，債務，雇用契約その他の権利義務に関する事項
　　・新設分割医療法人の新設分割後2年間の事業計画又はその要旨
　　・新設分割設立医療法人の新設分割後2年間の事業計画又はその要旨
　　・新設分割がその効力を生ずる日

　上記より，吸収分割契約又は新設分割計画において，吸収分割又は新設分割がその効力を生ずる日を定めることとなっているが，医療法第60条の7又は第61条の5において，「分割の登記をすることによって，その効力を生ずる」となっていることから，吸収分割契約又は新設分割計画には，分割の予定日を定めるとともに，分割の効力が生ずる日を柔軟に変更できるように定めておくことが必要な場合もある。

(3) 都道府県知事の認可

分割当事者となる医療法人において吸収分割契約を締結した後又は新設分割計画を作成した後,当該分割につき分割当事者となる医療法人(吸収分割医療法人,吸収分割承継医療法人,新設分割法人及び新設分割設立法人)の主たる事務所の所在地の全ての都道府県知事の認可を受けなければならない(医法6の3④,61の3)。

そして,都道府県知事は,分割の認可を行うにあたり,あらかじめ,都道府県医療審議会の意見を聴かなければならないことから(医法55⑦,60の3⑤,61の3),都道府県医療審議会の開催スケジュールも分割のスケジュールに大きく影響を与える。

分割の認可の申請のために都道府県知事に提出する書類は,以下の通りである(医規35の8,35の11)。

① 理由書
② 社団たる医療法人にあっては社員総会,財団たる医療法人にあっては理事会において,当該分割につき適切に承認されたことを証する書類
③ 吸収分割契約書又は新設分割計画の写し
④ 吸収分割医療法人及び吸収分割承継医療法人又は新設分割医療法人及び新設分割設立医療法人の定款又は寄付行為
⑤ 分割前のそれぞれの医療法人の定款又は寄付行為
⑥ 分割前のそれぞれの医療法人の財産目録及び貸借対照表
⑦ 吸収分割医療法人及び吸収分割承継医療法人又は新設分割医療法人及び新設分割設立医療法人の分割後2年間の事業計画及びこれに伴う予算書
⑧ 吸収分割医療法人及び吸収分割承継医療法人又は新設分割医療法人及び新設分割設立医療法人において新たに就任する役員の就任承諾書及び履歴書
⑨ 分割後のそれぞれの医療法人において開設しようとする病院,診療所又は介護老人保健施設の管理者となるべき者の氏名を記載した書面

(4) 債権者保護手続等

医療法人は,分割につき都道府県知事の認可があった時は,その認可の通知のあった日から2週間以内に,財産目録及び貸借対照表を作成し,分割の登記がなされるまで,主たる事務所に備え置き,その債権者から請求があった場合

には，これを閲覧に供しなければならない（医法60の5，61の3）。これは，合併と同様に分割が医療法人の債権者に対して非常に重大な影響を与えることから，債権者保護のために，その時点における財産の状況を明らかにするために作成が求められているものである。したがって，合併の手続と同様に，分割の手続においても一連の債権者保護手続は非常に重要な手続である。

したがって，財産目録及び貸借対照表を作成し，閲覧に供した上で，さらに，医療法人は，その債権者に対し異議があれば一定の期間内に述べる旨を公告し，かつ，判明している債権者に対しては，各別にこれを催告しなければならないこととなっている。そして，この期間は2カ月を下ることができない（医法60の5①，61の3）。債権者が，この期間内に異議を述べなかったときは，分割を承認したとみなされるが，異議を述べたときは，分割をしても債権者を害するおそれが無い場合以外は，医療法人には，これに弁済するか，相当の担保を提供するなど，債権者の債権を保護する義務が生じる（医法60の5②③，61の3）。

また，分割の場合は合併の場合と異なり，吸収分割医療法人又は新設分割医療法人の債権者であって，各別に催告を受けなかったものは，当該債権が吸収分割契約又は新設分割計画においていずれの医療法人に帰属することになったとしても，一定の範囲内で分割当事者となる医療法人のうち，他の医療法人に対して当該債務の履行を請求することができる（医法60の6②③，61の4②③）。

医療法人が，これら一連の債権者保護の手続を適切に行わずに分割を行った場合には，医療法人の理事，監事は，20万円以下の過料に処される（医法76十，十一）。

（5） 分割登記

債権者保護手続が完了した後，吸収分割承継医療法人又は新設分割設立医療法人が，その主たる事務所の所在地において分割の登記をすることによって，その効力を生じる（医法60の7，61の5）。

具体的には，分割に必要の手続が終了した日から2週間以内に，その主たる

事務所の所在地において，分割をする医療法及び吸収分割承継医療法人については変更の登記を，新設分割設立医療法人については設立の登記をする（組合令8の1）。また，従たる事務所においては，分割により新たに従たる事務所を設ける場合（組合令11①三）の他，従たる事務所に関する登記事項に変更が生じる場合には，3週間以内に変更の登記等が必要となる（組合令13）。

そして，「分割の登記をすることによって，その効力を生じる」（医法60の7，61の5）とは，分割の登記を実際に登記所に届け出た日をもって分割した日となることを意味しており，例えば1月1日に登記所に届け出を行うことはできず，医療法人において1月1日はもちろん，祝祭日を分割した日とすることはできない。

分割に係る登記を行った場合は，滞りなく，都道府県知事に登記の年月日を届け出る必要がある（医令5の12）。

（6） 分割に伴う労働契約の承継

吸収分割承継医療法人又は新設分割設立医療法人は，吸収分割契約又は新設分割計画の定めに従い，吸収分割医療法人又は新設分割医療法人の権利義務を承継する（医法60の6①，61の4①）。そして，吸収分割契約又は新設分割計画には，雇用契約に関する事項も記載され，雇用契約等も分割による承継の対象となるが，就労実態や労働者の意思等と無関係に承継を認めることは，職員へ与える不利益が重大であることを考慮して，医療法人が分割をする場合には，「会社分割に伴う労働契約の承継等に関する法律（平成12年法律第103号）」及び「商法等の一部を改正する法律（平成12年法律第90号）」を準用し（医法62），一定の労働者保護を図っている。

当然，合併の場合においても職員への影響は重大ではあるが，分割の場合は，分割後に吸収分割医療法人又は新設分割医療法人で勤務を続けることとなる職員と，新たに吸収分割承継医療法人又は新設分割設立医療法人に移って勤務することとなる職員が存在し，より，職員に与える影響が重大となる場合があることから，このような労働者保護の制度が整備されている。

「会社分割に伴う労働契約の承継等に関する法律（平成12年法律第103号）」

の基本的な目的は，分割の対象となる事業に主として従事している労働者を，分割後の吸収分割承継医療法人又は新設分割設立医療法人において，分割前の労働契約等と同一の条件により，引き続き当該事業に従事させることで，労働者保護を図るというものであり，具体的な労働者保護の制度は以下の通りである。

① 労働者等への通知（会社分割に伴う労働契約の承継等に関する法律第2条）

分割する医療法人は，吸収分割承継医療法人又は新設分割設立医療法人に承継される事業に主として従事する労働者及びその他の労働者のうち，労働契約を吸収分割承継医療法人又は新設分割設立医療法人が承継する旨を定められている労働者に対して，吸収分割契約又は新設分割計画における本人の労働契約の承継の定めの有無やそれに対する異議申出期限などを，分割に対する都道府県の認可（医法60の3④，61の3）の通知があった日から2週間を経過する日までに書面により通知しなければならない。

また，労働組合が組織されている医療法人にあっては，労働組合に対して，吸収分割契約又は新設分割計画における労働協定の承継する旨の定めの有無や承継される労働者の範囲などを，分割に対する都道府県の認可（医法60の3④，61の3）の通知があった日から2週間を経過する日までに書面により通知しなければならない。

② 労働契約の承継と異議の申出

基本的に，承継される事業に主として従事している労働者であって，吸収分割契約又は新設分割計画に雇用契約が承継される旨の定めのある労働者が，分割する医療法人との間で締結している労働契約は，吸収分割承継医療法人又は新設分割設立医療法人に承継される（会社分割に伴う労働契約の承認等に関する法律第3条）。

しかし，承継される事業に主として従事している労働者であって，吸収分割契約又は新設分割計画に雇用契約が承継される旨の定めのない労働者は，不当に当該事業に従事できなくなる恐れがあることから，当該労働者は，通知後一

定期間内に書面により異議を申し出れば，吸収分割契約又は新設分割計画の定めにかかわらず，当該労働者が分割する医療法人との間で締結している労働契約は，吸収分割承継医療法人又は新設分割設立医療法人に承継されることとなる（会社分割に伴う労働契約の承認等に関する法律第4条）。

逆に，承継される事業に主として従事していない労働者であって，吸収分割契約又は新設分割計画に雇用契約が承継される旨の定めのある労働者も，不当に，分割前に従事していた事業に従事できなくなる恐れがあることから，通知後一定期間内に書面により異議を申し出れば，吸収分割契約又は新設分割計画の定めに拘わらず，分割する医療法人との間で締結している労働契約は，吸収分割承継医療法人又は新設分割設立医療法人に承継されないこととなる（会社分割に伴う労働契約の承認等に関する法律第5条）。

そして，労働組合の組合員である労働者の労働契約が承継される時は，分割する医療法人と労働組合の間で締結された労働協約も承継される（会社分割に伴う労働契約の承認等に関する法律第6条）。

③ 分割する医療法人のその他の義務等

上記の通り，労働者の雇用契約等は分割前後において，原則として変更がないような法整備がされているが，実際には職場環境が大きく変化する場合もある。そのために，分割する医療法人には，分割に当たり，労働者の理解と協力を得るように努める義務が定められ（会社分割に伴う労働契約の承認等に関する法律第7条），また，分割に対する都道府県の認可（医法60の3④，61の3）の通知があった日から2週間を経過する日までに，労働者と協議をすることが求められている（商法等の一部を改正する法律附則5①）。

3. 分割の税務

(1) 法人における税務の概要

「分割」とは，医療法人が事業に関して有する権利義務の全部又は一部を他の医療法人に移転するものであり，合併と異なり，分割した医療法人が分割に

よる当然に解散するものではないことから、いわゆる「みなし事業年度」（法法14）の規定は適用されておらず、分割時点において法人税の計算は必要とされない。

ただし、分割した医療法人の通常の事業年度に基づく法人税の申告においては、基本的に当該分割により移転をした資産及び負債は、分割の時の価額によって分割する医療法人から吸収分割承継医療法人又は新設分割設立医療法人に譲渡したものとして扱われ、当該譲渡に係る利益額又は損失額は当該事業年度の所得の計算上、益金又は損金の額に算入することになる（法法62）。

ただし、一定の要件を満たした分割（適格分割）の場合は、分割する医療法人の分割直前の帳簿価額によって引き継がれ、譲渡損益は計上されない（法法62の2②）。

また、消費税法における事業年度も、法人税法における事業年度と同じ期間とし（消法2①十三）、事業年度が課税期間となることから、分割時点での申告は必要なく、通常の事業年度において申告を行うこととなる（消法19）。その際に、分割による資産の移転は個々の資産の譲渡ではなく、いわゆる包括承継であって、消費税法上の資産の譲渡から除かれており（消法2①八、消令2①四）、消費税の対象外の取引として計算する。

（2） 適格分割と非適格分割

医療法人の分割における適格分割とは、以下の要件を全て満たした2以上の医療法人が共同で事業を営むための分割であり（法法2十二の11、医規4の3⑧）、それ以外の分割を、一般的に、「非適格分割」という。医療法において、持分の定めのある医療法人の分割は認めていないため（医法60、医規35の6三）、適格分割の判定において、分割対価に関する要件及び支配関係に関する要件を考慮する必要はない。

> 一　事業関連性要件
>   分割する医療法人の分割事業が相互に関連するものであること
> 二　事業規模要件又は経営参画要件
>   分割する医療法人の分割事業のそれぞれの医業収益や従業員の数など規模の割合が5倍を超えないこと又は分割する医療法人のそれぞれの理事長や常務理事などの特定役員が吸収分割承継医療法人又は新設分割設立医療法人の特定役員となることが見込まれていること
> 三　主要資産・負債移転要件
>   分割法人の分割事業に係る主要な資産及び負債が吸収分割承継医療法人又は新設分割設立医療法人に移転していること
> 四　従業員引継要件
>   分割する医療法人の分割事業に係る職員のうち，おおむね80％以上の職員が吸収分割承継医療法人又は新設分割設立医療法人の業務に従事することが見込まれていること，
> 五　事業継続要件
>   分割する医療法人の分割事業が，吸収分割承継医療法人又は新設分割設立医療法人において引き続き営まれることが見込まれていること

ただし，分割において，その法人の行為又は計算を容認した場合に法人税の負担を不当に減少させる結果となる認められるものがあるときは，その行為又は計算にかかわらず，税務署長の認めるところにより，その法人に係る法人税の額を計算できるとする，包括的な租税回避行為の否認規定が存在することから（法法132の2），保有する土地等に多額の含み損益がある場合など，適格分割又は非適格分割に該当するか否かによって法人税の額に重大な影響がある場合には，分割の適格性又は非適格性を検討する際には，特に留意が必要である。

4. 分割の会計

分割の会計処理についても必ずしも企業会計に導入されている「企業会計基準第21号 企業結合に関する会計基準（平成15年10月31日 企業会計審議会）」

や「企業会計基準摘要指針第10号 企業結合会計基準及び事業分離等会計基準に関する摘要指針（平成17年12月27年 企業会計基準委員会）」に基づいて会計処理をする必要はないことは、合併の会計処理に関する考え方同様である。

また、分割の会計処理において吸収分割承継医療法人及び新設分割設立医療法人において「受け入れる資産及び負債の評価をどうするか」と「受け入れる資産及び負債の差額をどのように処理するか」という2つの問題が検討すべき問題であることは合併と同様であるが、分割の場合はさらに、吸収分割医療法人及び新設分割医療法人において、「分割対象となる資産及び負債の評価をどうするか」と「分割対象となる資産及び負債の差額をどのように処理するか」という2つの問題が追加される。その内、受け入れる資産及び負債の評価及び分割対象となる資産及び負債の評価については、個々の合併に至る経緯や状況によって判断することになるため、ここでは、「受け入れる資産及び負債の差額をどのように処理するか」及び「分割対象となる資産及び負債の差額をどのように処理するか」について説明する。

▶受け入れる資産及び負債の差額

受け入れる資産及び負債の差額に関する会計処理については合併と同様に、基本的に「基金」を除き「設立等積立金」として処理することとなるが、分割の経緯及び分割により受け入れる資産及び負債の内容によっては、分割前の吸収分割医療法人又は新設分割医療法人の「積立金」のうち、受け入れる資産及び負債に対応する部分については、そのまま引き継ぐこともできる。

「基金」については合併と同様に、そのまま引き継ぐこととなるが、仮に、受け入れる資産に当該基金への拠出金が含まれていた場合、吸収分割承継医療法人又は新設分割設立医療法人が、自らの基金を取得することになる。当該取得は、「社団医療法人の権利の実行に当たり、その目的を達成するために必要な場合」であれば禁止されないが、当該債権は消滅せず、相当の時期に他に譲渡しなければならないこととなっている（医政発第0330051号厚生労働省医政局長通知）。

▶分割対象となる資産及び負債の差額

　分割対象となる資産及び負債の差額に関する会計処理については，基本的に特別損益として処理することになる。この時，分割対象に拠出された「基金」が含まれている場合は「基金」を負債として計算した差額が特別損益となる。但し，分割の経緯及び分割対象となる資産及び負債の内容によっては，分割前の吸収分割医療法人又は新設分割医療法人の「積立金」のうち，分割対象となる資産及び負債に対応する部分については，そのまま減少させることもできる。

第8節　医療法人の解散

1. 解散の事由

　医療法人は，定款や寄附行為をもって定めた解散事由が発生した場合及び医療法に定められた一定に事由が発生した場合に解散する。

1）　社団たる医療法人の解散事由（医法55①）
　　▶定款をもって定めた解散事由の発生
　　▶目的たる業務の成功の不能
　　▶社員総会の決議
　　▶他の医療法人との合併（合併により当該医療法人が消滅する場合に限る。）
　　▶社員の欠乏
　　▶破産手続き開始の決定
　　▶設立認可の取消

2）　財団たる医療法人の解散事由（医法55③）
　　▶寄附行為をもって定めた解散事由の発生
　　▶目的たる業務の成功の不能
　　▶他の医療法人との合併（合併により当該医療法人が消滅する場合に限る。）
　　▶破産手続き開始の決定

▶設立認可の取消

① **定款又は寄附行為をもって定めた解散事由の発生**

　医療法人制度が，私人による医療機関の経営困難を緩和するために医療機関の経営に継続性を付与することを目的の1つとしていることからすると，定款又は寄附行為に解散事由を定めることは稀であると考えられるが，仮に，定款又は寄附行為の中に解散事由として「A病院を廃院したとき」と定めている医療法人が，A病院の廃止の届け出を医療法第9条に基づき都道府県知事へ行った時は，医療法人も解散することとなる。この場合，解散後に都道府県知事にその旨を届け出なければならない（医法55⑧）。

② **目的たる業務の成功の不能**

　目的たる業務の成功の不能とは，例えば震災などにより病院などの施設の被害が著しく診療の再開の目途が立たない場合などが考えられる。そのような場合に医療法人を解散させるには，都道府県知事の認可を受けることで解散の効力が生じ（医法55⑥），医療法人は解散することとなる。ただし，評議員会を設置している医療法人にあっては，理事長は，「あらかじめ評議員会の意見を聴かなければならない」こととなっており（医法46の4の5①六），仮に，寄附行為において，「目的たる業務の成功の不能」による解散に関して「評議員会の決議を要する旨」を定めている場合には（医法46の4の5②），それに従う必要がある。

　平成28年3月25日の厚生労働省医政局長の通知である「医療法人の機関について」（医政発0325第3号）の別添資料の改正後の定款例又は寄附行為例では，社団たる特定医療法人，財団たる特定医療法人及び財団たる社会医療法人では，法人の解散につき評議員会の議決を経なければならない旨が，それぞれ定められている。

　そして都道府県知事は，「目的たる業務の成功の不能」による解散に関しての認可をし，又は認可をしない処分をするにあたっては，あらかじめ，都道府県医療審議会の意見を聴かなければならないこととなっている（医法55⑦）。

③ 社員総会の決議

社団たる医療法人においては，定款に別段の定めがある場合を除き総社員の四分の三以上の賛成による社員総会の解散の決議ののち，都道府県知事の認可を受けることで解散の効力が生じ（医法55②⑥）解散することとなる。

そして，この場合においても都道府県知事は，解散に関しての認可をし，又は認可をしない処分をするにあたっては，あらかじめ，都道府県医療審議会の意見を聴かなければならないこととなっている（医法55⑦）。

④ 他の医療法人との合併（合併により当該医療法人が消滅する場合に限る。）

他の医療法人との合併により消滅する医療法人は当然に解散することとなる。

⑤ 社員の欠乏

社団たる医療法人は，社員たる構成員の人的結合を主体として形成された組織であることから，社員が1人も存在しないこととなった時には解散することとなる。つまり，不慮の事故によって，突然社員の全員が亡くなるようなことがあった場合，如何に運営している病院等が適切に運営されていたとしても，法律的には社団たる医療法人は解散することになっている。そしてこの場合には，解散後に都道府県知事にその旨を届け出なければならない（医法55⑧）。

⑥ 破産手続開始の決定

医療法人がその債務につきその財産をもって完済することができなくなった場合には，理事は，直ちに破産手続開始の申立てをしなければならず，裁判所は理事の申立ての他，債権者の申立て又は職権で破産手続開始の決定をすることとなっており（医法55④⑤），破産手続開始の決定によって医療法人は解散する。この場合において，理事が破産手続開始の申立てを怠ったときには，医療法人の理事，監事又は清算人は，20万円以下の過料に処される（医法93八）。

⑦ **設立認可の取消**

　都道府県知事は，医療法人が，成立した後又はすべての病院，診療所及び介護老人保健施設を休止若しくは廃止した後1年以内に正当の理由がないのに病院，診療所又は介護老人保健施設を開設しないとき，又は再開しないときは，設立認可を取り消すことができることとなっており（医法65），また，医療法人が法令の規定に違反し，又は法令の規定に基く都道府県知事の命令に違反した場合においては，他の方法により監督の目的を達することができないときも，都道府県医療審議会の意見を聴き，設立の認可を取り消すことができることとなっている（医法66）。そして，当該設立認可の取り消しにより医療法人は解散する。

2. 解散及び精算の手続

(1) 解散手続の概要

　医療法人は解散によって直ちに消滅するわけではなく，その後，清算の目的の範囲内において，その清算の結了に至るまではなお存続するものとみなされる（医法56の2）。そして，解散事由の違いにより，解散までに必要な手続が異なり，清算手続についてもその必要性も含めて異なる。それぞれの解散事由により必要となる手続の概要は，図表4.8.1の通りである。

図表 4.8.1　解散手続の概要

解散の事由	必要な手続
① 定款又は寄付行為をもって定めた解散事由の発生	解散事由の発生により解散し、清算人が都道府県知事にその旨の届出を行った上で清算手続きが開始される。
② 目的たる業務の成功の不能	都道府県知事の認可により解散し、清算手続きが開始される。
③ 社員総会の決議	原則として総社員の4分の3以上の賛成による決議を経て、都道府県知事の認可により解散し、清算手続きが開始される。
④ 他の医療法人との合併	合併により解散し、一連の合併手続きにより、消滅する医療法人の権利義務のすべては清算手続きを経ずに吸収合併存続法人等に承継される。
⑤ 社員の欠乏	社員の欠乏により特段の手続を経ずに解散し、清算人が都道府県知事にその旨の届出を行った上で清算手続きが開始される。
⑥ 破産手続き開始の決定	破産の申立て等に基づく破産開始手続きの決定により解散し、破産法に基づき清算手続きが開始される。
⑦ 設立認可の取消	都道府県知事の設立の認可の取り消しにより解散し、清算手続きが開始される。

「目的たる業務の成功の不能」及び「社員総会の決議」による解散の場合には、都道府県知事の認可を受けることで解散の効力が生じる。解散の認可を受けるための申請書には、以下の書類を添付して都道府県知事に提出する必要がある（医規34）。

〈添付書類〉
① 理由書
② 法、定款又は寄付行為に定められた解散に関する手続を経たことを証する書類（社団の医療法人にあっては社員総会の議事録、財団の医療法人にあっては理事会・評議員会の議事録など）
③ 財産目録及び貸借対照表
④ 残余財産の処分に関する事項を記載した書類

解散した時から2週間以内に、その主たる事務所の所在地において、解散登記をし、登記事項及び登記年月日を遅滞なく都道府県知事に届け出なければならない（医法43、組合令7、医令5の12）。

（2） 清算手続の概要

① 清算人の選任

　医療法人が解散したときは，合併及び破産手続開始の決定による解散の場合を除き，理事がその清算人となるが，定款若しくは寄附行為に別段の定めがあるとき，又は社員総会において理事以外の者を選任したときは，その者が清算人となる（医法56の3）。また，清算人になる者がないときなどは，裁判所が利害関係人若しくは検察官の請求により又は職権で清算人を選任することができる（医法56の4）。

　清算人の就任後2週間以内に，主たる事務所の所在地において「清算人の就任」の登記を行い，その後遅滞なく，都道府県知事に清算人就任について登記年月日も含めて届け出るとともに，「定款又は寄附行為をもって定めた解散事由の発生」及び「社員の欠乏」による解散の場合は，その旨についても清算人は都道府県知事に届け出なければならない（医法43，55⑧，医令5の12）。

② 清算手続

　清算人の職務は，現務の結了，債権の取立て及び債務の弁済，残余財産の引渡しである（医法57の7）。

　現務の結了とは医療機関の活動を終了させることであり，職員との労働契約などの契約関係の解消や各種届出の廃止などを行う。

　債務の弁済については，清算人は以下の手続を行わなくてはならないこととなっている（医法56の8）。

- ▶清算人の就職の日から2カ月以内に，少なくとも3回の公告により，債権者に対して，2カ月以上の一定期間内にその債権の申出をすべき旨の催告（第1項）
- ▶判明している債権者には，各別にその申出の催告（第3項）

　清算中に医療法人の財産がその債務を完済するのに足りないことが明らかになったときは，清算人は，直ちに破産手続開始の申立てをし，その旨を公告しなければならない（医法56の10）。この場合において，清算人が破産手続開始

の申立てを怠ったとき及び公告を怠る又は虚偽の公告をしたときには，清算人は，20万円以下の過料に処される（医法93⑧⑨）。

③ 清算手続の終了

残余財産の引渡が終了し，すべての清算手続が結了したときは，清算結了の日から2週間以内にその主たる事務所の所在地において，清算結了の日から3週間以内に従たる事務所の所在地において，それぞれ清算結了の登記をするとともに，都道府県知事にその旨を届け出ることで医療法人の解散・清算は完了する（医法56の11，組合令10，13）（図表4.8.2参照）。

第8節 医療法人の解散

図表 4.8.2 清算手続の終了

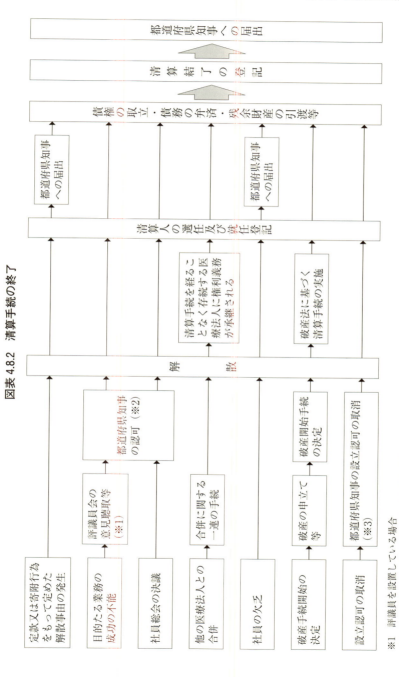

※1 評議員を設置している場合
※2 あらかじめ都道府県医療審議会の意見聴取
※3 法令違反等による設立認可の取消の場合は、あらかじめ都道府県医療審議会の意見聴取

3. 残余財産の帰属

（1） 平成19年4月1日以降に設立申請された医療法人

　解散した医療法人の残余財産は，合併及び破産手続開始の決定による解散以外の解散の場合，定款又は寄附行為の定めるところにより，その帰属すべき者に帰属し，定款又は寄附行為の定めるところにより処分されない財産は，国庫に帰属することとなっており，清算手続における残余財産の引渡しも，これに基づき行われる（医法56）。

　定款又は寄附行為において残余財産の帰属すべき者に関する規定を設ける場合には，その者は，以下のうちから選定されるようにしなければならないことから，残余財産の引渡は，このいずれかの者に対して行われる（医法44⑤，医規31の2）。

〈残余財産の帰属すべき者〉
- ▶国
- ▶地方公共団体
- ▶医療法第31条に定める公的医療機関の開設者（日本赤十字社等）又はこれに準ずる者として厚生労働大臣が認めるもの（病院等を開設する都道府県医師会又は郡市区医師会）
- ▶財団である医療法人又は社団である医療法人であって持分の定めのないもの

（2） 平成19年3月31日以前に設立申請された医療法人

　平成19年3月31日以前に設立申請した医療法人（経過措置医療法人）は，残余財産の帰属に関しては旧医療法が適用される。

　旧医療法は，解散した医療法人の残余財産は，合併及び破産手続開始の決定による解散以外の解散の場合，定款又は寄附行為の定めるところにより，その帰属すべき者に帰属すること（旧医法56①）について現在の定めと異なるところはない。しかし，旧医療法では，残余財産の帰属すべき者についての制限（医法44⑤）がなく，定款又は寄附行為の定めるところにより処分されない財産は，社団医療法人の場合は，「清算人が総社員の同意を経，かつ，都道府県

知事の認可を受けて，これを処分する」こととし，財団医療法人の場合は，「清算人が都道府県知事の認可を受けて他の医療事業を行う者にこれを帰属させる」こととし，それでもなお処分されない財産が，国庫に帰属することとなっていた（旧医法56②③④）。

したがって，平成19年3月31日以前に設立申請された医療法人が解散した場合の残余財産の帰属は，定款又は寄附行為の定めに基づき行われ，従来のモデル定款又はモデル寄附行為では以下の通り定められている。

① 出資額限度法人以外の持分ありの社団たる医療法人

本社団が解散した場合の残余財産は，払込済出資額に応じて分配するものとする。

② 出資額限度法人

本社団が解散した場合の残余財産は，払込済出資額を限度として分配するものとし，当該払込済出資額を控除してなお残余があるときは，社員総会の議決により，○○県知事（厚生労働大臣）の認可を得て，国若しくは地方公共団体又は租税特別措置法（昭和32年法律第26号）第67条の2に定める特定医療法人若しくは医療法（昭和23年法律第205号）第42条第2項に定める特別医療法人に当該残余の額を帰属させるものとする。

③ 財団たる医療法人

本財団が解散した場合の残余財産は，理事会及び評議員会の議決を経，かつ，○○県知事（厚生労働大臣）の認可を得て，処分するものとする。

4. 解散の税務

（1） 医療法人の課税

① 事業年度

〈解散の日の属する事業年度〉

医療法人が解散した場合，解散した日において事業年度を区切って法人税の計算を行う。つまり，その事業年度の開始の日から解散の日までの期間及び解散の日の翌日からその事業年度終了の日までの期間をそれぞれ1事業年度とみ

なして法人税を計算する（法法14一）。

この場合，通常の申告と同様に事業年度終了の翌日から2カ月以内に法人税の確定申告書を提出する（法法74①）。

〈清算期間中の事業年度〉

清算期間中は，解散の日の翌日からその事業年度終了の日までの期間を1事業年度とみなして法人税を計算した後は，本来の事業年度ごとに法人税を計算する。この場合も，各事業年度終了の翌日から2カ月以内に法人税の確定申告書を提出する（法法74①）。

株式会社の場合は，解散した日の翌日から始まる1年の期間が清算事務年度となり，これが法人税法上の事業年度となるが（社法494①，法基通1-2-9），医療法において同様の規定はなく，清算事業年度は本来の事業年度に基づいた期間となる。

〈清算結了の日の属する事業年度（最終事業年度）〉

清算中の医療法人の残余財産が確定した場合には，その事業年度開始の日から残余財産の確定の日までの期間を1事業年度とみなして法人税を計算する。

この場合の法人税の確定申告書の提出期限は，残余財産の確定の日（事業年度終了の日）の翌日から1カ月若しくは当該翌日から1カ月以内に残余財産の最後の分配又は引渡しが行われる場合は，その行われる日の前日までとなる（法法74②）。

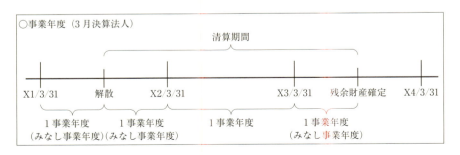

② 法人税の計算の概要

解散の日の属する事業年度及び清算期間中の事業年度の法人税の計算は、原則として通常の事業年度における法人税の計算方法と同様であるが、これらの事業年度においては医療法人が継続することを前提としていないことなどから、以下の通り一部異なる取扱いがある。

▶期限切れ欠損金

通常の事業年度においては、各事業年度開始の日前9年以内に開始した事業年度において生じた欠損金額がある場合には、当該事業年度の法人税の計算上、損金の額に算入するが（法法57①）、医療法人が解散した場合で残余財産がないと見込まれるときは、原則として過去から繰越された欠損金を当該事業年度の法人税の計算上、損金の額に算入する（法法59③、法令118）。

残余財産がないと見込まれるときとは、具体的には事業年度終了時において債務超過の状態であるときなどが該当する（法基通12-3-8）。また、過去から繰越された欠損金とは、具体的には、法人税申告書別表五（一）の「利益積立金額及び資本金等の額の計算に関する明細書」の期首現在利益積立金額の合計額として記載されるべき金額で、当該金額がマイナスである場合の当該金額である（法基通12-3-2）

▶欠損金の繰戻しによる還付

通常の事業年度において欠損金の繰戻しによる還付は、資本金又は出資金の額が1億円以下である法人等にのみ認められているが、清算事業年度中はそれ以外の法人についても適用が認められている（法法80①、措法66の13）。また、解散の事実が生じた場合は、解散の日の前1年以内に終了した事業年度又は解散の日の属する事業年度において生じた欠損金額について適用される（法法80④）。

▶最終事業年度における事業税等

事業税及び地方法人特別税は、租税債務が具体的に確定した事業年度において損金の額に算入することとされており、原則として納税申告書を提出した日に損金算入される（法法22③二、38、法基通9-5-1）。しかし、最終事業年度となる残余財産の確定する日の属する事業年度に係る事業税及び地方法人特別税

は，当該事業年度の損金の額に算入する（法法65の5⑤，地方法人特別税等に関する暫定措置法22）。

▶引当金

貸倒引当金の損金算入限度額について，損金の額に算入できる事業年度から，残余財産の確定の日の属する事業年度は除かれている（法法52）。

▶圧縮記帳

国庫補助金等，工事負担金，保険金等及び交換により取得した資産に対する圧縮記帳は，清算中の医療法人には適用されない（医法42，45，47，50）。

▶一括償却資産

残余財産が確定した日の属する事業年度において，当該事業年度終了の時における未償却残高は，全額を損金の額に算入する（法令133の2④）。

▶資産に係る控除対象外消費税額等

残余財産が確定した日の属する事業年度において，当該事業年度終了の時における資産に係る控除対象外消費税額等は，全額を損金の額に算入する（法令139の4⑨）。

（2） 出資者に対する課税

持分ありの社団たる医療法人において，出資者に対して残余財産を払込済出資額に応じて分配した場合，分配額が対応する資本金等の額を超える場合は，その超える金額は配当とみなされる（法法24①三，法令23①三，所法25①五，所令61②三）。したがって，法人の出資者においては，上記みなし配当額に対して受取配当金等の益金不算入の規定（法法23）を適用して法人税を計算する。

一方，個人の出資者においては分配額から配当とみなされた額を除いた額が出資金に対する譲渡収入とみなされ（措法37の10③三），譲渡所得として所得税を計算することとなる。

5. 解散の会計

　株式会社が解散した場合，解散日における財産目録及び貸借対照表を作成するにあたり処分価格を付し，清算株式会社の会計帳簿については，当該価格を取得価額とみなすこととなっているが（社法492①，社規144②，145②），医療法においてそのような規定はなく，医療法人会計基準（厚生労働省令第95号 平成28年4月20日）においても特段の定めはないことから，通常の会計処理を継続することになると考えられる。

〈本書と共に参照を推奨する書籍又は資料について〉

〈書籍〉
五十嵐邦彦『必携　医療法人会計基準』じほう，2016 年

> 平成 29 年 4 月 2 日以降開始事業年度から適用される医療法人の会計制度につき，医療法人会計基準（省令）の制定を中心に，テーマ別に過去の経緯を踏まえて解説したもの。資料の編纂をしており，未施行前の時点で法令通知の改正後の内容を溶け込まして，いち早く整理した状態で，以下のものが掲載されている。
> - 医療法人会計基準省令（厚生労働省令第 95 号平成 28 年 4 月 20 日）
> - 医療法人会計基準適用上の留意事項並びに財産目録，純資産変動計算書及び附属明細表の作成方法に関する運用指針（医政発 0420 第 5 号平成 28 年 4 月 20 日厚生労働省医政局長通知）
> - 医療法人会計基準コメンタール（厚生労働省医政局経営支援課）
> - 医療法（抄）・医療法施行規則（抄）
> - 社会医療法人債を発行する社会医療法人の財務諸表の用語，様式及び作成方法に関する規則（平成 19 年 3 月 30 日厚生労働省令第 38 号・最終改正平成 28 年 4 月 20 日厚生労働省令第 95 号）
> - 関係事業者との取引の状況の関する報告書の様式等について（医政発 0420 第 2 号平成 28 年 4 月 20 日厚生労働省医政局医療経営支援課長通知）及び同通知による，医療法人における事業報告書等の様式について（医政指発第 0330003 号平成 19 年 3 月 30 日厚生労働省医政局指導課長通知）の改正後全文
> - 医療法人の附帯業務について（医政発第 0330053 号平成 19 年 3 月 30 日厚生労働省医政局長通知・最終改正医政発 0527 第 28 号平成 28 年 5 月 27 日厚

・医療法人の計算に関する事項について（医政発0420第7号平成28年4月20日厚生労働省医政局長通知）
・医療法人の国際展開に関する業務について（医政発0319第5号平成26年3月19日厚生労働省医政局長通知・最終改正医政発0420第7号平成28年4月20日厚生労働省医政局長通知）
・医療法人会計基準について（医政発0319第7号平成26年3月19日厚生労働省医政局長通知）
・医療法人会計基準に関する検討報告書（平成26年2月26日　四病院団体協議会会計基準作成小委員会）

石井孝宜・五十嵐邦彦『必携　病院会計準則』じほう，2004年。

平成16年に医療法人の決算届に係る準則としても使用していた旧病院会計準則を病院という施設単位の管理会計上のものと位置付ける全面改正された「病院会計準則」について，過去の経緯を踏まえて整理編纂したもの。見直し内容の解説とともに，改正に至った研究報告等の資料と通知が掲載されている。病院会計準則そのものはその後改正されておらず，今般の医療法人会計基準とセットで医療法人の会計実務に供せられる病院会計準則を改めて参照する必要がある。

石井孝宜・西田大介『病院のための経営分析入門（第2版）』じほう，2016年。

医療法人会計基準や病院会計準則に従って作成される財務情報を，いかに病院経営に役立てるかを解説したもの。財務三表（貸借対照表，損益計算書，キャッシュ・フロー計算書）の基本的な見方や関係性の解説から，地域における自らの病院の役割を適切に果たすための機能性評価の観点も含めた経営分析手法まで，病院経営のための基本的な考え方について幅広く解説している。そして，厚生労働省が毎年公表している「病院経営管理指標」について平成25年度版が掲載されているとともに，具体的な数値に

基づいた活用方法が紹介されている。

〈ホームページ〉
厚生労働省医政局経営支援課「医療法人・医業経営のホームページ」

医療法人制度の概要として，「医療法人運営管理指導要綱」「医療法人の業務範囲」「社会医療法人の認定について」「社団・財団医療法人定款・寄附行為例」「特定医療法人制度について」等が掲載されている。また，医療法人関係法令及び通知等において法令・告示・通知・疑義照会が検索できる。なお，いずれの資料も現時点の施行分について反映した資料となっているので，たとえば，平成29年3月10日時点では，本書の医療法人会計制度の大改正（平成29年4月2日以降開始事業年度から施行）については，改正後の資料とはなってない。

国税庁「国税庁ホームページ」

税法・通達等・質疑応答事例において，国税における税務上の取り扱いが体系的に検索できる。たとえば，「法令解釈通達」→「相続税・贈与税」→「個別通達，相続税関係」で「贈与税の非課税財産（公益を目的とする事業の用に供する財産に関する部分）及び持分の定めのない法人に対して財産の贈与等があった場合の取扱いについて」にたどり着くことができる。

電子政府の総合窓口「法令データ提供システム」

総務省行政管理局が官報を基に，施行期日を迎えた一部改正法令等を被改正法令へ溶け込ます等により整備を行った改正後全文を提供するもの。医療法関係法令や税法関係法令についても，法律・政令・省令はこちらで参照できる。なお，未施行分は，別途未施行改正法令として，合わせて提供されている。

〈編著者紹介〉

石井孝宜（いしい・たかよし）
　学歴（資格）：
　　昭和52年3月　明治大学政経学部卒業
　　昭和56年3月　公認会計士登録
　　昭和59年3月　税理士登録
　現職（公職含む）
　　石井公認会計士事務所所長
　　日本病院会　監事
　　日本医療法人協会　監事
　　日本社会医療法人協議会　監事
　　日本医師会　医業税制検討委員会委員

五十嵐邦彦（いがらし・くにひこ）
　学歴（資格）：
　　昭和60年3月　明治大学商学部卒業
　　昭和63年3月　公認会計士登録
　　平成7年5月　税理士登録
　現職（公職含む）
　　銀座税理士法人提携税理士
　　監査法人MMPGエーマック相談役
　　日本社会医療法人協議会　監事
　　日本医療法人協会　医療法人制度税制部会部会員

〈執筆者紹介〉

和田一夫（わだ・かずお）
　学歴（資格）：
　　昭和60年3月　東京経済大学経営学部卒業
　　平成9年4月　公認会計士登録
　　平成18年10月　税理士登録
　現職
　　監査法人MMPGエーマック代表社員

西田大介（にしだ・だいすけ）
　学歴（資格）：
　　平成6年3月　法政大学経営学部卒業
　　平成14年4月　公認会計士登録
　　平成19年4月　税理士登録
　現職
　　監査法人MMPGエーマック代表社員

日高昌洋（ひだか・まさひろ）
　学歴（資格）：
　　平成4年3月　明治大学経営学部卒業
　　平成14年4月　税理士登録
　現職
　　石井公認会計士事務所副所長

竹輪龍哉（たけわ・たつや）
　学歴（資格）：
　　平成11年3月　中央大学商学部卒業
　　平成28年4月　税理士登録
　現職
　　石井公認会計士事務所所属

平成 5 年 4 月 1 日	初 版 発 行	
平成 8 年 7 月 5 日	改訂増補版発行	
平成12年 2 月25日	三 訂 版 発 行	
平成13年11月10日	四 訂 版 発 行	
平成17年 7 月 8 日	新 版 発 行	
平成21年 5 月 8 日	六 訂 版 発 行	
平成23年11月25日	七 訂 版 発 行	
平成26年 7 月10日	八 訂 版 発 行	
平成29年 4 月25日	新 訂 版 発 行	略称：医療法人（新）
平成31年 1 月20日	新訂版 2 刷発行	

新訂・医療法人の会計と税務

編著者	©	石 井 孝 宜
		五十嵐 邦 彦
発行者		中 島 治 久

発行所　同文舘出版株式会社
東京都千代田区神田神保町1-41　〒101-0051
電話　営業(03)3294-1801　編集(03)3294-1803
振替 00100-8-42935　http://www.dobunkan.co.jp

Printed in Japan 2017　　　　　　　印刷・製本：三美印刷

ISBN 978-4-495-20581-2

JCOPY 〈出版者著作権管理機構委託出版物〉
本書の無断複製は著作権法上での例外を除き禁じられています．複製される場合は，そのつど事前に，出版者著作権管理機構（電話 03-5244-5088，FAX 03-5244-5089，e-mail: info@jcopy.or.jp）の許諾を得てください．